W0269711

BAUHERREN

planen

lenken

senken

BAUKOSTEN

von

E. G. Brehmer

» vieweg

CIP-Kurztitelaufnahme der Deutschen Bibliothek

Brehmer, Ernst-Georg
Bauherren planen, lenken, senken Baukosten. —
Braunschweig: Vieweg, 1978.

© Friedr. Vieweg & Sohn Verlagsgesellschaft mbH, Braunschweig 1978
Softcover reprint of the hardcover 1st edition 1978

Satz: Vieweg, Braunschweig
Druck: E. Hunold, Braunschweig
Buchbinderei: W. Langelüddecke, Braunschweig

Alle Rechte an der deutschen Ausgabe vorbehalten. Printed in Germany

ISBN-13: 978-3-528-08661-9   e-ISBN-13: 978-3-322-84073-8
DOI: 10.1007/978-3-322-84073-8

Inhalt

Bauablauf	Probleme, Fragen	Lösungen, Antworten	Seite
1 Grundwissen für Bauherren	**1.1 Kosten**	1.1.1 Kostensituation	20
		1.1.2 Kostentreibende Ursachen	24
		1.1.3 Kostensenkungen (Praxisbeispiele)	26
	1.2 Baumarkt	1.2.1 Markwirtschaft	28
		1.2.2 Markt und Macht	30
	1.3 Preismacher	1.3.1 Preisbildung	35
		1.3.2 Preis-Leistungs-Verhältnis	35
		1.3.3 Preisabsprachen	37
		1.3.4 Preislenkung	38
	1.4 Konsumenten	1.4.1 Bauherren-Verhalten	40
		1.4.2 Bauherren-Wünsche	42
		1.4.3 Bauherren-Informationen	46
		1.4.4 Bauherren-Berater	50
		1.4.5 Bauherren-Selbsthilfe	51
2 Planungs-Vorbereitung	**2.1 Raum programm**	2.1.1 Programm-Erfassung	56
		2.1.2 Programm-Optimierung	57
		2.1.3 Programm-Spezialisten	59
	2.2 Ziele	2.2.1 Zielordnung	60
		2.2.2 Die 7 Ziele des Bauherrn	61
	2.3 Bauplatz	2.3.1 Kosten und Bewertungen	67
	2.4 Risiken	2.4.1 Risiken des Bauherrn	69
		2.4.2 Risiken der Planer	71
		2.4.3 Risiken der Ausführenden	72
	2.5 Gebäude-Kauf	2.5.1 Schlüsselfertige Objekte, Wohnungseigentum	73
		2.5.2 Fertigteile und Fertighäuser	79
		2.5.3 Althäuser	86

Bauherren
Fragen - Antworten

2

Die wenigsten Bauherren sind Unternehmer. Kein Wunder, daß diese Nicht-Unternehmer beim Einsatz von großen Geldsummen — und das zum ersten Mal in ihrem Leben — und in der Regel ohne jede Vorbildung und ohne fachliches Wissen Fehler in der Investition ihrer Finanzmittel machen. Die Fachzeitschriften und Fachbücher für die privaten Bauherren von Wohnungsbauvorhaben bieten eine Fülle von Informationsmaterial über alle möglichen Aspekte des Bauens. Die Finanzierungsfragen und die die Kosten bestimmenden Planungs- und Baufragen beherrschen jedoch die Gesamtabwicklung eines Wohngebäudes in einem solchen Maße, daß es für jeden Bauwilligen dringend geboten erscheint, sich eingehend mit der Thematik dieses Buches zu beschäftigen.

Die Suche jedes Bauinteressenten nach kostenplanerischen Informationen für den Ablauf seines großen finanziellen „Abenteuers" wird durch ein Studium dieses Buches belohnt. Der Bauherr oder Käufer

eines Einfamilienhauses (auch mit Berufsräumen) oder

eines Reihenhauses oder

einer Eigentumswohnung oder

eines Mehrfamilienhauses

wird eine Fülle von praktizierbaren Hinweisen über den Weg finden, wie er dieses mit allerlei Risiken verbundene Unternehmen erfolgreich bestehen kann. Einige dieser Gefahren sind jedem Bauherrn aus den Erzählungen und Erfahrungen „alter Bauhasen" schon bekannt. Andere ihm noch unbekannte Risiken wird er hier kennenlernen. Das Buch warnt vor alten und neuen Fallgruben, gefährlichen Klippen und vor Unbefangenheit gegenüber den Kräften, die den Baumarkt beherrschen. Hier werden alle Bereiche des Bauens angesprochen, ob es sich nun um

Neu- oder Altbauten,

Um- oder Erweiterungsbauten,

Sanierungen oder Modernisierungen oder

Massiv- oder Fertighäuser handelt.

Jeder Bauherr trägt das volle finanzielle Risiko, auch zum großen Teil für Fehler oder gar das Versagen der von ihm ausgewählten Mitarbeiter, Architekten, Ingenieure, Unternehmer und so weiter. In vielen Fällen bemerkt er die unnötigen Mehrkosten nicht einmal. Mit seinem Vermögen steht der Bauherr also auch für die Folgen von Unwissen und Unerfahrenheit ein. Begegnet ein Bauherr den bekannten oder auch unbekannten Gefahren nicht oder nicht mit den geeigneten Maßnahmen, so werden unnötige Mehrkosten zwangsläufig die Folge sein; Kosten, für die ein Einbauschrank, ein Teppich, ein Kamin oder eine Spülmaschine hätte zusätzlich angeschafft werden können. Auf diese Weise werden nicht nur die „stillen Reserven" des Bauherrn aufgezehrt, sondern es zeigt sich auch in der Wirklichkeit des Bauens, daß in nicht wenigen Fällen der schon knapp bemessene Umfang oder die Qualität des Bauvorhabens beschnitten werden muß. Die unerwartet hohen zusätzlichen und nachträglichen Kosten wachsen dem Bauherrn über den Kopf. In anderen Fällen müssen — um den Bau fertigzustellen — neue Kredite mit relativ hohen Zinsen aufgenommen werden. Jahrzehntelang unterliegen dann die Bewohner einer höheren monatlichen Belastung. Hört man die Erfahrungen vieler Bauherren, so muß man es fast als „normal" bezeichnen, wenn die Endabrechnung erheblich höher ausfällt als erwartet. Überzogene Baurechnungen, unerwartet hohe Forderungen aufgrund aller möglichen Nebenleistungen und eine Fülle von vorher nicht bedachten Kosten sind der Beweis für die totale Kosten-Fehlplanung. Fast jeder Bauwillige kann ein Lied davon singen und wird am Ende gezwungen, neue Finanzierungsquellen zu suchen oder die Löcher der nicht erwarteten Kosten durch Einsparungen im Sinne von Verzicht zu stopfen.

Eine von vielen Ursachen liegt zum Beispiel im Mißverhältnis von zu hohen Ansprüchen zur Höhe der Eigenmittel. In einigen anderen Fällen mögen die Bauwilligen vielleicht auch die Höhe ihrer Eigenleistungen überschätzt haben.

Die Hauptursache ist jedoch in der mangelhaften oder fehlenden Kostenplanung zu suchen. In jedem betriebswirtschaftlich geführten Unternehmen werden die Kosten ständig kontrolliert. Insbesondere bei Investitionen aller Art fällt erst eine positive Entscheidung, wenn die ökonomisch zu planen gewohnten Investoren Rechnungen über den Nachweis der Rentabilität aufgestellt haben. Im Laufe der Durchführung wird die Kostenentwicklung dann laufend kontrolliert, um rechtzeitig steuernd eingreifen zu können und um nicht am Ende vor einer katastrophalen Fehlinvestition zu stehen.

Der Investor beim Bauen ist der Bauherr. Von ihm sind daher in erster Linie Impulse und Initiativen für eine Kostensteuerung seiner Investitionen zu erwarten, denn nicht selten hat er lange Jahre auf die Verwirklichung dieses Lebenstraumes hin gespart. Das aber setzt beim Bauherrn die Einsicht voraus, daß er sich intensiv und frühzeitig informieren muß, auf welche Weise und zu welchen Zeitpunkten er sich konkret und im einzelnen gegen Übervorteilungen schützen kann. Nur so kann aus einem unbefangenen Bauwilligen ein unternehmerischer Bauherr werden, der sein Bauvorhaben entgegen der allgemeinen Tendenz zu dem von ihm gewünschten Kostenziel führt.

Höhere Baukosten sind keineswegs höhere Gewalt!

Sie sind in der Tat auf eine ungeplante Kostenentwicklung zurückzuführen. Vom Zeitpunkt des Bauentschlusses an bestimmt der Bauherr durch sein Tun oder Nichttun, durch die Wahl seiner Berater, Planer und Ausführenden den Ablauf. Steuert er nicht selbst, wird er gesteuert.

Die Benutzung des Buches als ein erstes Steuerungsinstrument in der Hand des Bauherrn ist einfach zu handhaben. Entsprechend dem baulichen Ablauf und den einzelnen Stationen der Planung und Ausführung erfahren Sie als Bauherr hier die einzelnen Lenkungsmethoden zur Kostenkontrolle. Parallel zu den ersten Baugedanken verschaffen Sie sich also erst einmal das *Grundwissen* (Kapitel 1): Kosten — Baumarkt — Preismacher — Konsumenten. Parallel zur *Planungsvorbereitung* (Kapitel 2) lesen Sie die Hinweise zur Aufstellung des Raumprogramms und so weiter. So fahren Sie fort bis zum eigentlichen *Bau- oder Ausführungsprozeß* (Kapitel 7) und einem für Sie aufgestellten *Fahrplan* als Beispiel für den Ablauf einer Kostenplanung.

Die hier gesammelten Darstellungen und Erfahrungen, negativer und positiver Art, verschaffen Ihnen das Wissen oder das know-how, das Sie sicher zu dem von Ihnen angesteuerten Kostenendergebnis führt.

Aber keine Angst — Sie sollen durch das Studium dieses Buches nicht zum Allround-Experten für alle Baufragen ausgebildet werden! Sie sollen die Weichen stellen, damit der Zug „Eigenheim" sein Ziel erreicht. Stellen *Sie* sie nicht, so werden sie von anderen zu anderen Zielen hin gestellt.

Sie werden sich fragen: Wie hoch ist der Einsatz und die Gewinnchance? Nun, der Preis des Buches und die Lesezeit stehen einer hohen Gewinnchance — bezogen auf Ihre Baukosten, — gegenüber.

Noch ein letzter Hinweis: Die in eckigen Klammern gesetzten Ziffern verweisen auf die Quellennachweise auf den Seiten 218—220.

Erläuterungen zu den Quadratmeter-, Kubikmeter- und Kostenangaben

Flächen (m²) und Kubikmeter (m³ Rauminhalt) entsprechen der Norm DIN 277 Blatt 1 „Grundflächen und Rauminhalte von Hochbauten" vom Mai 1973 [1]. Zur besseren Vergleichbarkeit der Kosten wurde der Begriff „Umbauter Raum" durch den neuen Begriff „Brutto-Rauminhalt" (abgekürzt: BRI) ersetzt.

Der Brutto-Rauminhalt ist das Produkt aus der Brutto-Grundrißfläche (BGF) und der zugehörigen Höhe.

Definitionen der Flächenbezeichnungen gemäß DIN 277
Brutto-Grundrißfläche (BGF):

Summe der Grundflächen aller Grundrißebenen. Die Fläche ist getrennt nach bestimmten Unterscheidungsmerkmalen zu ermitteln. Sie ergibt sich aus den äußeren Abmessungen der begrenzenden Bauteile in Fußbodenhöhe. Die Brutto-Grudrißfläche gliedert sich in Netto-Grundrißfläche (NGF) und Konstruktionsfläche (KF).

Netto-Grundrißfläche (NGF):

Nutzbare Grundfläche zwischen begrenzenden Bauteilen. Begrenzende Bauteile sind die Außen- und Innenwände. Die Netto-Grundrißfläche errechnet sich also aus den lichten Fertigmaßen der Räume, Flure und so weiter und gliedert sich in Nutzfläche (NF), Funktionsfläche (FF) und Verkehrsfläche (VF).

Konstruktionsfläche (KF):

Summe der Grundfläche der begrenzenden Bauteile, wie Wände, Stützen, Schornsteine und so weiter.

Nutzfläche (NF):

Teil der Netto-Grundrißfläche, welcher der Zweckbestimmung und Nutzung des Bauwerks dient. Hiermit ist die eigentliche Nutzfläche der Räume gemeint.

Funktionsfläche (FF):

Fläche von Räumen für Betriebstechnische Anlagen: Räume für die Zentralheizung, Wasserversorgung, Stromverteilung und so weiter.

Verkehrsfläche (VF):

Fläche, die der Verkehrserschließung dient, wie zum Beispiel Flure, Treppen, Gänge.

Die Kostenangaben basieren auf dem Stand des Jahres 1976. Baupreisindices finden sich in Wohnungsbau- und Fachzeitschriften.

Die zur Zeit geltende Bezugsbasis für das Preisniveau oder den Preisindex ist das Jahr 1962, zum Teil gilt als Basis auch noch das Jahr 1913. Die vom Statistischen Bundesamt regelmäßig veröffentlichten Zahlen sind, wie schon gesagt, Meßzahlen — keine DM-Werte.

Die Umrechnung auf den Stand eines neuen Jahres kann nach folgendem Beispiel erfolgen (Durchschnittswerte).

Jahr	Meßzahl des Preisindex
1962	100
1972	175,3
1973	188,1
1974	201,8
1975	206,6
1976 (Februar)	208,6
1976 (Mai)	213,8
1976 (August)	215,8
1976 (November)	216,8
1977 (Februar)	218,6

Berechnungsbeispiel

Frage: Ein Kubikmeter Brutto-Rauminhalt kostete im Jahre 1976 200,– DM. Wie hoch ist der Preis im Jahre 1977?

Antwort: Die Berechnung erfolgt nach folgender Formel

$$\frac{\text{Meßzahl des Bauindex 1977}}{\text{Meßzahl des Bauindex 1976}} \text{ mal Preis DM/m}^3 \text{ vom Jahre 1976.}$$

$$\text{in Zahlen: } \frac{211}{208} \cdot 200,- = \text{DM } 202,90$$

Im Jahre 1977 kostet ein Kubikmeter also DM 202,90

Zu bemerken ist, daß

▶ die Baupreisindices sich auf die Bauwerkskosten nach Ziffer 3.0.0.0 der DIN 276 beziehen, also nicht auf die Gesamtkosten,

▶ die Baupreisindices die regionalen Differenzen in der Bundesrepublik Deutschland unberücksichtigt lassen und

▶ die Baupreisindices vom Statistischen Bundesamt sowohl als Durchschnittswerte für Wohngebäude als auch als spezifische Werte für Einfamilienhäuser oder Mehrfamilienhäuser und andere Gebäudearten herausgegeben werden.

☐ Grundwissen für Bauherren

1.1 Kosten

1.1.1 *Kostensituation*

Bauen oder Kaufen ist nach wie vor für alle wirtschaftlich denkenden und nach Eigentum strebenden Menschen interessant, seien es Mieter oder Eigentümer. Und das aus zwei Gründen.

Mieten kann gegenüber dem Bauen, langfristig berechnet, sehr unwirtschaftlich sein. Nach Auffassung eines führenden Mathematikers in der Wohnungsbaufinanzierung [2] ist Mieten 11 Jahre lang billiger. Danach entwickelt sich die Vermögenssituation des Eigentümers deutlich günstiger als die des Mieters. So kann sich ein Eigentümer nach 20 Jahren ein Vermögen von 275.000,– DM, der Mieter von 205.000,– DM errechnen. Vom 11. Jahr an ist die jährliche Belastung des Eigentümers um einige Tausend DM günstiger als die des Mieters. Diese Kalkulationen sind an einige durchschnittliche Voraussetzungen gebunden, so zum Beispiel, daß sich Miet- und Immobilienpreise um 3 Prozent pro Jahr erhöhen.

Zweitens ist festzustellen, daß der Wertzuwachs bei Gebäuden in der Vergangenheit stets deutlich über der Rate der Geldentwertung lag. Während festverzinsliche Wertpapiere, Aktienpapiere und Spareckzinsen teils über, teils unter der Inflationsrate lagen, hoben sich die Raten für die Wertsteigerung der Häuser immer klar nach oben ab. Eine Bauinvestition ist also die einzige Geldanlage, die bisher von der Entwertung unseres Geldes noch nicht eingeholt worden ist. Das kann man im allgemeinen auch von Baugrundstücken sagen. Diese Tatsache ist um so erstaunlicher, als in der Zeit der Baukonjunktur das Baupreisniveau relativ hoch und damit die Gesamtrentabilität relativ ungünstig ausfiel. Bauwut und Bauboom führten zu Steigerungsraten, die – bezogen auf den gleichen Zeitraum – sechsmal so hoch lagen wie im Automobilbau.

In Anbetracht des Anteils der enormen Bausummen an den Gesamtinvestitionen der Volkswirtschaft besteht eine dringende ökonomische Notwendigkeit, für geringere Steigerungsraten zu sorgen. Immerhin ist die bauausführende Wirtschaft der größte Wirtschaftsbereich. So betrug das Bauvolumen 1972 insgesamt 143 Milliarden DM. Ein Prozent Einsparung hätte allein 1,43 Milliarden DM erbracht [3]. Sehen wir uns den interessanten Bereich an, so ergibt sich für 1972 folgende Zahl: Wohnungsbau: 63 Mrd. DM; 1 % Einsparung = 630 Mrd. DM.

Die Zielerwartung von mehr als einem Prozent ist, wie die folgenden Kapitel es im einzelnen belegen werden, keineswegs unrealistisch. Bauen oder Kaufen wird somit noch interessanter – je mehr der Bauherr und seine treuhänderischen Berater von den Chancen zur Kostensenkung Gebrauch machen und auf diese Weise „mehr Haus für's Geld" schaffen.

Fragen der Bauherren oder Käufer von Eigentumswohnungen — warum etwa die Kosten für einen Quadratmeter Wohnfläche von 1.500,— DM bis 3.000,— DM differieren — wurden und werden von den Verkäufern dieser Objekte stets mit dem Hinweis auf die „besondere Lage" oder die „besonderen Verhältnisse der baulichen Gegebenheiten" beantwortet.

Die Fragen der Auftraggeber nach den unterschiedlichen Preisen werden immer mit örtlichen oder technischen Voraussetzungen erklärt. Das ist sicher in vielen Fällen unbestritten. In den weitaus meisten Fällen haben aber auch der Einsatz oder das Fehlen von planungsökonomischen Kenntnissen und Methoden den Preis bestimmt. In Unkenntnis dieser Möglichkeiten, die Kostenlenkung selber zu beeinflussen, mußten Auftraggeber häufig Baukosten akzeptieren, die jedes vernünftige Maß überschritten.

Aufgabe dieser Publikation ist es, diese Informationslücke zu schließen, den Bauherren zu sagen, wo Kostensenkungen möglich sind und mit welchen Menschen, Mitteln und Methoden ein optimaler Kosteneinsatz erzielt werden kann.

In Zeiten geringerer Bautätigkeit — einer Rezession oder Krise — hat jeder Auftraggeber von Bauleistungen den Vorteil, daß er seine Bedingungen hinsichtlich der Kosten, Termine und der Abwicklung konsequent durchsetzen kann, ganz abgesehen von der in diesen Zeiten rückläufigen Preisentwicklungstendenz. Siehe Abbildung 1.

Aber auch in Zeiten instabiler und anomaler Baupreise — Hochkonjunktur oder Bedarfsanstieg — wird die Kenntnis über die Planung von Kosten jeden Bauherrn in die Lage versetzen, seine finanziellen Mittel so effektiv wie möglich einzusetzen.

Wie die Statik die Standfestigkeit eines Gebäudes garantiert, so muß jeder Auftraggeber von Bauleistungen mit Hilfe des entsprechenden Instrumentariums und der geeigneten Experten ein kostengünstiges oder gesamtwirtschaftliches Endergebnis sicherstellen.

Abbildung 1
Zu- und Abnahme der Baukosten

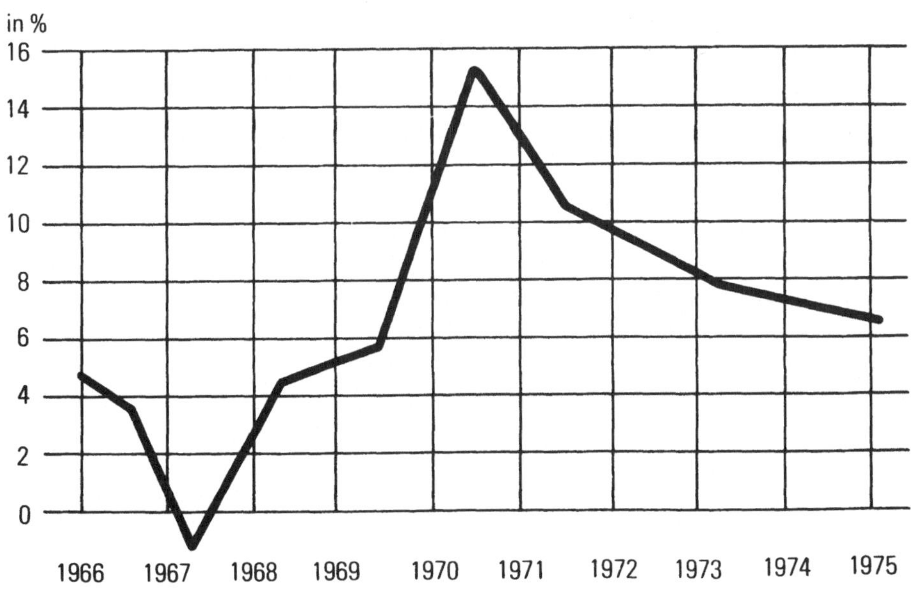

Sparappelle allein nutzen wenig. Sichtbare Ergebnisse lassen sich nur erzielen, wenn alle Beteiligten beim Unternehmen „Hausbau" **kostenbewußt mitdenken** und mitplanen. Konkret bedeutet dies,

▶ daß die Beteiligten die wichtigsten betriebswirtschaftlichen Grundbegriffe und Zusammenhänge kennen müssen,

▶ daß den Kostenplanern die Kostenentwicklung in ihrem Bereich bekannt sein muß,

▶ daß bestimmte Kostenziele — detailliert und realistisch — gesetzt und systematisch angesteuert werden müssen,

▶ daß die Verantwortung für diese Kostenziele delegiert werden muß,

▶ daß die Motivation für gute Kostenuntersuchungen und -ergebnisse in Form von Anerkennung und Prämien gestärkt werden muß.

Bauherren müssen sich an das Denken in Kostenrelationen und -proportionen gewöhnen. Praktisch bedeutet dies, daß dort anzusetzen ist, wo der Effekt am größten ist. Es ist zum Beispiel für die Gesamtkosten ziemlich unerheblich, ob der Bauherr Handlangerdienste für seine Baufacharbeiter tut, ob er den Bauschutt wegkarrt oder ob er die Stemmarbeiten selber ausführt.

Dagegen kann jeder Bauherr wesentlich mehr einsparen, wenn er die Auswahl seines Architekten nicht nur nach der Honorarhöhe — „je geringer, desto besser" — vornimmt, sondern auch nach dessen Fähigkeit, die Kosten lenken und senken zu können.

Beginnen wir daher mit den Kostenrelationen bei der Aufteilung der gesamten Bausumme, und zwar an Hand eines Beispiels aus dem Wohnungsbau. Von den Gesamtherstellungskosten entfielen auf

1.	Kosten des Baugrundstückes	7 %
2.	Kosten der Erschließung	3 %
3.	Kosten des Bauwerks	75 %
4.	Kosten des Geräts	1 %
5.	Kosten der Außenanlagen	3 %
6.	Kosten der zusätzlichen Maßnahmen	0 %
7.	Baunebenkosten	11 %
	Gesamtkosten	100 %

Die Position „Kosten des Bauwerks" ist mit drei Vierteln der größte Kostenfaktor und somit der eigentliche Gegenstand aller kostenplanerischen Maßnahmen.

Diese Zahlenrelationen verschieben sich übrigens je nach den Preisentwicklungen und anderen Einflußfaktoren. Stets bleiben die Kosten des Bauwerks selbst das Ziel der stärksten Bemühungen um eine Senkung der Kosten. Untergliedert man die Kosten des Bauwerks nach den Anteilen für die einzelnen Gewerke, so muß ebenfalls einschränkend bemerkt werden, daß sich die Prozentzahlen je nach Gebäudeart, Volumen und vielen anderen Gesichtspunkten verschieben werden.

Auch aus dem Wohnungsbau stammt folgende Aufstellung. Die Kosten des Bauwerks gliedern sich bei Geschoßbauten mit mittlerem Ausbau so auf:

Erdarbeiten	1,0 %
Maurerarbeiten	25,0 %
Putzarbeiten	6,0 %
Beton- und Stahlbetonarbeiten	6,0 %

Zimmererarbeiten	9,0 %
Fußbodenarbeiten	3,8 %
Fliesen- und Estricharbeiten	2,8 %
Dachdeckerarbeiten	2,4 %
Klempnerarbeiten	1,3 %
Treppenarbeiten	2,7 %
Tischlerarbeiten	12,0 %
Schlosserarbeiten	2,0 %
Glaserarbeiten	1,7 %
Zentralheizungsarbeiten	8,0 %
Sanitär-Installationsarbeiten	7,8 %
Elektro-Installationsarbeiten	4,1 %
Dichtungsarbeiten	0,3 %
Malerarbeiten	4,1 %
Kosten des Bauwerks	100,0 %

Auch hier gewinnt der Bauherr Einblick in Kostenrelationen in Beziehung zum Gesamtpreis, so daß er unabhängig von den jeweiligen Zahlen erkennen kann, wie stark oder wie wenig sich die Bemühungen um Kostenreduzierungen auswirken. Ein praktisches Beispiel möge dies demonstrieren:

Gesamtherstellungskosten eines Gebäudes		DM 300.000,–
Kosten des Bauwerks	74,7 % =	DM 224.100,–
Davon entfallen auf		
Maurerarbeiten	25,0 % =	DM 56.025,–
Malerarbeiten	4,1 % =	DM 9.188,–

Einsparungen in Höhe von einem Prozent werden sich bei den
Maurerarbeiten mit DM 560,– und bei den
Malerarbeiten mit rund DM ~92,– auswirken.
Die Bemühungen müssen dementsprechend auf *die* Kostenanteile konzentriert werden, die am wirksamsten durchschlagen.
Eine weit bessere Kostenbeurteilung gewinnt jedoch der Bauherr bei der sogenannten Gliederung der Baukosten nach Bauteilen (siehe Ziffer 6.1.1). Diese Art der Kostenzusammenstellung macht dem Auftraggeber sofort sichtbar, wo unproportional hohe Kostenanteile stecken. Das heißt: Ob ein Bauteil, wie zum Beispiel die Fassade, zu aufwendig konstruiert und vereinfacht werden müßte. Hier werden nicht Bauteile getrennt nach Gewerken berechnet, sondern alle Einzelteile werden im Zusammenhang gesehen und verglichen.
Konzentrieren Sie als Bauherr Ihre Kräfte auf die sich am meisten lohnenden Kostenanteile! Wenn Sie sich mit dem Kauf dieses Buches zur Mitwirkung in der Kostenbeeinflussung entschlossen haben, müssen Sie auch den nächsten Schritt tun und den Weg kennenlernen, der Sie auf eine sehr praktische Weise zu den Kostenzielen führt.
Der Anspruch auf „wirtschaftliches Bauen" wird von vielen Baufachleuten und Baugesellschaften erhoben, so als ob damit bereits ihr Bemühen um die Minderung der Baukosten hinreichend bewiesen sei. Da jeder heute auf die in den Ohren jedes Bauherrn so wohlklingende Bezeichnung „Wirtschaftlichkeit" Wert legt, muß der Abnehmer von Bauleistungen sachkundiger informiert werden, damit er die Spreu vom Weizen zu trennen in der Lage ist. Erst die Schärfe einer Beweisführung kann dem Bauherrn die Gewißheit geben, daß er in den richtigen Händen ist.

Die folgenden Kapitel geben ihm eine verläßliche Grundlage für seine zielorientierten Fragen an die Fachleute, so daß der private Auftraggeber sich in Zukunft nicht mit einer allzu einfachen Erklärung über die relativ hohen Kosten abfinden muß.
Auf keinen Fall sind höhere Baupreise höhere Gewalt!
Sie haben ihre ganz bestimmten Ursachen, die jeder Bauherr kennenlernen sollte, wenngleich er sie nicht alle beeinflussen kann. Schon durch die Vermeidung oder Unterlassung gewisser Handlungen und Eingriffe können Einsparungen erzielt werden.

1.1.2   Kostentreibende Ursachen

Die folgende Auflistung enthält nicht alle spezifischen und detaillierten Tips, wie sie in den nachfolgenden Kapiteln beschrieben werden. Sie ist jedoch differenziert in solche Ursachen, die der Bauherr oder seine Fachplaner beeinflussen können, und in diejenigen, die außerhalb ihres Kompetenzbereiches liegen, weil sie überregional, global-wirtschaftlich oder politisch bedingt sind. Die Zahlen hinter der einzelnen Ursachen-Aufzählung verweisen auf die Ziffern der Kapitel, die weitere Informationen geben.

Zu beeinflussen sind folgende preistreibende Ursachen

1 Mangelhafte Grundkenntnisse beim Bauherrn über Marktverhältnisse, Marktchanchen, Organisation und Desorganisation auf beiden Seiten — Auftraggeber und Auftragnehmer — und über die Art, wie Preise „gemacht" werden. Siehe Ziffer 1.2—1.3

2 Marktmißstände, wie Absprachen, fehlender Wettbewerb, Kartelle, politisch-wirtschaftlicher Machtmißbrauch, Lobbyismus. Siehe Ziffer 1.2—1.3

3 Unzureichende Preis-Leistungs-Angebote bzw. ungleiche oder unvollständige Angebotsunterlagen. Siehe Ziffer 1.3.2

4 Nicht zugelassene Neben- oder Zusatz-Angebote der Unternehmer. Siehe Ziffer 1.2.1

5 Emotionale Entscheidungen oder Opportunitäts-Gesichtspunkte für die Wahl eines Planers oder Unternehmers. Siehe Ziffer 1.4.1

6 Sonderwünsche bzw. Änderungen, die zur falschen Zeit durchgesetzt werden und deren Kostenfolgen nicht gründlich untersucht worden sind. Siehe Ziffer 1.4.2

7 Nichtbeachtung der Tatsache, daß bis zu 30 Prozent der Kosten eines Gebäudes bereits in den ersten Phasen der Planungs-Vorbereitung, der Festlegung des Bauablaufes und der Wahl der Architekten und Ingenieure eingespart oder verschwendet werden können. Siehe Ziffer 1.4.2—1.4.3

8 Mangelhaftes know-how bei der Bedarfserfassung, der Raumprogrammformulierung und der Festlegung des Anspruchsniveaus für die Technik und die Qualitäten der Bauausführung im einzelnen. Siehe Ziffer 2.1 und 6.2.2.

9 Ungenügende Zielorientierung und Versäumnisse bei der Zielverwirklichung. Siehe Ziffer 2.2

10 Mangelnder Einsatz des geistigen Kapitals zur Steuerung der Bauabwicklung und der Baukosten. Siehe Ziffer 1.4 und 5.4

11 Keine Erfahrungsauswertung; keine oder nur geringe Nutzung der Fach-Informaticnen bei den Fachplanern. Siehe Ziffer 5.6

12 Ungenügende Bewertung der richtigen Bauplatz- oder Standortbestimmung. Siehe Ziffer 2.3

13 Annahme von Fertig- oder Systembauweisen ohne neutrale und objektive Prüfung hinsichtlich der Eignung für das betreffende Bauobjekt. Unkritische Beauftragung eines Fertigteilwerkes. Siehe Ziffer 2.5.2

14 Falsche Risiko-Verteilung, unzureichende Risiko-Abdeckung, Risiko-Lücken. Siehe Ziffer 2.4

15 Erschwernisse bei der Entscheidungsfindung: fehlende Entscheidungsvorbereitung, Entscheidungsschwäche, mangelnde Kompetenzabgrenzung, Führungsschwächen, Verantwortungsscheu. Siehe Ziffer 5.3

16 Fehlende Alternativ-Planungen und deren Bewertungen. Siehe Ziffer 6.2

17 Ungenügende Erfassung aller Kostenarten zur Ermittlung der Gesamtwirtschaftlichkeit des Bauvorhabens unter Einbeziehung der Nutzungskosten. Siehe Ziffer 3.1

18 Ungenügende Abgrenzung von treuhänderischen und gewinnorientierten Interessen und damit keine ausreichende Interessenvertretung bei der Planung und Ausführung des Bauvorhabens. Siehe Ziffer 4.1

19 Annahme einer unternehmer- oder fertigungsgerechten Ausführung ohne neutrale Planung. Siehe Ziffer 4.2

20 Annahme eines Angebotes „aus einer Hand" von Seiten eines Generalübernehmers, Generalunternehmers oder Totalunternehmers, wenn diese Unternehmer auch die Planung (und sei es auch nur einen Teil davon) übernehmen. Siehe Ziffer 4.2—4.3

21 Nichtberücksichtigung der Auslesekriterien bei der Wahl der Architekten und Ingenieure. Siehe Ziffer 5.1

22 Konfliktsituationen der Planer zwischen ihren treuhänderischen Beratungsaufgaben und einer Bindung an Leistungs- und Lieferungsinteressen für bestimmte Produkte. Siehe Ziffer 5.2

23 Fehlende Treuhänder-Eigenschaft bei der Planung und dem Bau eines Hauses durch eine Gesellschaft. Siehe Ziffer 4.2

24 Fehlende oder ungenügende Integration mehrerer Planungsbüros und deren Spezialisten. Siehe Ziffer 5.5

25 Unqualifiziertes Management in der Projektsteuerung. Siehe Ziffer 5.3

26 Geringes technisches Wissen, ungenügende Planungshilfsmittel und Unfähigkeit in der Steuerung der Kosten und Termine. Siehe Ziffer 5.6

27 Hierarchische Strukturen, schlechte Organisation und mangelnde Motivation innerhalb der Planungsinstitutionen. Siehe Ziffer 5.5

28 Ansatz von unangemessen niedrigen Honorarsätzen. Siehe Ziffer 5.7

29 Fehlende oder ungenügende Berufs-Haftpflichtversicherung bei den einzelnen Planungsbüros. Siehe Ziffer 2.4.2 und 5.7.3

30 Verzicht auf Vergleichs-Alternativen für die Entwurfsplanungen, Installationsprojektierungen, Ausschreibungen und so weiter. Siehe Ziffer 6.2 und 6.4

31 Mangel an Rationalisierungs-Untersuchungen bei der Wahl der Konstruktionen und unzureichende Abstimmung mit den übrigen Sonderingenieuren. Siehe Ziffer 6.3.1

32 Fehlende Untersuchungen hinsichtlich der Wirtschaftlichkeit bei der Auswahl der Installationssysteme für die Heizungs-, die Sanitär- und Elektroanlagen. Siehe Ziffer 6.3.2—6.3.4

33 Folgen von Zeitnotentscheidungen in der Planung und Ausführung. Siehe Ziffer 7.1.1

34 Auftragserteilung an Billig-Bieter. Siehe Ziffer 7.1.3

35 Überziehung der Massenansätze in den Leistungsverzeichnissen. Siehe Ziffer 7.1.2

36 **Unpräzise und unberechenbare Angaben in den Allgemeinen und Besonderen Vertragsbedingungen.** Siehe Ziffer 7.1.2

37 Ungenaue und fehlende Angaben in den Leistungsverzeichnissen und Qualitäts-Beschreibungen über alle auszuführende Details, Materialien, bauphysikalischen Auflagen und dergleichen mehr. Siehe Ziffer 7.1.2

38 Nicht rechtzeitige Einarbeitung aller Auflagen der Bauordnung, der Feuerwehr, der Unfall-Verbände und so weiter. Siehe Ziffer 7.1.2

39 Überdimensionierung einiger Bauteile, Installationen und dergleichen — ohne Kostenkontrolle. Siehe Ziffer 6.3

40 Kosten- und Termingarantien. Siehe Ziffer 4.3.3 und 4.3.4

41 Vergabe des Bauobjekts nach dem Generalunternehmersystem mit den Subsubsub-Firmen. Siehe Ziffer 4.3.4

42 Sparsamkeit am falschen Platz. Zum Beispiel beim Ansatz des Mindest-Wärmeschutzes mit der Folge von hohen Betriebskosten. Siehe Ziffer 3.1.1 und 6.3.2

43 Fehlende Kostenüberwachung während des gesamten Planungs- und Ausführungsablaufs. Siehe Ziffer 6.1

Nicht zu beeinflussen sind folgende preistreibende Ursachen

1 Folgen des Föderalismus in der Bundesrepublik. Infolgedessen fehlende und mangelhafte Kooperation zwischen den Bundesländern in Sachen der zentralen Steuerung von Fertigteilsystemen.

2 Unzureichende Mittel für die Bauforschung.
Während das Bauwesen am Bruttosozialprodukt mit 15 Prozent beteiligt ist, beträgt der Anteil der Bauforschung an den öffentlichen Gesamtaufwendungen für Forschung und Entwicklung nur 0,1 Prozent. Demgegenüber sind die Ausgaben für Bauforschung in unseren Nachbarländern erheblich höher.
Auch die deutsche Bauindustrie gibt für die Forschung nur ein Bruchteil dessen aus, was die chemische Industrie auszugeben gewohnt ist.

3 Unkontrollierbare Bodenspekulation führt zur Steigerung der Grundstückskosten und damit zu höheren Gesamtkosten.

4 Saison- und marktbedingte Preisschwankungen wirken sich gesetzmäßig auf das Niveau der Angebotspreise aus.

5 Bankabhängige Kreditmaßnahmen beeinflussen das Kostenniveau, und zwar je nachdem, wie sich die wirtschaftlichen Verhältnisse entwickeln.

6 Desorganisation der Abnehmerseite (öffentliche und private Auftraggeber) gegenüber straffer Organisation der Bauwirtschaft und Bauindustrie.

7 Fehlende Markt- und Kostentransparenz infolge fehlender Datenbanken für Bauprodukte und Bauelemente und deren Preisdifferenzen.

8 Allzu große Bereitschaft der Auftraggeberseite, auf die fertigen Rezepte der Unternehmerseite ohne Kontrolle durch einen treuhänderischen Berater einzugehen, und zwar als Folge einer immer verschwommener werdenden Orientierung über die entgegengesetzten Interessenlagen der beiden Seiten. Auf der einen Seite die Bauherren mit ihren Planern, auf der anderen Seite die Unternehmer.

1.1.3   Kostensenkungen (Praxisbeispiele)

Die aus den folgenden Beispielen ersichtlichen und überraschend hohen Einsparungen sind alle in Zeiten der Hochkonjunktur erzielt worden. Alle an diesen beispielhaften Ergebnissen beteiligten Bauherren, Architekten und Ingenieure haben nicht erst die sogenannte „Trendwende" — Ölkrise und Rezession — abgewartet. Sie haben diese Einsparungen nicht aufgrund minderer Qualitäten in der Ausführung erzielt, sondern aufgrund besonders intensiver kostenplanerischer Anstrengungen.

Diese ungewöhnlich günstigen Preis-Leistungs-Resultate sind auch nicht auf besonders niedrige Grundstücks- und Nebenkosten zurückzuführen. Zum Teil wurden die Entwurfs- und Ausführungsplanungen zu Lasten der Planungsbüros mehrfach auf kostenplanerische Gesichtspunkte hin geprüft und wiederholt. Selbstverständlich wurden von vorneherein alle Installationsstränge zusammengelegt, die statischen Aufwendungen minimiert, die Materialwahl so getroffen, daß möglichst geringe Unterhaltungskosten erzielt wurden, jedoch nicht zu Lasten der Qualität in der Erstellung. Im Gegenteil, bei einigen dieser Projekte wurde eine überdurchschnittlich gute bis hervorragende Gebäudegüte erzielt.

Im Vergleich zu den Planungsaufwendungen eines normalen Architektur- oder Ingenieurbüros ist in diesen Fällen ausnahmslos ein enormer Leistungsaufwand in die Objektvorbereitung eingebracht worden. Bis in die Einzelheiten sind Detailzeichnungen angefertigt worden, die nicht nur technisch, bauphysikalisch und formal Problemlösungen darstellten, sondern auch kostenbewußte Ansprüche befriedigten.

Beispiel 1 [4]

Bauzeit: 1966 bis 1973 (Bauindex: 1962 = 100, 1973 = 184)
Bauort: Freiburg (Gebäudeart: Wohnungsbau)
Bauwerkskosten nach DIN 276: zwischen 88,– und 139,– DM/m³ Brutto-Rauminhalt.
Ingenieurbüro für wirtschaftliches Bauen J. Adrian u. W. Steinebach.

Die Preise von 139,– DM/m³ Brutto-Rauminhalt wurden bei der Abrechnung von zwei Punkthäusern mit 2 X 49 Wohnungen, 19 Geschossen, in Stockach erzielt.
Qualitäten: unter anderem Teppichboden in allen Räumen, Vollfliesung in Bädern, 2,0 m Küchenblocks, Elektro-Herd, Zentralheizung.
Honorar: Abrechnung nach der Gebührenordnung plus Rationalisierungszuschlag.
Einsparungsquoten: *19 bis 25 Prozent*

Beispiel 2

Bauzeit: 1964 bis 1968
Bauort: Vorort von Göttingen (Gebäudeart: Wohnungsbau)
Reine Baukosten nach DIN 276: zwischen 99,– und 111,– DM/m³ Brutto-Rauminhalt
Architekt: E. G. Brehmer

Es handelt sich um eine Siedlung von zweigeschossigen Reihen- und Kettenhäusern von 125 bis 144 qm Wohnfläche in bester Wohnlage.
Qualitäten: zweischaliges Mauerwerk mit 5 cm Styropor in den Außenwänden, Außenmauerwerk Verblendsteine rundum, Zentralölheizung, Flachdach oder flachgeneigte Dächer, Fenster Afzelia-Naturholz, Isolierglas, 40 % geringere Heizenergiekosten.
Honorar: nach der Gebührenordnung ohne Zuschlag.
Bemerkung: Der Auftrag an den Architekten wurde erst nach einem praktischen Wirtschaftlichkeitswettbewerb unter drei Architekten erteilt. Gegen zwei etablierte Architekturbüros mit Angeboten von 145,– bis 150,– DM/m³ Brutto-Rauminhalt wurde von dem o.e. Architekten ein Abrechnungspreis von 100,– DM/m³ Brutto-Rauminhalt zugesagt. Abgesichert wurde dieser Preis mit der Verpfändung des Architekten-Honorars und einer zusätzlichen Bürgschaft für Preiserhöhungen darüber hinaus. Nach Vorlage des Abrechnungsergebnisses von DM 99,–/m³ wurde reihenweise der Auftrag für die Siedlung von 100 Häusern erteilt.
Einsparungsquote: *30 Prozent*

1.2 **Baumarkt**

1.2.1 Marktwirtschaft

Eine freie und faire Marktwirtschaft beruht auf dem Prinzip des Wettbewerbsausgleichs. Wer einen zu hohen Preis für sein Produkt fordert, wird keinen Käufer finden. Wer einen zu niedrigen Preis bietet, wird nicht in den Besitz der Ware kommen.

Dieser Wettbewerbsmechanismus setzt voraus, daß Preise nicht auf dem Weg über Kartell-Organisationen unter den Produzenten abgesprochen, sondern von einer echten Kalkulation der Selbstkosten plus Wagnis und Gewinn bestimmt werden.

Bauherren müssen daher über die nicht freien, sondern verzerrten Wettbewerbs-Prinzipien und die damit für sie verbundenen erheblichen Nachteile unterrichtet werden.

Die Gefahr für Preisabsprachen ist ständig vorhanden. Kluge Auftraggeber treffen geeignete Abwehrmaßnahmen, zum Beispiel, indem sie die Firmenwahl entsprechend streuen oder indem sie sich über die Preisentwicklung genau informieren.

Die Unternehmer sehen diese Art der Wettbewerbseinschränkung zum Teil als Kavaliersdelikt [5] an. Sie behaupten dann sogar, sie müßten „Ordnung" in den Baumarkt bringen, da der „blinde Wettbewerb" angesichts der vielen Ausschreibungen und der damit verbundenen enormen Bearbeitungskosten für große und größte Bauprojekte die Gefahr der Zersplitterung in sich berge. Wenn sie dies nicht täten — so die Verfechter der Kartellabsprachen —, würde angeblich der Auftraggeber selbst geschädigt, und zwar infolge der von unsoliden Firmen ausgearbeiteten Billig-Offerten. Jedes Unternehmen soll und muß Gewinne für neue Investitionen erzielen. Aber eine Wettbewerbswirtschaft wird nur dann am wirkungsvollsten arbeiten, wenn jede Firma in einem fairen Kampf bei gleichen Bedingungen angemessene Gewinne zu erzielen trachtet. Dazu gehört dann auch, daß die unternehmerische Leistung rationell erbracht wird. Wo sich Firmen an Kartellen und Absprachen beteiligen, den Markt unter sich aufteilen und reglementieren, sowie die Preise manipulieren und absprechen, hört auch der Zwang zur Minimierung der eigenen Aufwendungen auf. Das heißt, die Firmen vertrauen dann automatisch mehr auf den ausreichend abgesicherten Auftragsbestand und Gewinn. Damit steigen die Selbstkosten, und das laissez-faire-Verhalten überwiegt. Es ist durchaus verständlich, daß Unternehmen den Leistungsdruck und die Risiken zu vermindern suchen, wenn dabei gleichzeitig ihre Chancen zur Erzielung von Gewinnen wachsen. So wurden allein in Niedersachsen, Bremen und Hamburg in den Jahren 1955 und 1956 2.592 Preisabsprachen entdeckt, darunter 1.500 über öffentliche Bauaufträge.

Es liegt auf der Hand, daß diese Gefahren die Gesamtwirtschaft ebenso wie jeden Auftraggeber benachteiligen.

Markttransparenz

Die Antwort auf die den freien Wettbewerb verzerrenden Tendenzen muß heißen: Die Bauherrn im privaten und öffentlichen Bereich müssen die Wettbewerbsregeln und deren Einhaltung stärker als bisher kontrollieren. Nur eine scharfe Konkurrenz kann das Gleichgewicht auf dem Baumarkt absichern. Die Marktverfilzungen müssen unter Kontrolle gebracht werden. Datenbanken können dazu dienen, das Marktangebot nach

Preis, Eignung und Kosten zu sortieren. Ein Produkt-Informationssystem würde zur objektiven und optimalen Auswahl von Baustoffen und Materialien beitragen. Tests könnten die Verwendbarkeit der Produkte untersuchen. Das Unwesen mit den Telefon-Firmen, die nur Aufträge annehmen, um sie dann an Ausführungsfirmen weiterzugeben, müßte durch Ausschluß aus allen Firmenverzeichnissen bei der Angebotsabgabe beendet werden.

Marktlage

Baupreise sind gewiß nicht allein das Ergebnis von echten Kalkulationen.
Marktbedingt sind unter anderem Krisenzeiten für die Bauwirtschaft. Zu nennen wären hier die Ölkrise, die Rezessionen 1966/67 und 1974/75, die konjunkturelle Labilität und die saisonalen Schwankungen. Hier ist die Bauwirtschaft naturgemäß besonders anfällig.
Diese Erscheinungen schlagen auf die Ausschreibungsresultate durch, zum Teil sogar sehr stark — je nachdem, wie ein Unternehmen davon betroffen ist oder wie es diese Einflüsse abfangen kann.

Marktangebote

Werden auch bestimmt von der Interessenlage einer Firma. Diese wirkt sich preisbestimmend aus, so daß die Kalkulation nur noch eine sekundäre Rolle spielt. Hat ein Unternehmen ein besonderes Interesse an dem Auftrag oder an der Zusammenarbeit mit einem bestimmten Auftraggeber, wird dies entscheidend das Angebot beeinflussen.
In gleicher Weise ist die Auftragslage einer Firma ein Faktum, das die Kalkulation berühren kann. Ob es sich um ein Loch im Auftragsbestand oder generell um eine Flaute handelt, immer werden sich die Kalkulatoren mit der Geschäftsführung zusammensetzen, um die Weiterbeschäftigung der Stammbelegschaft zu sichern.

Nebenangebote und Nachlässe

Bei allgemein geringem Auftragsbestand tritt die Situation ein, daß das Angebot an Bauleistungen und -lieferungen die Nachfrage zeitweise sogar sehr stark übersteigt. Die wenigen Ausschreibungen werden dann das Ziel vieler Firmen. Die Chance, der preisgünstigste Bieter zu werden, ist gering, es sei denn, der Preis wird so niedrig kalkuliert, daß zwar der Auftrag erteilt wird, aber nur mit Verlusten abgewickelt werden kann. Um solche Risiken nicht eingehen zu müssen und andererseits doch in die engere Wahl zu kommen, wird die Taktik der Nebenangebote eingeschlagen. Irgendein Bauteil oder irgend eine Bauleistung wird zusätzlich besonders billig als Alternative angeboten. Bei Berücksichtigung dieses meist nicht spezifizierten Sonderangebotes kann sich der Endpreis so ermäßigen, daß das betreffende Unternehmen zu denen gehört, die zu Auftragsverhandlungen eingeladen werden.
Auf diese Weise bekommt der Unternehmer „seinen Fuß zwischen die Tür". Jetzt ist er unmittelbar an den Vergabe-Besprechungen beteiligt.
Mit der gleichen Zielsetzung werden auch Nachlässe auf die in der Ausschreibung angebotenen Festpreise angeboten. Unter gewissen Bedingungen der zeitlichen, technischen

oder organisatorischen Abwicklung erklärt sich der Bieter bereit, soundsoviel Prozent Nachlaß zu gewähren.

Der Bauherr sollte also darauf achten, daß Nebenangebote und Nachlässe unberücksichtigt bleiben, es sei denn, sein Projekt soll in Form einer Alternativ-Ausschreibung angeboten werden. Dann jedoch sind diese Nebenangebote und Nachlässe präzise zu beschreiben und durch Zeichnungen ergänzend zu erläutern.

1.2.2 Markt und Macht

Auf dem Markt stehen dem Bauherrn im Interessenkampf um den Auftrag viele Fachleute gegenüber. Nur einige seien genannt:

▶ die Baugesellschaft, ob mit oder ohne eigene Planer,

▶ die Finanzierungsgesellschaften, hinter denen Banken, Versicherungen, Sparkassen oder die öffentliche Hand stehen,

▶ die Makler und Immobilienhändler,

▶ die Architekturbüros, Ingenieurbüros für Statik, Heizung, Sanitär, Elektroinstallation usw.,

▶ die Planungsgesellschaften oder consultings,

▶ das Baugewerbe oder die Bauindustrie mit ihren zahlreichen Firmen als General- oder Subunternehmer.

Sie alle beanspruchen, Vertreter, Sachwalter, Beistand, Berater für die Interessen des Auftraggebers zu sein. Für einen Neuling unter den Bauherren wird die Verwirrung noch größer, wenn er hört, daß es auch Angebote gibt, die ihm Planung und Ausführung in einer Hand garantieren:

▶ Das sind eine Reihe von ausführenden Firmen — zumeist Baufirmen —, die auch die Planung übernehmen. Sie argumentieren mit dem Slogan von der „fertigungsgerechten Planung". Das heißt aber, Planung müsse von der Produktionsseite bestimmt werden.

▶ Einige — wenn auch wenige — Planungsbüros verfügen aber auch über ausführende Firmen und sind so in der Lage, das ganze Auftragspaket für die Planung und die Ausführung zu übernehmen.

Dieser Vielzahl von Anbietern und Konstellationen ist es zuzuschreiben, daß manch ein Auftraggeber ahnungslos in die falschen Hände gerät und am Ende feststellen muß, wie unvorteilhaft das Geschäft doch war.

Die Fronten: Mitspieler und Gegenspieler

Zunächst ist festzustellen, daß es nur zwei Seiten oder Frontstellungen mit völlig gegensätzlicher Orientierung und Zielsetzung auf dem Baumarkt gibt:
1. die Auftraggeber- oder Abnehmerseite und
2. die Auftragnehmer- oder Produzentenseite.
Die Frontlinie zwischen beiden konträren Zielorientierungen kann nicht markant genug gezogen werden. Beide sich widersprechenden Interessenlagen sollten durch eine scharfe Abgrenzungsformulierung deutlich sichtbar definiert werden. Zum eigenen Schaden hat die öffentliche Hand bisher nicht ihre beispielhafte Verantwortung erkannt, scharfe Konturen zwischen beiden Fronten zu setzen. So fahren die Pro-

duzenten fort, diese Grenze weiterhin zu vernebeln und verschwommener zu machen. Es ist nicht zuletzt dieser Tatsache zu verdanken, daß sich die Baupreise in den letzten Jahren unverhältnismäßig stark gegenüber den Preisen anderer Produktionszweige entwickelt haben. Mit anderen Worten: Die gewinnorientierten Interessen der Unternehmerseite haben sich weit stärker durchgesetzt als die der treuhänderischen Aufwandsminimierung.

Das gesamte Bauen könnte — bei gleicher Qualität — bis zu dreißig Prozent billiger werden, wenn die einfache und unwiderlegbare Tatsache tiefer in das Bewußtsein der Auftraggeber eindringen würde, daß die Zielsetzung der Bauherren mit ihren unabhängigen Planern der Zielorientierung der Unternehmer gleich welcher Art diametral entgegengesetzt ist. Zwischen beiden divergierenden Interessen kann keine Brücke geschlagen werden. Das weiß die Unternehmerschaft genau, und deshalb sind ihre diesbezüglichen Beteuerungen unglaubwürdig.

Auch unter den erfahrenen Auftraggebern und Planern trifft man manchmal Bau-Fachleute, die es eigentlich besser wissen müßten. Sie bewegen sich jedoch oft so, als gäbe es keine Fronten oder so, als ob Planer, Bauherr und Unternehmer von gleichen Absichten und Vorsätzen geleitet würden.

Wie gering das Differenzierungsvermögen ist, zeigen manchmal die wahrhaft entscheidenden Sitzungen bei der Vergabe großer Bauobjekte. Hier wird in der Entscheidungsphase von Generalunternehmern, Generaltreuhändern, Generalbetreuern usw. so gesprochen, als bestünden kaum oder keinerlei Unterschiede zwischen den genannten Interessen. Auftraggeber und Auftragnehmer können nicht — wie einige in ihrer ziellosen Baupolitik meinen — „in einem Boot sitzen". Mit diesem Fehlverhalten zeigen Auftraggeber letzten Endes, daß nicht sie es sind, die alle Chancen haben, Steuerungsfunktionen auszuüben, sondern daß sie bereits gesteuert werden.

Wie sehr die Bauwirtschaft am Fortschritt und an der *Forschung* interessiert ist, zeigt die schon erwähnte Tatsache ihrer Beteiligung an der Bauforschung. Auch die Hoffnungen auf geringere Kostenresultate durch Industrialisierung, Rationalisierung, General- und Totalunternehmer sind weitgehend unerfüllt geblieben, bis auf einige Teilerfolge. Was uns weiterhelfen kann, sind wirklich neutrale, objektiv arbeitende und unbestechliche Planer und Berater, Koordinatoren und Treuhänder an der Seite der Bauherrschaft [6]. Sie sind auch die natürlichen Mitspieler der Auftraggeber. Ihre ständige gegenseitige Koordination und Abstimmung in allen großen und kleinen Fragen der Vorbereitung und Planung ist Voraussetzung für das Gelingen. Dabei hat nicht nur der Treuhänder den Bauherrn gegen Übervorteilung zu schützen, sondern manchmal auch der Bauherr den Treuhänder. Abbildung 2 zeigt, die Tendenz von Unternehmern, Planern und Bauherren, auf das Verhältnis von Preis zu Leistung einzuwirken:

▸ der Unternehmer möchte einen möglichst hohen Preis für einen geringen Standard erzielen,

▸ der Bauherr das Gegenteil: einen geringen Preis für eine überdurchschnittliche Qualität, während

▸ der Planer in seiner neutralen Haltung gegenüber der Angemessenheit der Preisgestaltung in der Mitte liegen wird.

Diese Mittlertätigkeit des Planers kann nicht konsequent eingesetzt werden, wenn irgendwelche finanziellen oder wirtschaftlichen Abhängigkeiten zur Produzentenseite bestehen.

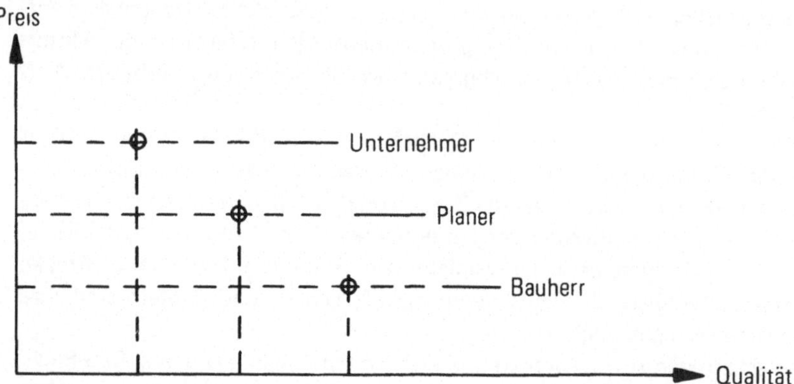

Abbildung 2
Tendenzen der am Bau Beteiligten

Umgekehrt ist es leicht verständlich, daß kein Unternehmer sich selbst kontrollieren kann. Daher wird seine Planung stets so ausfallen, wie es in der Abbildung gezeigt wird: Relativ geringe Qualität bei hoher Gewinnspanne, ein Ziel, das vollkommen legitim ist und nur dann Verdacht erregen muß, wenn damit der unternehmerische Anspruch auf treuhänderische Beratung und Planung für die Interessen des Bauherrn verkoppelt wird.

Klärung der Begriffe

Der Baumarkt entwickelt sich zwischen Auftraggeber- und Auftragnehmerseite

1. Auftraggeber- und Abnehmerseite oder Bedürfnisfeld [7]:

Bauherren, Auftraggeber und Entscheidungsträger aus Handel, Industrie, Wirtschaft und dem Privatsektor.
Stadt- und Kreisverwaltungen, Bauausschüsse.
Bund, Länder und Gemeinden.
Bedarfsträger aller Art, wie Kirchen, Privatinstitutionen ...
Treuhänderisches Planungsfeld:
Fachplaner wie zum Beispiel Büros für Architektur, Statik, Heizungsplanung, Sanitärplanung, Elektroplanung ...
Generalplaner mit vorwiegend eigenen Architekten und Ingenieuren für alle Fachbereiche.
Generaltreuhänder mit eigenen Fachplanern, sowie einer Synthese aus treuhänderischen Tätigkeiten und Garantieleistungen (feste Kosten und Termine).
Bauträger und Bau-Betreuungsgesellschaften — soweit sie auf der Seite der Auftraggeber stehen und keine Bauleistungen erbringen, vermitteln oder verkaufen. Das heißt, sie dürfen nicht mehr als folgende Leistungen erbringen: Grundstücksbeschaffung, Finanzierung und die gesamte Planung.

2. Auftragnehmer und Produzentenseite oder Ausführungsfeld [7]:

Fachunternehmer wie Firmen für Maurer-, Beton-, Putz-, Tischler-, Installations- und andere Arbeiten

General*unter*nehmer mit Subunternehmern für alle Herstellungsbereiche, die sie selber nicht bedienen können. Auch die sogennanten „qualifizierten" Generalunternehmer — mit funktionaler Leistungsbeschreibung (oder ohne sie) — gehören hierzu.

General*über*nehmer ohne eigene Ausführungsfirmen, die nur die Subunternehmer koordinieren.

Total*unter*nehmer übernimmt Planungs- und Ausführungsleistungen, zum Teil mit eigenen Kräften.

Total*über*nehmer übernimmt Planungs- und Ausführungsleistungen, jedoch ohne eigene Ausführungskräfte, als reiner Koordinator.

Folgen wir der von der Bundesregierung herausgegebenen *Bau-Enquête*, dann lassen sich diese Begriffe im einzelnen folgendermaßen definieren:

Fachplaner übernehmen je nach den vorhandenen Fachingenieuren die betreffenden Planungsleistungen oder Teilleistungen.

Generalplaner übernehmen treuhänderisch die gesamten Planungsleistungen und damit auch die gesamte Verantwortung für die Planung gegenüber dem Bauherrn. Sie vereinigen also alle notwendigen Ingenieure und ihre Büros in einer vollintegrierten Planungsorganisation und treten als Planungsbüros, Planungsgemeinschaften, Planungsgesellschaften und unter anderen Bezeichnungen auf.

Generaltreuhänder übernehmen neben allen schon geschilderten Aufgaben eines Generalplaners auch die Gesamtverantwortung für die Ausführung einschließlich der eventuell gewünschten Garantien für Festpreis und Festtermin, und zwar in einem für jeden Auftraggeber völlig transparenten System der Auftragsabwicklung. Sie verfügen nicht über eigene Firmen, und es bestehen auch keinerlei Abhängigkeiten zur aufführenden Seite. Sie stellen also das weitaus bessere Angebot als die Generalunternehmer für die Auftraggeber größerer Bauprojekte dar.

Fachunternehmer übernehmen nur Leistungen für einzelne Ausführungsteilbereiche, wie zum Beispiel Maurer- und andere Arbeiten.

General*unter*nehmer übernehmen den gesamten Komplex der Ausführungsleistungen mit der Beteiligung von Subunternehmern. Die Verantwortung für die gesamte Abwicklung, die Kosten, Qualitäten und Termine liegt in einer Hand.

Der „qualifizierte" Generalunternehmer übernimmt auch die gesamten Planungsleistungen, und zwar zusätzlich zu dem schon genannten Leistungsumfang.

General*über*nehmer übernehmen Aufgaben wie Generalunternehmer, allerdings mit dem Unterschied, daß sie selbst keine Bauleistungen erbringen. Sie delegieren alle auszuführenden Leistungen an Firmen und übernehmen reine Koordinationsfunktionen. Gegenüber dem Auftraggeber übernehmen sie die Gesamtverantwortung.

Da dieser Begriff immer wieder von der treuhänderischen wie von der ausführenden Seite in Anspruch genommen wird, sollten Bauherrn sich in jedem Falle vergewissern, auf welcher Seite der Anbieter steht.

Total*unter*nehmer übernehmen die Planungs- und Ausführungsleistungen in einer Hand, jedoch ohne treuhänderische Interessen-Wahrnehmung des Bauherrn.

Total*über*nehmer übernehmen Aufgaben wie der Totalunternehmer, jedoch als reine Vermittlungs-Firma. Alle Planungs- und Ausführungsleistungen werden an Subunternehmer weitervergeben.

Machtverhältnisse

Beide Seiten haben völlig unterschiedliche Organisations- und Machtstrukturen. So steht der zielbewußten, gut organisierten und machtbewußten Unternehmerseite eine weitgehend ohnmächtige und desorganisierte Auftraggeberseite gegenüber.

Die den Auftrag erteilende Seite nimmt Offerten der Unternehmer an — um ein Beispiel zu nennen —, weil sie billig sind. Ohne sich einen Beurteilungsmaßstab zu verschaffen, nach dem Preis und Qualität verglichen werden können, werden hier und da Aufträge erteilt. Systematisch werden von der Gegenseite alle Versuche, objektive Vergleichskriterien zu schaffen, durch Gegenangebote unwirksam gemacht. Das Instrumentarium der Unternehmerseite zur Ausschaltung derartiger Ausleseprinzipien ist so ausgefeilt und treffsicher, daß auch die den Bauherrn beratenden Planer zum Teil nichts mehr ausrichten können.

Praktisches Beispiel: Eine Firma bietet ein Fertig-System nach dem Prinzip „schnell und billig" an. Dem Angebot sind die Entwurfszeichnungen und einige Seiten Qualitäts-Beschreibung beigefügt. Festpreis und Festtermin werden garantiert. Es fehlen jedoch alle zeichnerischen oder schriftlichen Angaben über die Ausbildung der Konstruktions-Details, der Dämmung und Isolierung, der Installationen und der Angaben über die Erfüllung aller DIN-Normen — ganz abgesehen von der Höhe der Baunutzungskosten auf lange Zeit.

Die freiberuflichen Planer der Bauherrn raten von diesem Projekt ab und legen einen Alternativ-Vorschlag vor, der qualitativ präzise Aussagen macht und eine auf Dauer langlebige Ausführung mit geringem Unterhaltungsaufwand verspricht. Aber der höhere Preis dieses Vergleichsentwurfes veranlaßt den Auftraggeber doch, sich für das Firmenangebot zu entscheiden. Die Ausführungserfahrungen bestätigen die Befürchtungen der Planer: Es wird ein echter Billig-Bau errichtet. Da die Angebotsunterlagen völlig unzureichend waren, stehen die Bauleiter ständig vor der Wahl, entweder bessere Ausführungsmaterialien und -qualitäten zu verlangen mit der Folge von vielen Nachträgen und Kostenerhöhungen, oder es bei der minderen Ausführungsart zu belassen und sich eine Unzahl von Beanstandungen und negativen Folgeerscheinungen aufzubürden. Wie sie sich auch entscheiden — die Folgen sind negativ. Kein Fachmann kann aus den mangelhaften Auftragsgrundlagen einer bauherrlichen Fehlentscheidung einen gelungenen Bau hervorzaubern, wenngleich dies gar nicht so selten durch die Auftraggeber mit dem Wort „Wozu haben wir denn unsere Bauleiter?" gefordert wird.

Nach dieser Art von Erfahrungen ist Bauherren nur folgendes zu raten:

▶ Erteilen Sie keinen Auftrag bei unvollständigen Aussagen über die Einzel-Qualitäten der Ausführung. Diese müssen von einem neutralen Planer überprüft und beurteilt werden.

▶ Lassen Sie sich nicht täuschen von Unternehmer-Angeboten, die Ihnen eine „solide" Ausführung in Worten und einigen guten Äußerlichkeiten versprechen. Dringen Sie auf eine vollkommene — schriftliche und zeichnerische — Darstellung aller baulichen Einzelheiten.

▶ Vertrauen Sie mehr auf Ihre treuhänderischen Partner, auch wenn Sie dies am Anfang mehr Geld kostet. Es zahlt sich aus!

1.3 **Preismacher**

1.3.1 Preisbildung

Baukosten werden von den die Preise ansetzenden Unternehmern gemacht. Im allgemeinen bemühen sich die Auftraggeber von Bauleistungen, einen Vergleichsmaßstab für die Preiskalkulation durch die Erarbeitung von Ausschreibungen, Leistungsverzeichnissen oder Qualitäts-Beschreibungen zu schaffen. Die aufgrund dieser Unterlagen angebotenen Preise sind bestimmt durch die Marktlage, die Auftragslage jeder Firma, durch saisonale Schwankungen und durch die kalkulatorische Rechnung *Masse oder Menge* X *Preis*, wobei der Preis nicht nur die Materialien und Löhne, sondern auch die allgemeinen Geschäftsunkosten und den Gewinn enthält. In der Konkurrenzwirtschaft wird der Preis ferner beeinflußt durch die Faktoren Konkurrenz-Ausschaltung, Ausschreibungs-Unsicherheiten und langfristigen Absichten des betreffenden Unternehmens.

Gar nicht so selten auf dem Baumarkt sind Angebote, die alle übrigen unterbieten. Das können Firmen auf einer schwachen finanziellen Grundlage, aber auch grundsolide Unternehmen sein, die an diesem Auftrag besonders interessiert sind. Also ein Sonderangebot für den Bauherrn. Diese Angebote sind nicht normal kalkuliert, sondern sind bewußt ohne gewisse Kostenbestandteile berechnet worden.

Auftraggeber sollten daher die verschiedenen Preisstufen-Begriffe [8] kennen:

- *Normalpreis* Selbstkosten + Gewinnaufschlag
- *Kampfpreis* Selbstkosten ohne Gewinnaufschlag
- *Preisuntergrenze* Selbstkosten ./. ausgabeunwirksame kalkulatorische Kosten

Zwischen diesen Stufen liegt der Spielraum der Preisbildung. Kleinere Unternehmen können ihre Angebote nur auf der Berechnung des Normalpreises vorlegen. Mit ihrer Kapazität sind sie außerstande, ein Minus-Ergebnis mit einem anderen hohen Gewinn auszugleichen. Bauherren sollten das bedenken, wenn sie glauben, durch Feilschen immer weitere Einsparungen erzielen zu können. Die unternehmerische Leistung — und das damit ständig verbundene Risiko — kann und darf auf Gewinnzuschläge nicht verzichten.

1.3.2 Preis-Leistungs-Verhältnis

Ein Baupreis oder eine Angebotssumme allein sagt gar nichts aus. Einige alltägliche Beispiele mögen dies demonstrieren:

Beispiel 1

Ein Privat-Bauherr möchte seine alten Fenster erneuern und durch Naturholz-Fenster mit Isolierglas ersetzen lassen. In den meisten Fällen wird er einige Tischlereien zur Angebotsabgabe auffordern. Jeder Anbieter nimmt Maß und stellt die Fenster nach Größen und Preisen in Form eines Angebotes zusammen. Der Bauherr vergleicht die Preise unter dem Strich und erteilt dem günstigsten Bieter den Auftrag.

Beispiel 2

Ein Bauherr hat Mittel für den Bau zweier Wohnblöcke zur Verfügung und fordert eilig mehrere konventionelle und Fertig-Baufirmen zur Angebotsabgabe auf. Raumzahl und -größe, sowie die besonderen Wünsche und die Gegebenheiten des Bauplatzes, der Finanzierung und Abwicklung werden den Beteiligten mitgeteilt. Innerhalb von zwei Wochen liegen zehn Angebote auf dem Tisch. Der Bauherr vergibt den Auftrag an den günstigsten (billigsten) Anbieter.

Beispiel 3

Einer Familie liegen acht verschiedene Angebote für eine Dreizimmer-Eigentumswohnung mit 75 qm Wohnfläche in etwa gleicher Lage vor. Die Rohbauarbeiten sind fast fertig. Entschieden wird nach dem geringsten Preisangebot.

Alle drei Auftraggeber haben kräftig zur allgemeinen Baukostensteigerung und zur unangemessenen Gewinnoptimierung der ausführenden Firmen beigetragen. Ihre Entscheidung fiel allein aufgrund eines Preis-Vergleiches und war in allen drei Fällen, zu ihrem eigenen Schaden, eine Fehlentscheidung. Preisvergleiche unter dem Strich sind solange völlig wertlos, solange nicht Leistungsumfang und Leistungs-Qualität verglichen werden. Aber dies war in allen drei Fällen überhaupt nicht möglich.

Wie hätten diese Bauherren vorgehen sollen?

Lösung zu Beispiel 1

Allen Schreiner- oder Tischler-Firmen hätte ein einheitliches Leistungsverzeichnis zugehen müssen, das folgende Angaben hätte enthalten müssen:

► Ausschreibungs- und Ausführungstermine,

► Allgemeine Ausschreibungs-Bedingungen, auch für die Vergabe, Ausführung und Abrechnung,

► Angabe der Nebenarbeiten, Behinderungen, Reinigungsarbeiten, Stemmarbeiten, Vor- und Nacharbeiten, . . .

► Angabe über alle Lieferungen und Leistungen, die in die Preise einzurechnen sind, wie Demontage der alten Fenster, Abdichtungsarbeiten, innere und äußere Fensterbankarbeiten, Verleistungen, Oberflächenbehandlungen, Verleimungen, Verbindungsteile, . . .

► Angabe aller Beschläge mit Marken- und Gütebezeichnungen,

► Angabe aller DIN-Normen, Gütebedingungen, der VOB [9] — oder BGB — Bestimmungen [10], insbesondere zu Haftungs- und Gewährleistungsbedingungen.

► Angabe der Holzart, Holzqualität, Holzfeuchtigkeit und der Verarbeitung einschließlich Angaben

► zur Profilwahl.

► Angaben zur Verglasung, Verkittung und Verklotzung.

► Schließlich, nach Positionen aufgegliedert, die Zahl und Größe der Fenster und Außentüren.

Dieses Leistungsverzeichnis kann nur ein Fachmann aufstellen. Seine Unkosten machen sich jedoch bestimmt bezahlt durch eine bessere Ausführungs-Qualität, durch weniger Ärger während der Ausführung und Abrechnung, durch größere Zufriedenheit während der langen Zeit der Nutzung und durch einen nicht überhöhten Preis. Indem die ausführenden Firmen sofort den einheitlichen Vergleichsmaßstab feststellen, werden sie in ihrer Preisgestaltung schon vorsichtiger. Dieser Kontrollmaßstab wird auch seine Wirkung während der Ausführung und Abrechnung tun.

Der Bauherr erhält auf diese Weise einen *eindeutigen* Vergleich des Preis — Leistungs- Verhältnisses.

Lösung zu Beispiel 2

Im Prinzip sollte der Bauherr so vorgehen wie im vorhergehenden Lösungsvorschlag. Natürlich wird die Leistungsbeschreibung in diesem Falle umfangreicher. Das heißt jedoch nicht, daß der Bauherr — wenn er unter Zeitnot steht — darauf verzichten müßte. Ein einfacheres Verfahren ist das der Qualitäts-Beschreibung, in dem keine Massenberechnungen erforderlich werden, sondern durch Text und Zeichnungen der Umfang und die Qualität ausführlich genug beschrieben werden. Auch auf diese Weise erhält jeder Bauherr einen vergleichenden Maßstab und ist in der Lage, einen echten Preis-Leistungs-Vergleich seiner Entscheidung zugrunde zu legen.

Lösung zu Beispiel 3

Sicher ist es der Familie nicht möglich, in irgendeiner Form eine Leistungsbeschreibung aufzustellen. Dennoch kann sie die verschiedenen Kaufangebote testen. Nach einer Liste, die die wesentlichen Bewertungskriterien enthält, ist sie in der Lage zu prüfen, wer „am meisten Wohnung für's Geld" bietet. Zählen wir die wichtigsten Aspekte zur Beurteilung auf, dann sind das folgende:

- ► Wohnungsgröße, mit oder ohne Balkon, Loggia, ...
- ► Nebenräume im Dach und Keller.
- ► Garten- und Freiflächen-Nutzung.
- ► Kaufpreis + Nebenkosten + Finanzierungskosten ...
- ► Abschreibungsmöglichkeiten, Steuerliche Gesichtspunkte.
- ► Laufende Belastungen: Hausmeister, Treppenreinigung, Gartenpflege, Reparaturrücklage, Versicherungen, Bürgersteigreinigung, Aufzugskosten, Verwaltungskosten, Treppenlicht. Müllabfuhr, Kanal- und Wassergebühren, Heizungs- und Stromkosten, Gas, ...
- ► Lage, Aussicht, Besonnung, Geschoß, Verkehrslärm, Nachbarschaften, Erschließung, PKW-Abstellplatz, Garage, ...
- ► Schallschutz gegenüber Nachbarn, ...
- ► Wärmeschutz: Fußböden, Wände, Decken, Dach.
- ► Qualitäten: Fußböden, Decken, Wände, Türen, Fenster, Fliesen, Verglasung, Ausstattung des Bades, von Küche und WC, Vorratskammer, Einbauschränke, Keller, Dachboden, ...

Jeder dieser Punkte wird von jedem Bauherrn anders bewertet, so daß erst ein Punktesystem zu einem befriedigenden Preis-Leistungs-Vergleich und damit zur wohlüberlegten und qualifizierten Entscheidungsfindung führen würde.

1.3.3 Preisabsprachen

Die weitaus größte Zahl an Bauvorhaben und auch das größte Volumen oder die größten Auftragssummen werden innerhalb eines leicht überschaubaren regionalen Bereiches — Stadt, Teilbereich eines Kreises oder im Bereich der Vororte des Auslobers ausgeschrieben. Dabei gibt es „Haus- und Hoffirmen", die von den freischaffenden Architekten oder den bauenden Verwaltungen bevorzugt in die Liste der Firmen aufgenommen werden, die sich dann an der Ausschreibung beteiligen dürfen. Aus der Perspektive der Bauindustrie ist es somit leicht, die Konkurrenz-Firmen herauszufinden. Schließlich hat man sich anläßlich der Submissionen — der Angebotsabgabe und Verlesung der Angebots-Endpreise — oft genug getroffen.

Diese Berührungspunkte sind nicht die einzigen. In fast allen Verbandsgeschäftsstellen der Bauindustrie und der Bauwirtschaft existieren sogenannte Meldestellen zum Zwecke der Erfassung aller Ausschreibungen, deren Weitergabe und Kontrolle [11].

Innerhalb kürzester Frist reichen die Mitglieder die ausgefüllten Formblätter ein. Dann wird in den Besprechungen die Firma ausgehandelt, die den sogenannten „Nullpreis" [12] — das billigste Angebot — abgeben soll. Dieser Nullpreis liegt immer über dem tatsächlich kalkulierten Preis und wird somit zum überhöhten und marktwirtschaftlich ungerechtfertigten Preis — trotz aller Kartell-Gesetze. Alle anderen Firmen „schützen" den Nullpreis dadurch, daß sie durch ein im einzelnen festgelegtes System ihre Prozente auf den Nullpreis aufschlagen.

Das bedeutet die Ausschaltung des Wettbewerbs überhaupt. Während die echte Kalkulation von einem angemessenen Zuschlag von etwa zehn Prozent für Wagnis und Gewinn ausgeht, wird der geschützte Nullpreis noch einmal mindestens um fünf Prozent höher liegen. Die Firmen, die nicht den Nullpreis abgeben, erhalten häufig eine Geldabfindung, die dann mit Scheinleistungen für Erd- oder Maurerarbeiten belegt wird. Auf Absprachen eingespielte Firmen arbeiten nach einem Punktesystem. Die sich nicht an Absprachen beteiligenden Firmen werden boykottiert, zum Beispiel, indem man ihnen keine Geräte ausleiht, sie in Submissionen unterbietet und anderes mehr. Darüber hinaus gibt es als „Baumarktstatistiken" getarnte Absprachen-Listen, sowie auch Schieds- und Ehrengerichte. [13] Hier werden die Differenzen zwischen den Firmen verhandelt. Unter dem Schutz dieser Mechanismen in der Bauwirtschaft hören manche Firmen auf, mit angemessenen Gewinnspannen zu kalkulieren. Wenn derartige Praktiken um sich greifen, sind die Risiken für die Firmen gleich Null, und der Konkurrenzkampf findet nicht mehr statt. Alles Bemühen um die Senkung der Baukosten wäre sinnlos. Daher kommt diesem Unternehmer-Verhalten eine so große Bedeutung zu.

Allen Auftraggebern ist also nur anzuraten, ihre Ausschreibungen ständig zu streuen. Nur aus dem Verständnis für diese Zusammenhänge können Bauherren regulierend eingreifen.

Preisabsprachen sind besonders dort gang und gäbe, wo eine Ausschreibung nur unter Generalunternehmern gestartet wird. Es bietet sich hier förmlich an, daß die von den Generalunternehmern zur Angebotsabgabe aufgeforderten Subunternehmer für Installationsarbeiten, für Innenausbauarbeiten usw. vielfach von mehreren Generalunternehmern die gleichen Projektunterlagen empfangen und so in der Lage sind, den Kontakt zwischen den sich ja offiziell nicht bekannten Generalunternehmern herzustellen. Denn schließlich sind es doch immer wieder die gleichen Firmen, die für diese Aufgabenbereiche in Frage kommen; die Subunternehmen haben auch ein ganz natürliches Interesse an einem guten Arbeitsklima mit den großen Generalunternehmern.

1.3.4   Preislenkung

Nicht nur Preisabsprachen sind das Mittel, um die Gewinnspannen zu erhöhen, sondern auch ganz simple Methoden.

Beispiel

Weil ein Bauherr schon beim Honorar sparen möchte, läßt er sich in Nebenarbeit einen Entwurf machen und spricht diesen mit einem bekannten Bauunternehmer durch. Um die Bedenken des Bauherrn bei Abgabe *eines* Angebotes auszuräumen, sagt der Unternehmer dem Bauherrn weitere

4 Alternativ-Angebote von anderen Firmen zu. So geschieht es auch. Vier andere Bieter legen ihre „Gegenangebote" vor. Der Bauherr vergleicht und muß feststellen, daß alle anderen Unternehmer teurer sind. Dieses Verfahren funktioniert auch ohne jede Absprache. Denn der erste Unternehmer fordert nur solche Firmen auf, deren Kalkulationsniveau (größere Kapazitäten, mehr Maschineneinsatz, . . .) mit Sicherheit höher als das seinige liegt.

Natürlich gibt es auch weit geschicktere Methoden und Verfahren zur Lenkung der Preise. Zum Verkauf ihrer Waren haben die Hersteller von Waren aller Art Experten aller Fachrichtungen — Ökonomen, Psychologen, Mediziner, Verhaltensforscher, Statistiker, . . . — auf den Käufer angesetzt. [14] Im Jahre 1970 wurden von der Industrie 20 Milliarden DM für die Absatzlenkung investiert. Demgegenüber hat die Bundesregierung im gleichen Jahre rund die Hälfte für die Aufklärung der Verbraucher ausgegeben.
Wie sieht die Bauindustrie sich selbst? „Die Baupreise sind gegenüber den Industrieprodukten um ein Vielfaches stärker gestiegen, obwohl der Bauarbeiter in der BRD gegenüber dem Arbeiter in einem Werk schlechter bezahlt wird. Das ist eine Tatsache und allgemein bekannt." [15] Als Lösung offeriert der Mann von der Bauindustrie, daß nur die fertigungsgerechte Planung kostendämpfend sei.
Warum nicht gleich „unternehmergerecht" planen? Das sind wirklich keine Vorschläge zur Preisdämpfung, sondern allein zur Absatzsteigerung der industriellen Produkte.

Was bleibt dem Bauherrn zu tun?

Stets sollte sich jeder Auftraggeber die Primärziele jedes ausführenden Bauunternehmens vor Augen halten. Das ist nun einmal die Erarbeitung von Gewinnen. Das bleibt auch Sinn und Zweck jedes Produktionsbetriebes — trotz aller wohlmeinenden Beteuerungen gegenteiliger Art.
Den Investitionen für Umsatzsteigerung und Absatzorientierung auf der Unternehmerseite sollte auch der kleinste unter den Bauherren seine Investitionen für eine planungsgerechte Ausführung entgegensetzen. Der Bauherr spart mehr, wenn er am Anfang bei dem Planungshonorar mehr ausgibt und sich eine kostenbewußte Planung vorlegen läßt.
Nur auf diesem Wege werden diese Mehrkosten am Ende durch eine auf das Notwendigste beschränkte, aber solide durchgearbeitete Ausführung wieder eingespart. Auf diese Weise können bereits bei den im Umfang geringen Bauleistungen Kosten wirksam gelenkt werden.
Spendieren Sie den geringen Betrag für die Ausarbeitung eines Leistungsverzeichnisses, einer Zeichnung, einer Wirtschaftlichkeitsuntersuchung, einer Vergleichsrechnung für die Wandstärken Ihres Bauvorhabens, Ihres An- oder Umbaues! Suchen Sie sich dabei nicht einen möglichst billigen, sondern qualifizierten Experten aus!

1.4 **Konsumenten**

1.4.1   Bauherren-Verhalten

Hier soll der Versuch gemacht werden, Verhaltensweisen der Bauherren darzustellen, kritisch zu beleuchten und sie mit den Grundinformationen so zu versorgen, daß sie ihre Wünsche mit Hilfe ihrer Berater besser zu verwirklichen lernen, als dies bisher der Fall war.

Mit seinem finanziellen Potential ist praktisch jeder Bauherr in der Lage, über die geeigneten Fachleute, das technische Wissen und die Technologien zu verfügen und sie so treffsicher und zielbewußt einzusetzen, daß der Erfolg nicht ausbleiben kann. Bauherren müssen nur mehr Gebrauch von ihrer Macht machen! Die Kunst des Geldausgebens muß erlernt werden — hier ist die Gelegenheit!

Forschen wir nach den Motiven für manche Bau- oder Kaufentscheidung, so müssen auch irrationale, emotionale und psychologische Aspekte berücksichtigt werden.

Beispiele

Ein Lehrer mit drei Kindern kauft sich eine Eigentumswohnung in einem Gebäude, das an einem stark abfallenden Nordhang liegt. Trotz aller Gegenargumente und einer negativen Bewertung dieses unpassenden Objektes war er nicht davon abzuhalten. Als weiteres Negativum kam hinzu, daß der Preis fast 3.000,— DM pro Quadratmeter Wohnfläche betrug — eine enorme Summe für seine Einkommensverhältnisse.

Beim Bau von Häusern werden oft die unverständlichsten Entscheidungen getroffen. Für den Bau eines Walmdaches sind manche Eheleute gerne bereit, auf ein Zimmer von 15 Quadratmetern zu verzichten. Denn das ist der Gegenwert zu den Mehrkosten, die ein Walmdach gegenüber einem niedrigen Satteldach oder einem Flachdach kostet.

Untersuchungen haben gezeigt, daß allgemein bei langlebigen Wirtschaftsgütern — und das ist jedes Gebäude — drei Viertel der Käufer nicht überlegt abwägen und sachlich vorbereitet auswählen und entscheiden, sondern aus einem Impuls, einem Gefühl heraus ihre Wahl treffen. [16] Nur jeder vierte Bauherr verschafft sich vor seiner Entscheidung eine fachlich begründete Entscheidungsgrundlage und läßt sich rein pragmatisch davon leiten.

Im Prinzip ist nichts gegen eine Mitwirkung von emotionalen Aspekten und Motiven bei der Entscheidungsfindung für ein Gebäude zu sagen, insbesondere bei der Auswahl eines Wohnhauses als Heim für die Familie. Wenn ein Bauherr jedoch an der Kostenplanung für sein Haus interessiert ist, muß er sich auch fragen: Was kostet dieses und jenes Extra? Was kostet die Summe meiner Sonderwünsche? Wie stark werden wesentliche Kostenentscheidungen vom Gefühl bestimmt? Legen Sie sich selbst Rechenschaft ab, wieviel Geld das „hübsche Walmdach" kostet? Ist Ihnen dieser Schmuck auf ihrem Haus wirklich DM 15.000,— wert? Überlegen Sie vor Ihrer Entscheidung, ob Sie sich nicht doch für diese Summe ein Zimmer mehr leisten oder einen Swimmingpool anlegen sollten.

Denken Sie als Privat-Bauherr einmal an die Vorstellung, die Sie von Ihrem Haus haben! Wie sieht dieses Haus aus? Dann fragen Sie sich weiter, wovon diese Vorstellungen geprägt worden sind — natürlich von optischen Erfahrungswerten der Häuser, die Ihnen gefallen haben, oder von einigen veröffentlichten Objekten aus den Wohn- und Hauszeitschriften.

Wie stark darf Ihr Haus von denen der Umgebung abweichen? Wie oft hören wir Sätze wie „dessen Haus ist ja kein Haus, weil es keinen Keller hat!" Oder „. . . weil es kein richtiges Dach hat!" Oder: „. . . weil es nicht einmal eine Garage hat!" Sicher sind das keine sachlich zu begründenden Meinungen. Es sind zweifellos tief verwurzelte Gewohnheitsvorstellungen, die auf der einfachen Formel beruhen: Was die Mehrheit tut, das wird schon recht sein. Aber auch diese Entscheidungen sollten auf ihre Kostenauswirkungen und dem Alternativ-Einsatz des Kapitals hin von jedem Bauherrn geprüft werden.

Falsche Verhaltensweisen der Auftraggeber können sich sehr negativ auf die kostensenkenden Bemühungen der Planer und Berater auswirken. Architekten und Ingenieure sind im allgemeinen begeisterungsfähige und engagierte Mitarbeiter, die sich voll für eine Sache einzusetzen bereit sind, wenn sie ihre Arbeit mit einem gewissen Spielraum und einer entsprechenden Entscheidungsfreiheit tun können. Sind ihre Arbeitsbedingungen und der Umgang mit dem Bauherrn jedoch als unerfreulich zu bezeichnen, so schlägt sich das in Gleichgültigkeit nieder. Indifferenz ist jedoch ein schlechter Boden für die besonderen Anstrengungen, um die Kosten wirksam zu reduzieren. Bauherren kann man daher nicht nur den Rat geben, ihre Macht in bestimmten Situationen richtig einzusetzen, sondern auch ihre Macht gegenüber ihren Treuhändern zurückhaltend zu gebrauchen.

Verhalten Sie sich also richtig, indem Sie Ihre Planer motivieren

▶ durch Verbesserung der Arbeits- und Entscheidungsfreudigkeit;
▶ durch maßvolles Einwirken auf die Planungsentscheidungen;
▶ durch die Pflege eines vertrauensvollen Verhältnisses zwischen allen Beteiligten;
▶ durch die wiederholten Bekundungen Ihres Respektes vor den guten planerischen Leistungen;
▶ durch eine angemessene Freizügigkeit in der Abwicklung der den Planern anvertrauten Planungsleistungen;
▶ durch eine saubere und vorherige Klärung der Kompetenzabgrenzungen zwischen Ihnen und allen Beteiligten;
▶ durch die Unterlassung von willkürlichen und beliebigen Eingriffen in den Planungsablauf (nichts deprimiert die Planer mehr als derartige Änderungen — ganz abgesehen davon, daß Sie Ihr Gesicht dabei verlieren);
▶ durch Unterlassung von Hinweisen auf Ihre Rechte beziehungsweise auf die Pflichten
▶ der Planer;
▶ durch die Auszahlung von Anerkennungsprämien oder sonstigen Geschenken — nicht erst nach Beendigung der Leistungen;
▶ durch ein korrektes Verhalten bei allen Planungsproblemen. Wie Sie von den Planern eine präzise und pünktliche Erfüllung des Auftrages erwarten, so sind die Planer auf die rechtzeitige und vollständige Fragenbeantwortung durch den Bauherrn angewiesen. Vermeiden Sie den Aufschub von Entscheidungen. Checklisten erleichtern den Verkehr zwischen Planern und Bauherren und vermindern die Reibungsflächen;
▶ durch eine ebenso korrekte Abwicklung aller Kostenfragen und Kostenfolgen aufgrund von Planungsbeschlüssen. Es gibt keine Entscheidungen ohne Kostenfolgen!

    Bauherren-Wünsche

Als Entscheidungsträger, Auftrag- und Geldgeber ist ein Bauherr mit Macht, Einfluß und Bedeutung ausgestattet. Der Einsatz dieser Mittel muß jedoch an der richtigen Stelle und zum passenden Zeitpunkt erfolgen. In allen anderen Fällen gilt es, sparsam mit diesen Möglichkeiten umzugehen.

Jede Änderung kostet Zeit und Zeit kostet Geld.

Tatsächlich nehmen die durch Sonderwünsche und Änderungen bewirkten Kostensteigerungen Dimensionen an, die erheblich höher sind, als es die Bauherren wahrhaben wollen. Rechnen Sie also als Bauherr bei der Vorberechnung Ihrer Baukosten mit Prozentsätzen von 5 bis 15 Prozent, wenn Sie jederzeit Änderungen berücksichtigt wissen wollen:

Insbesondere im Wohnungsbau: Bei einzelnen Privat-Bauherren — addieren sich diese Kosten sehr schnell, ohne daß die Höhe der jeweiligen Summe jedoch in das Bewußtsein der Bauherrn eindringt. Die Überraschung bleibt dann bei der Endabrechnung nicht aus. Dann ist es jedoch für Korrekturen zu spät.

Um die Konsequenzen von willkürlich und falsch eingespeisten Änderungswünschen zu erfassen, sei aus dem Planungsbericht einer Planungsgesellschaft zitiert:

„Der Weg von der Aufgabenstellung bis zur Erreichung des Zieles ist gekennzeichnet durch eine fortschreitende Konkretisierung und Detaillierung. Wesentlich ist die Reihenfolge der Planungsschritte und die Organisation des Zusammenspiels aller Beteiligten einschließlich des Auftraggebers. Dieses Prinzip gewährleistet, daß jede höhere Stufe der Detaillierung nur auf einer durch Daten, Grundlagen und Strategien gesicherten Basis aufbaut." [17] Im Planungsalltag bedeutet dies, daß nach Absegnung der Pläne im Maßstab 1 : 200 (Vorentwurf) der nächste Planungsschritt im Maßstab 1 : 100 (Entwurf) folgt. Wenn auch dieser Planungsstand von allen Beteiligten geprüft, besprochen, korrigiert und abgeschlossen worden ist, folgt die nächst höhere Stufe der Konkretisierung im Maßstab 1 : 50 (Werkpläne) und so weiter. Wenn jetzt — nach Abschluß aller Entwurfs- und Detailarbeiten — eine Änderung im Maßstab des ersten oder zweiten Planungsschrittes erfolgt, muß der gesamte Ablauf wiederum auf die Änderungs- und Kostenkonsequenzen durch alle Planungsstufen hindurch erneut vollzogen werden. Das ist der Grund, weshalb Änderungen den Ablauf blockieren und viel Zeit kosten. Das ist auch die Ursache dafür, daß die in jeder Planungsphase durchgeführten Kostenüberlegungen erneut auf diese Konsequenzen hin durchleuchtet werden müssen und diese Kostenentwicklung stark verunsichern.

Jeder private Auftraggeber erwartet einen gesteuerten und programmierten Ablauf. Gleichzeitig erwarten aber die meisten Auftraggeber auch, daß sie ihren Einfluß *jederzeit* geltend machen können, obwohl jedem Laien bekannt ist, was es bedeutet, in einen industriellen Fließbandprozeß einzugreifen. Genau dies aber tun Bauherren, wenn sie sich — um einen Vergleich zu wählen — bei der Montage der Karosserie an das Fließband stellen, es stoppen und verlangen, daß bereits bei der vorangegangenen Montage des Fahrwerks eine Änderung vorgenommen werden müßte.

Die Kostenfolgen der Änderungen zu ermitteln ist weder leicht noch kurzfristig mit einiger Genauigkeit vorzunehmen.

Beispiel

Ein Wohngebäude mit einer Werkstatt war in der Ausschreibung mit einer preisgünstigen Dach-Holzbinderkonstruktion beschrieben worden. Die beauftragte Firma machte einen Sondervorschlag, weil das eigene Betonwerk unausgelastet war. Danach sollten statt der Holzbinder Stahlbetonbinder eingebaut werden — ohne Mehrkosten. Da dies zweifellos eine Qualitätsverbesserung war, wurde der Vorschlag vom Auftraggeber akzeptiert. Die Betonbinder wurden eingebaut. Nun erst erkannten die Planer die Änderungsfolgen. Während die Binderabstände bei Holz unterschiedlich waren, müssen sie bei Beton gleichmäßig bemessen werden. Die Konsequenzen dieser nur wenige Zentimeter ausmachenden Veränderungen waren beträchtlich. Kaum ein Raum behielt die vorher festgelegten Maße. Der ganze Bau änderte sich um Dezimeter. Negative Einzelheiten traten im Laufe der weiteren Durcharbeitung in Erscheinung: vorstehende Stützen, Änderung der statischen Berechnung, neue Detailzeichnungen — es mußte hier und da improvisiert werden, und so weiter.

Diese Folgenlawine hatten die Fachleuchte einfach schon aus Zeitmangel unter dem Druck der Bezugstermine nicht übersehen können. Erst nach genauer Prüfung und Rücksprache mit allen Sonderfachleuten konnten die preislichen und technischen Folgen abgeschätzt werden.

In der Praxis ist der Leistungsumfang der Planer für die vielen Änderungswünsche so groß, daß gute Büros schon lange mit Formblättern für deren Erfassung, Weitergabe, Kontrolle und Abrechnung arbeiten. Es wäre auch durchaus gerechtfertigt, daß Bauherrn bezüglich der Gebühren einen Planänderungsauftrag unterschreiben, bevor dieser wirksam wird. Denn kaum ein Auftraggeber ist bereit, diese zusätzlichen Leistungen zu honorieren. Auf jeden Fall geht die Planungszeit für die zusätzliche Arbeit infolge von Änderungen der Zeit verloren, die eigentlich für Wirtschaftlichkeitsuntersuchungen hätte verwendet werden können.

Merken Sie sich als Bauherr folgende Grundsätze:

▶ Präzisieren Sie Ihre Wünsche *vor* der jeweiligen Planungsphase und legen Sie sich möglichst genau mit Ihren Vorstellungen und Alternativfragen fest.

▶ Beschränken Sie Ihren Einfluß während der Planungszeit auf die Sie betreffenden Punkte. Das heißt, sie sollten nicht glauben, in allen Fragen ,,mitmischen" zu müssen.

▶ Speisen Sie Ihre Wünsche nach einem vorher abgesprochenen und schriftlich festgelegten Plan zum richtigen Zeitpunkt ein und nicht nach Ihrem Belieben.

▶ Wenn Sie jeden **Planungsabschnitt gründlich prüfen** und sich daraufhin die unklaren Punkte noch erläutern lassen, sollten später keine neuen Fragen bezogen auf längst abgeschlossene Entwicklungen auftreten.

▶ Eingriffe und Einmischungen mit negativen Folgewirkungen machen sich nicht nur auf der Baustelle während der Ausführung bemerkbar, sondern vor allem während der Planung.

▶ Wenn Sie sich für ein Wohnbauprojekt von einer Bau-Gesellschaft entschlossen haben, regeln Sie die Abwicklung und Abrechnung der Sonderwünsche vor dem endgültigen Vertragsabschluß. Denn nicht umsonst verlagern viele Gesellschaften die Abwicklung, Kostenschätzung und -abrechnung der Sonderwünsche auf die direkten Verbindungen zwischen Käufern und Baufirma. Da hier jedoch keine Kontrollinstanz zwischengeschaltet ist, werden die Sonderwünsche sehr teuer.

▶ Kostenfolgen von Sonderwünschen sollten nicht erst bei der Abrechnung erfaßt werden, sondern bei der Beauftragung. Eine sofortige schriftliche Bestätigung des Auftrages mit allen Kostenangaben ist daher erforderlich.

Aktivitäten	Bauher	Architektenbüro		Getrennte Ingenieurbüros				
		Architekt	Sachbearbeiter	Statiker	Faching. Heizung, Lüftung, Klima	Faching. Sanitär	Faching. Elektro.	Weitere Sonderfachleute
Vertragseingang								
Wahl des Architekten								
Terminplan ???				Einhaltung unbestimmt (Fremdbüros)				
Raumprogramm = Bauprogramm								
Funktionsuntersuchung								
Skizzenanfertigung								
Skizzen mit Fachingenieuren besprechen: Statik / Heizung, Lüftung, Klima / Sanitär / Elektro / andere								
Skizzen werden überarbeitet								
Vorentwurf skizziert								
Vorlage beim Bauherrn				programmierte Änderung				
ggfs. Korrekturen überarbeiten								
Vorentwurfspläne an Fachingenieure								
Fachingenieure arbeiten Konzepte aus				Dauer der Bearbeitung unbestimmt				
m²-, m³-, DM-Berechnungen								
Zusammenstellung der Berechnungen, des Vorentwurfs und der Konzepte der Fachingenieure								
Klärung der Genehmigungsfähigkeit				willkürliche Änderung				
Vorentwurfspläne Reinschrift								
Vorlage beim Bauherrn, Unterschrift des Bauherren								

Am Beispiel der Vorentwurfsphase soll das konventionelle, ungeordnete, teure und zeitverzögernde Verfahren demonstriert werden (Abbildung 3).

Das rein konventionelle Planverfahren wird durch immer länger dauernde Rückkoppelungen gebremst.

Der genau programmierte Prozeßablauf erlaubt beim integrierten Planungsverfahren die geordnete und abgesprochene Einspeisung aller Wünsche zum richtigen Zeitpunkt (Abbildung 4).

Abbildung 4
Integriertes Planverfahren

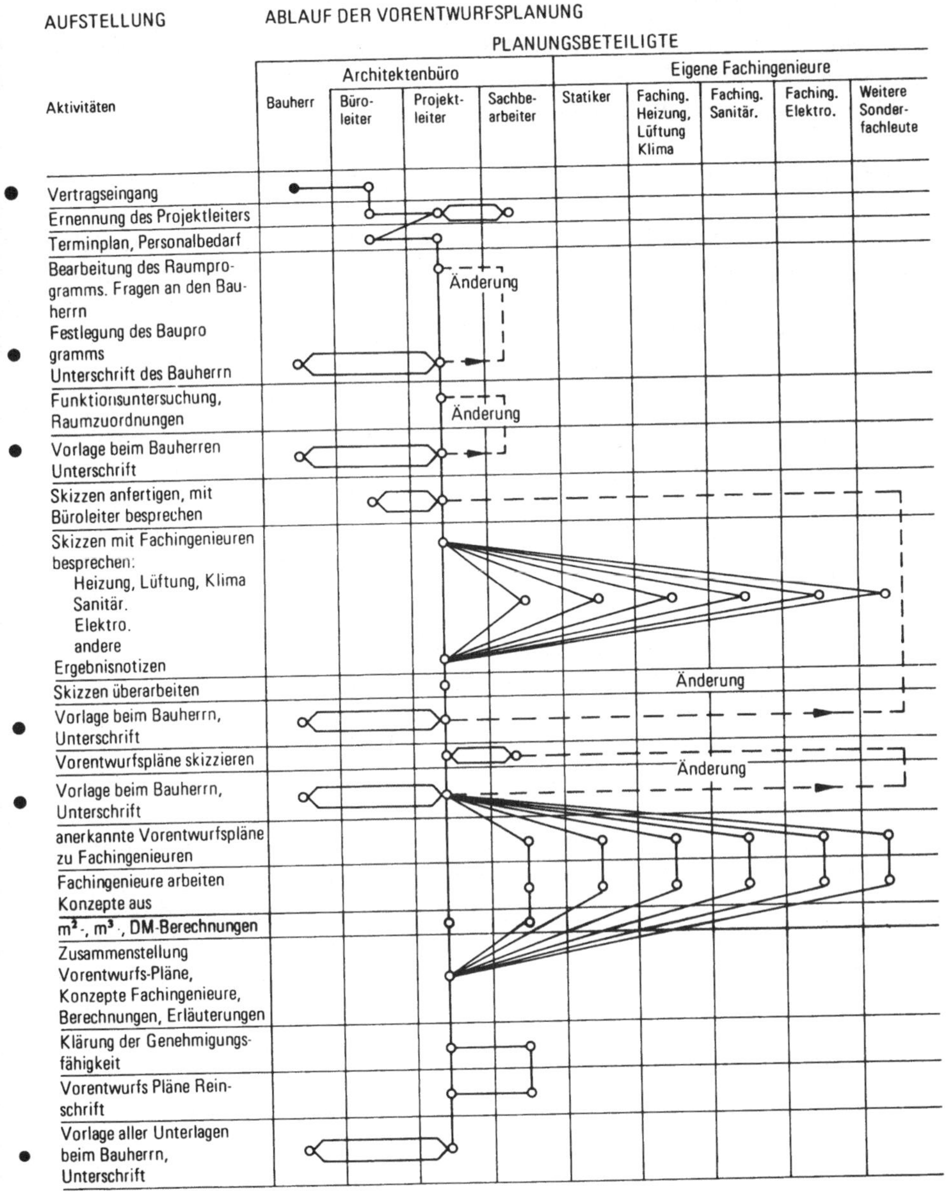

AUFSTELLUNG
ABLAUF DER VORENTWURFSPLANUNG
PLANUNGSBETEILIGTE
Architektenbüro
Eigene Fachingenieure
Aktivitäten
Bauherr
Büro-leiter
Projekt-leiter
Sachbe-arbeiter
Statiker
Faching. Heizung, Lüftung Klima
Faching. Sanitär.
Faching. Elektro.
Weitere Sonder-fachleute
Vertragseingang
Ernennung des Projektleiters
Terminplan, Personalbedarf
Bearbeitung des Raumprogramms. Fragen an den Bauherrn
Festlegung des Bauprogramms
Unterschrift des Bauherrn
Änderung
Funktionsuntersuchung, Raumzuordnungen
Änderung
Vorlage beim Bauherren Unterschrift
Skizzen anfertigen, mit Büroleiter besprechen
Skizzen mit Fachingenieuren besprechen:
Heizung, Lüftung, Klima
Sanitär.
Elektro.
andere
Ergebnisnotizen
Skizzen überarbeiten
Änderung
Vorlage beim Bauherrn, Unterschrift
Vorentwurfspläne skizzieren
Änderung
Vorlage beim Bauherrn, Unterschrift
anerkannte Vorentwurfspläne zu Fachingenieuren
Fachingenieure arbeiten Konzepte aus
m²-, m³-, DM-Berechnungen
Zusammenstellung Vorentwurfs-Pläne, Konzepte Fachingenieure, Berechnungen, Erläuterungen
Klärung der Genehmigungsfähigkeit
Vorentwurfs Pläne Reinschrift
Vorlage aller Unterlagen beim Bauherrn, Unterschrift

Wenn das Geld nicht reicht

Wem geht es nicht so, daß die Wünsche schneller wachsen als das Einkommen. Insofern fällt es schwer, bei der Auswahl unter den vielen Alternativen während der Planungs- und Bauzeit die finanzierbare Grenze stets im Auge zu behalten. Ob es der teure Klinkerstein, die schöne Holzdecke, die Naturholzfenster, die hübschen Fliesen oder einige Extras wie Kamin, Sauna und dergleichen ist, es handelt sich um eine derartige Vielzahl von baulichen Details, daß sie sich schnell zu unbezahlbaren Mehrkosten addieren.

Wo die Kosten nicht oder nur ungenügend geplant werden, kann es leicht geschehen, daß es für Änderungen der teureren Ausführungen zu spät ist. Die Ausführung ist zu weit fortgeschritten, um noch korrigiert werden zu können. In dieser Situation, einer Krise in der Finanzierbarkeit des Projekts, sollte auch ein Krisenplan vorliegen. Was geschieht, wenn die bestellte Qualität oder Quantität nicht voll bezahlt werden kann? Eines ist zum Zeitpunkt dieser Erkenntnis irgendwann während der Bauzeit sicher: Die Finanzlücke muß gestopft werden, und zwar gemäß diesem vorbereiteten Krisenplan. Es muß sofort gehandelt werden. Schreiben Sie als Bauherr daher bei Vorlage des endgültigen Entwurfes auf, was in dieser Krise geschehen kann und muß. Das heißt, legen Sie entweder fest, welche zusätzlichen Finanzierungsquellen angezapft werden sollen oder stellen Sie eine Liste von Einsparungsmaßnahmen zusammen.

Diese Auflistung kann zum Beispiel die Selbsthilfearbeiten enthalten, die noch möglich sind und vom Bauherrn und seiner Familie noch nicht voll ausgeschöpft worden sind. Der Bauherr findet eine Zusammenstellung der möglichen Selbsthilfearbeiten unter Ziffer 1.4.5.

Reicht der Umfang dieser Eigenleistungen nicht aus, um das finanzielle Loch zu stopfen, sollte eine zweite Liste der Lieferungen und Leistungen vorliegen, die nicht erfolgen sollen. Dazu können beispielsweise gehören: Außenanlagen, Bepflanzungen, Einfriedigungen, Holzverkleidungen für Decken und Wände, Einbauküche, Teppichauslegung, Garagenbau, Ausbau des Hobbykellers oder des Dachbodens, Einbau eines zweiten Bades, Schaffung eines Party-Kellers, Ausbau eines Gästezimmers und dergleichen mehr. Die meisten Hausentwürfe beinhalten derartige Reserven, auf die in diesem Krisenfall vorübergehend verzichtet werden muß.

Natürlich sollte man daran denken, daß nicht Bauteile oder Baustoffe entfallen, die später nicht ersetzbar oder zu ergänzen sind. Dazu gehören auch Hausbestandteile, die eine langfristige Beeinträchtigung im Wohnwert darstellen oder den Gebäudewert für alle Zeiten vermindern.

1.4.3. Bauherren-Informationen

1. Information

Jede Kostensteuerung muß möglichst frühzeitig einsetzen; am wirksamsten können die Kosten in den ersten Phasen gesteuert werden — ob bei der Planungsvorbereitung, bei der Aufstellung des Raumprogramms, beim Kauf des Grundstückes, bei der Wahl der Planer und Berater und bei der Vorentwurfs- und Entwurfsplanung.

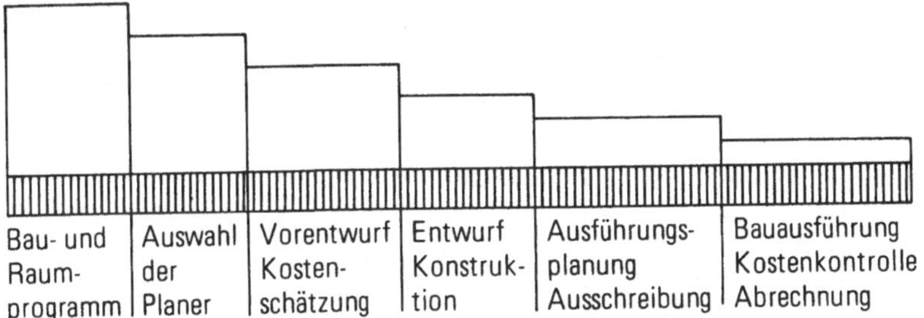

Abbildung 5 zeigt, wie sehr die Beeinflußbarkeit der Kosten vom Anfang bis zum Schluß immer mehr abnimmt.

Mit Ihrer Entscheidung über die ersten Abwicklungsstationen haben Sie als Bauherr bereits im wesentlichen die Höhe Ihrer Kosten fixiert. Wenn Sie auch noch nicht die Summen kennen, so haben Sie doch die Weichen gestellt, auf welche Weise sich die Entwicklung der Kosten vollziehen wird.

Verwenden Sie also gerade am Anfang Ihre Energie auf die Sammlung von Informationen, um die richtigen Entscheidungen zu treffen.

2. Information

Ob Sie ein Profi oder ein Amateur unter den Bauherren sind, ob Sie häufiger Bauaufträge erteilen oder nur ein- oder zweimal im Leben bauen, Sie sollten sich der Bedeutung des Zusammenhanges von Informations-Sammlung und Informations-Auswertung zur Kostenbestimmung bewußt sein.

▶ Die Höhe der Kosten richtet sich nach der Qualität vieler Einzelentscheidungen während des Bauablaufes.

▶ Die Qualität der Entscheidungen ist abhängig von einer sehr eingehenden Entscheidungsvorbereitung (einem Qualifizierungsprozeß aufgrund von Alternativ-Vergleichen).

▶ Die Vorbereitung von Entscheidungen hängt wiederum vom Informationsstand ab, den die Beteiligten — insbesondere jedoch die maßgebenden Entscheidungsträger — haben.

3. Information

Das größte Problem nach dem Bauentschluß, der Beschaffung der Gelder und einer gesicherten Rentabilität des Gesamtprojektes ist der Konflikt zwischen Wunsch und Wirklichkeit. Das sieht aus den Erfahrungen eines vielgeplagten Architekten praktisch so aus: Die Ansprüche der Bauwilligen sind weitaus größer, als sie verkraften können — in der Finanzierung und der laufenden Belastung. Aber zuerst lassen die Bauherren den Architekten nach einem nicht bescheidenen Raumprogramm — erst einmal „drauflos" arbeiten — „denn man baut ja nur einmal im Leben" —. Der Architekt freut sich über den aufgeschlossenen Bauherren; er plant und plant und plant. In jeder Besprechung werden neue Vorschläge eingehend diskutiert. Die dazugehörenden Kostenschätzungen werden zwar auch betrachtet und korrigiert, jedoch nicht mit der nötigen Konsequenz in ihrer Auswirkung auf den Entwurf. Erst in der Phase der fortschreitenden Planung und Konkretisierung tritt die berühmte Konfliktsituation ein: Die zukünftigen Bewohner werden sich kaum noch vom Idealplan lösen können, ihre Vorstellungen und Träume sind schon zu weit gediehen — einschließlich Einrichtung und Ausstattung —, während gleichzeitig die harte Wirklichkeit in Gestalt der Finanzierbarkeit und Belastbarkeit sie vor die Wahl stellt, entweder zusätzliche Mittel aufzutreiben und eine zunehmende Verschuldung in Kauf zu nehmen oder aber den Entwurf auf das Machbare zu reduzieren. Wie man sich auch entscheidet, in einigen Fällen wird dieser unausweichlich negativen Konsequenz ausgewichen. Das Problem wird vertagt. In anderen Fällen beginnt jetzt schon das Erwachen.

Eines Tages wird in beiden Fällen der Architekt seine Pläne zu den Akten legen und eine realistische Neuplanung beginnen müssen.

Lösen Sie daher diesen Konflikt *vor* der Einschaltung des Architekten. Sie sparen Zeit und Geld.

Dabei gibt es die zwei Verfahren:

► Sie ermitteln Ihr *Kostenlimit* als äußerste Kostengrenze mit gewissen Reservebeträgen und teilen dies dem Planer offen mit. Dann ist er in der Lage, Ihnen zu sagen, was und wieviel Haus Sie für diese Summe bekommen können.

► Sie verfügen über *ausreichende Geldmittel*, um Ihr Bauprogramm zu realisieren. Dann geben Sie lediglich Ihre Vorstellungen und Wünsche an Räumen, Ausstattung usw. weiter. Sie erhalten vom Architekten Vorschläge, wie sich mit welchen Kosten Ihre Programmideen verwirklichen lassen.

4. Information

Sie bezahlen bei der Beratung und Planung Ihrer Bauprojekte nicht Verwaltungs-, sondern Denkarbeit. Dies sollten Sie gut bezahlen, wenn Sie gute Leute gefunden haben. Für einen 08/15-Entwurf ist jedes Honorar zu hoch, wenn er aus der Schublade stammt.

5. Information

Denken Sie bei jeder planerischen Überlegung daran, daß Sie bei Kostenerhöhungen mit 10 Prozent im Monat mehr belastet werden! Geht man zum Beispiel von der Annahme aus, daß die Mehrkosten einer Fehlentscheidung oder eines Sonderwunsches 1.000,— DM ausmachen, dann erfordert das eine Erhöhung der 1. Hypothek. Diese Kreditaufstockung kostet einschließlich Zinsen, Tilgung und Nebenkosten rund 12 Prozent. Bei 1.000,— DM ergibt das eine monatliche Mehrbelastung von 10,— DM.

6. Information

Unkenntnis ist teurer als Information. Sie haben den Mehrpreis für die Folgen fehlender oder zu geringer Information zu bezahlen.

7. Information

Ebenso, wie die Kostensteuerung möglichst frühzeitig einsetzen sollte, ist es ratsam, für einen frühen Einsatz der Terminplanung zu sorgen. Denn gerade zu Beginn wird mit dem Faktor Zeit sehr großzügig umgegangen. Die dabei verlorene Zeit kann kaum wieder aufgeholt werden. Bemessen Sie die Zeit nicht nur nach der Größe, sondern auch nach dem Schwierigkeitsgrad des Projektes. Planungs- und Ausführungszeiten müssen angemessen verteilt sein. Eine zu kurz bemessene Zeitspanne kann Sie ebenso teuer zu stehen kommen wie eine lang ausgedehnte Abwicklung.

8. Information

Unterschätzen Sie nicht die Beeinflussungsfaktoren auf die Kosten in Form des geistig-technischen know-how. Sie streben ein maximales Ergebnis mit einem minimalen Mitteleinsatz an. Dabei gehen Sie vom Grundprinzip des Wirtschaftens überhaupt aus, dem sogenannten ökonomischen Prinzip. Bezogen auf unser Problem heißt das zum Beispiel: Das Planungsergebnis muß in einem optimalen Verhältnis zum Planungsaufwand stehen. Einen Computer für die Planung und Berechnung eines Wohnhauses zu verwenden, wäre sehr unrationell bzw. unökonomisch. Einen Wohnhaus-Architekten mit dem Bau eines Rechenzentrums zu beauftragen, wäre ebenfalls unwirtschaftlich.
Personen, Mittel und Methoden müssen daher von Ihnen in einer ökonomischen Relation zur Bauaufgabe eingesetzt werden. Da Fachkenntnisse heute in zehn bis fünfzehn Jahren veraltet sind, müssen die Experten sich nicht nur modernster Mittel oder Maschinen als Planungshilfsmittel bedienen; Sie selbst müssen auch dem neuesten Ausbildungsstand in Ihrer Eigenschaft als Leiter des Unternehmens „Eigenheimbau" entsprechen.

9. Information

Bauherren können keine Kosten einsparen, wenn sie nicht wissen, wo Kostenanteile stecken, die für sie keinen Nutzen bringen. Deshalb ist die Information darüber die Voraussetzung für Einsparungsbemühungen. Hier einige Beispiele:
Als Bauherr erhalten Sie Angebote über die schlüsselfertige Erstellung Ihres Wohn- und Geschäftsgebäudes. Die Anbieter betonen dabei immer wieder, wie vorteilhaft ihre Offerten seien, da der Bauherr ja schon das gesamte Planungshonorar einspare. Denn die Planung übernimmt im Auftragsfalle der Auftragnehmer selbst — ohne jede Mehrkosten. Immerhin rechnet sich der Bauherr aus, daß Architekt und Sonderingenieure zusammen nach der Honorarordnung rund 50.000,— DM kosten würde,

je nach Größe des Objektes. Also würde schon eine erhebliche Kostensenkung eintreten, wenn der Bauherr sich für die Beauftragung des Unternehmers entschließen würde. Die Wahrheit ist jedoch genau umgekehrt. Tatsächlich wird jeder Auftraggeber das volle Honorar auch in diesen Fällen zahlen. Der Unterschied besteht nur darin, daß diese Honorarbeträge im Ausführungsangebot versteckt eingerechnet werden.

Besser ist es daher, das Honorar getrennt auszuweisen. Dann können die reinen Bauleistungen besser verglichen werden. Eine separat bezahlte Honorarsumme an freischaffende Planer wird sich immer bezahlt machen — durch niedrigere Kosten und bessere Ausführungsqualitäten.

Hier gleich ein weiterer Hinweis: Bei der Vergabe an einen Generalunternehmer meinen einige, sie könnten sich die Kosten für einen treuhänderischen Bauleiter sparen. Der Generalunternehmer hat zwar eine örtliche Bauleitung, diese ist jedoch im Interesse einer gewinnorientierten Zielsetzung tätig, und das schließt die gleichzeitige Wahrnehmung der bauherrlichen Interessen aus. Gerade in diesem Falle darf kein Bauherr auf eine intensive Bauleitung verzichten.

Ein anderes Beispiel: Planer und Unternehmer können nur dann genaue Berechnungen der Dimensionen und der Kosten aufstellen, wenn präzise Angaben vorliegen. Jede vage, vieldeutige oder fehlende Angabe führt zu Kostenerhöhungen. Wenn Sie sich noch nicht entschließen können, welche Wandarten Sie für die Trennwände wählen wollen, wird der Statiker einen besonders hohen Deckenzuschlag in seinen Berechnungen ansetzen. Dieser führt dann zu einer relativ teuren Deckenkonstruktion. Oder: Bevor der Heizungsingenieur seine Planungsarbeit beginnt, sollten sämtliche Feststellungen zu allen Außenbauteilen getroffen sein. Damit müssen auch die Einzelheiten des Aufbaues dieser Konstruktionen in den Stärken und Güten fixiert werden, und zwar für den Auftraggeber ebenso verbindlich wie für den Architekten, die Sonderfachleute und die Kostenplanung. Jetzt kann der Heizungsingenieur, der diese präzisen Unterlagen erhält, seine Wärmebedarfsberechnung als Grundlage für die Größenbestimmung der Heizkörper und Kessel wirtschaftlich vornehmen. In der Praxis neigen die Beteiligten dazu, diese Festlegungen zu scheuen, einmal, um völlig freie Hand in der noch ausstehenden Detaillierung zu haben, zum anderen, um die Kosten nicht schon so frühzeitig fixieren zu müssen. Daher kommt es zu Mehrkosten, die kein Bauherr bemerkt. Denn der Heizungsingenieur wird bei fehlenden oder ungenauen Angaben mit Sicherheitszuschlägen rechnen müssen, und diese führen zu Überdimensionierungen und höheren Kosten.

1.4.4 Bauherren-Berater

„Jegliches Bauen steht und fällt mit dem Bauherrn! Qualität und Preis eines Bauwerks werden entscheidend beeinflußt von der Person des Bauherrn, der Qualifikation seiner technischen Beauftragten, seinen Forderungen und Wünschen und von der Art, wie er seine Bauherren-Funktion ausübt." [18]
Vielleicht wird es für manche Auftraggeber überraschend sein, daß sie den Preis ihres Bauwerkes beeinflussen können und steuern sollten. Insbesondere Auftraggeber der öffentlichen Hand fühlen sich als Laien, Politiker oder Verwaltungsfachleute immer wieder von den Technokraten der vielen Fachdisziplinen überfordert, verwirrt und

auch ausgeschaltet. In Anbetracht der hohen Bau-Investitionen und der in jeder Hinsicht enorm gewachsenen Anforderungen an das technische und ökonomische Wissen sind sogar Auftraggeber hilflos, die schon zu Profis geworden sind. Sie sind ja auch in vielen Fällen bei der Vielfalt der Planungsgutachten und den sich widersprechenden Expertenmeinungen den vielen komplexen und komplizierten Planungsfragen ausgeliefert, so daß es nur allzu verständlich ist, wenn sie nach einem alles umfassenden Generalunternehmer oder Generaltreuhänder suchen. Die Einschaltung dieser Organisationen setzt einmal eine gewisse Größenordnung in dem Projektvolumen voraus, die bei Wohnungsbauvorhaben im allgemeinen nicht gegeben ist. Zum anderen ist die Beauftragung derartiger Institutionen nur sinnvoll, wenn der Auftraggeber über gewisse Kenntnisse hinsichtlich der Eigenschaften dieser Unternehmensformen verfügt. Diese Informationen findet der Bauherr unter Ziffer 4.3 dieses Buches.

Aus der Situation des Bauherrn, der sich, aus welchen Gründen auch immer, nicht so intensiv mit der Leitung seines Bauvorhabens beschäftigen kann, ergibt sich der Ruf nach dem professionellen Bauherren-Berater. Dies um so mehr, als manch ein Bauherr schon einem Architekten verpflichtet ist, der jedoch nicht über die notwendigen Kenntnisse zur Kostensteuerung verfügt. Kostenplanung ist ein Fachgebiet, das erst in jüngster Zeit mehr und mehr Eingang in die Planungsbüros findet. Es sei hinzugefügt, daß es bis zum Jahre 1976 kaum Ausbildungsmöglichkeiten auf den Hoch- und Fachschulen gab. Kostenplaner sind Spezialisten wie alle anderen Sonderingenieure auch. Aus dieser Perspektive heraus sollte es jedem beauftragten Architekten einsichtig sein, wenn der Auftraggeber einen Experten mit der Wahrnehmung seiner Interessen hinsichtlich der Steuerung des Planungsprozesses auf bestimmte Kostenziele hin beauftragt. Auch eine Einzelperson könnte für Wohnungsbauten schon mit dieser Aufgabenstellung betraut werden, wenn die Qualifikation hierfür vorliegt. Die für eine derartige Beauftragung erforderliche Honorarsumme steht in keinem Verhältnis zu den Kosteneinsparungen. Ein Berater dieser Art macht weder den Bauherrn noch den Architekten überflüssig. Beiden Personen erleichtert er jedoch die Arbeit. Dem Bauherrn nimmt er die größten Sorgen ab, indem er sich allein und konzentriert um den optimalen Einsatz der finanziellen Mittel kümmert. Dem Architekten gibt er die Marschroute bei den einzelnen Planungsphasen an, um durch Alternativplanungen möglichst ökonomische Resultate zu erzielen. Gleichzeitig führt er die normalerweise auseinanderstrebenden Fachleute für Heizung, Sanitär und Elektro zu einer Planungsmethode, die nach Kostendaten orientiert ist.

Der Gesamtverkehr läuft dann bei diesem Berater zusammen, der die wichtigsten Entscheidungsvorgänge steuert und den Auftraggeber von Zeit zu Zeit konzentriert informiert. Diese Tätigkeit sollte nicht verwechselt werden mit der des Bau-Managers oder des Projektleiters, wie sie unter Ziffer 5.3 beschrieben ist. Allerdings kann sie durchaus mit der genannten Aufgabenstellung kombiniert ausgeübt werden, was nur zum Vorteil des Bauherrn wäre.

Unterrichten Sie sich weiter über Kostensteuerungs-Fachleute unter Ziffer 6.1.

1.4.5 Bauherren-Selbsthilfe

Wenn bei den verschiedenen Kostenvorausberechnungen und Kostenschätzungen die finanzielle Machbarkeit in Frage gestellt werden muß, weil es um die Frage geht, entweder den Umfang der geplanten Baumaßnahmen zu reduzieren oder aber die

Kreditsummen zu erhöhen, kommt das Angebot des Bauherrn auf den Tisch: der private Bauherr übernimmt ... Lieferungen und ... Leistungen selbst. Dazu gehören dann verschiedene Lohnarbeiten, wie Stemmarbeiten, Schuttbeseitigung, Arbeiten in den Außenanlagen und anderes mehr. Die Lieferungen umfassen Selbsteinkäufe von Öltanks, Heizkörpern und -kesseln, sowie Sanitärobjekten, Dämmaterialien und ähnliches mehr.

Die durch diese Selbsthilfeleistungen und -lieferungen bewirkten Einsparungen sollen das Defizit ausgleichen, das durch zu hohe Ansprüche oder infolge einer zu umfangreichen Planung entstanden ist.

Die kosteneinsparenden Wirkungen sind jedoch in vielen Fällen gering und werden von Bauherren im allgemeinen überschätzt.

Das hat folgende Gründe:

▶ Da die Bauherren nicht immer gerade dann zur Verfügung stehen, wenn Lohnarbeiten anfallen, müssen sie doch von den Handwerkern selbst ausgeführt werden.

▶ Wenn sich die ausführende Firma auf Selbsthilfearbeiten des Bauherrn verläßt, dessen Arbeitskraft jedoch nicht ständig zur Verfügung steht, müssen zusätzliche Kräfte durch die Firma herbeigeholt werden. Es entstehen lange- und teure-Wartezeiten und Bauzeitverzögerungen.

▶ Lieferungen des Bauherrn müssen geschützt und gegen Diebstahl und Beschädigungen gesichert werden. Verschließbare Räume sind während des Rohbaues nicht vorhanden. Während des Ausbaues müssen alle Räume für die auf dem Bau befindlichen Handwerker offen gehalten werden. Im Falle eines Schadens ist der Verursacher kaum festzustellen.

▶ Übernimmt die Baufirma die Sicherung der Gegenstände, die der Bauherr auf die Baustelle liefert, so muß dies schriftlich vereinbart und auch entlohnt werden.

▶ Noch zu verarbeitende Materialien aus dem Eigentum des Bauherrn sind im allgemeinen sehr begehrte Artikel, so daß Dämmaterialien aller Art, Fußbödenbeläge, Anstrichmittel oder sogar Armaturen und ähnliches schnell andere Abnehmer finden. Der mögliche Verlust ist also relativ hoch. So muß der Bauherr nachträglich die Lieferungen ergänzen, wodurch die Einsparungen hinfällig werden.

Einsparungshöhe bei Eigenleistungen

Hier einige Zahlen [19]: Ausgehend von den Gesamtkosten leisten 67 Prozent aller Bauherren von Ein- oder Zweifamilienhäusern Selbsthilfe. Durchschnittlich sparen sie dadurch 12 Prozent. Das sind bei einem Wohnhaus, das 180.000,— DM kostet, 21.600,— DM. Damit sinkt die monatliche Belastung um 216,— DM. 12 Prozent der Bauherren leisten 20 bis 30 Prozent Selbsthilfe, 6 Prozent sogar über 30 Prozent. Dieser hohe Anteil ist nur bei Übernahme fast aller Lohnarbeiten, bis auf die von Fachfirmen zu leistenden Spezialarbeiten, erreichbar. Die überwiegende Zahl der Bauherren bleibt in den Selbsthilfearbeiten bei Pinsel und Spaten. Es empfiehlt sich daher, bei der Aufstellung der Kostenschätzung die Ansätze für die Eigenleistungen nicht zu hoch anzusetzen. Im Finanzierungsplan können die eigenen Leistungen in der Höhe so angesetzt werden, als seien sie vom Unternehmer normal kalkuliert.
Steuerlich werden Eigenleistungen nach § 7 b nicht anerkannt.

Kostenmindernde Eigenleistungen und -lieferungen entlasten zwar das Baukonto des Bauherrn, belasten aber das Verhältnis zum Architekten, Bauleiter und zu manchem Unternehmer. Daher der Rat: Legen Sie vor der Beauftragung den Umfang Ihrer eigenen Leistungen und Lieferungen möglichst präzise fest und grenzen Sie Ihre Arbeiten gegenüber den Ausführungsfirmen ab! Denken Sie daran, daß der Bauleiter durch Ihre eigenen Arbeiten mehr Koordinierungs- und Aufsichtspflichten hat. Daher werden Selbsthilfearbeiten in der Höhe bei der Honorarberechnung für Architekten und Ingenieure so angesetzt, als ob sie ein Unternehmer ausgeführt hätte.

Kaufen Sie selber Baustoffe, Bauteile oder Installationsobjekte ein, so lassen Sie sich nicht von den hohen Rabattsätzen täuschen. Vergleichen Sie stattdessen die Nettopreise beim Normalkauf mit den Nettopreisen bei Ihren besonderen Beziehungen! Unseriöse Firmen werben nämlich mit hochprozentigen Nachlässen beim Kauf von Materialien, die sie jedoch vorher auf die Preise aufgeschlagen haben. Zu bedenken sind außerdem Faktoren wie Transport, Lagerung, Risiken während des Transportes und der Lagerung, sowie Montage, Garantien und dergleichen.

Schwarzarbeiten

Der Ansatz dieser unerlaubten Leistungen ist weder bei der Finanzierung noch bei der Abrechnung möglich. Es sind Arbeiten, die nicht als Eigenleistungen bezeichnet werden können. Bei der Ausführung von Schwarzarbeit müssen Bauherren wissen,

- daß sie selbst das gesamte Risiko tragen, und zwar für die Folgen von eventuellen Unfällen, für Personen- und Sachschäden auf der Baustelle usw.;
- daß Schwarzarbeiten von den Berufskammern angezeigt und im Entdeckungsfall verfolgt werden;
- daß bei Schwarzarbeiten mit nachträglichen Steuerzahlungen, Steuerstrafen wegen Steuerhinterziehung und Sozialabgaben zu rechnen ist;
- daß der Bauherr Schwarzarbeiter nicht wegen mangelhafter Arbeit oder wegen Zeitverzögerungen haftbar machen kann.

Übersicht der Eigenleistungen

Mithilfe bei der **Planung**, Bauvorbereitung bei dem Bauablauf:
Erarbeitung eines Raum- und Bauprogramms, Vorlage eines **Raumbuches**, **Beschaffung und Vervielfältigung** aller Unterlagen für die verschiedenen Finanzierungsinstitute, für die Architekten- und Ingenieurplanung, für die Vermessung, für den Bauantrag, für die Abnahmen und Abrechnungen.
Mitwirkung bei den Aufmaßarbeiten zum Zwecke der Massenkontrolle gemäß der Verdingungsordnung für Bauleistungen (VOB).
Mitwirkung bei den Qualitätsabnahmen und Aufmaßzeichnungen für die Bestandspläne der technischen Installation.
Führung eines Baubuches für die Erfassung aller Einnahmen und Ausgaben. Registrierung aller Rechnungen mit einer Übersicht über die noch nicht ausbezahlten Beträge (Sicherheitsleistung, Beanstandungen und andere Beträge).
Führung eines Bautagebuches als zusätzliche Kontrolle für den Bauleiter mit Erfassung der an dem Besuchstag geleisteten Arbeiten, der Witterungsbedingungen, der Zahl der Leute und so weiter.

Ausführung von Planungen oder Berechnungen, sofern die dafür erforderlichen Fachkräfte von Seiten des Bauherrn gestellt werden können. Hierunter sind Teilleistungen der Architekten und Ingenieure zu verstehen.

Erdarbeiten — insgesamt 3 bis 5 Prozent der Bauwerkskosten (Lohnanteil). Baustellenvorbereitung, Mutterbodenabtrag, Sicherung des Baumbestandes, Schutz der Baustelle usw.

Aushubarbeiten für die Fundamente, den Keller, die Erdleitungen und andere Bauteile unter Terrain.

Wiederverfüllen der Bauteile im Terrain. Nach der Leitungsverlegung Verfüllen der Gräben. Baustellenreinigung und Abfuhr.

Einplanieren des Aushubs, Verteilung und Planum des Mutterbodens.

Platteneinkauf und -verlegung für Terrassen, Wege und Zufahrten.

Anlegen des Rasens und der gesamten Bepflanzung.

Bau von Böschungen, Trockenmauern und Setzen der endgültigen Einfriedigung.

Allgemeine Arbeiten während der Bauzeit

Stemmarbeiten, regelmäßige Baureinigung mit Abfuhr des Bauschuttes.

Hilfsdienste für die Facharbeiter, An- und Abtransporte von Materialien.

Malerarbeiten — 1 bis 3 Prozent der Bauwerkskosten (Lohnanteil).

Spachteln des Untergrundes, Vorarbeiten der Flächen, Tapezieren bzw. Anstricharbeiten für Decken, Wände, Fenster, Türen, Treppen, Öltanks, Leitungen, Verbretterungen, Gesimse und dergleichen.

Fußbodenarbeiten — 1 bis 2 Prozent der Bauwerkskosten (Lohnanteil).

Verlegung von Fußbodenbelägen aller Art: Teppich, PVC, Linoleum, Fußleisten, Schienen usw.

Wärmedämmungsarbeiten — 0,5 bis 1,5 Prozent der Bauwerkskosten (Lohnanteil)

Verarbeiten verschiedener Wärmedämmstoffe und Einbringen in doppelschalige Wände, in Decken und Dächern unter Fußböden usw. Diese Platten und Matten sind besonders sorgfältig zu verlegen (z.B. fugenschlüssig oder mit verdeckten Stößen). Spätere Wärmedämmungsarbeiten sind möglich, kosten jedoch bis zum Zehnfachen der Summe, die beim Bau hätte ausgegeben werden müssen.

Fliesenarbeiten

Diese Arbeiten werden relativ selten von Bauherren ausgeführt. Erleichternd wirkt sich die Möglichkeit der Verklebbarkeit von Wandfliesen aus.

Sanitärarbeiten

Montage der Installationsobjekte, wie Waschbecken, WC usw.

Zimmererarbeiten

Ausbau des Dachgeschosses im Anschluß an die Bauarbeiten.

Sonstige Arbeiten

Anbringen von Hausnummern, Briefkästen, Namenschildern, Wandhaken, Garderoben-
brettern und -haken, Regalen, Badezimmerzubehörteilen (wie Spiegeln, Glashaltern,
Konsolen, Handtuchhaltern). Verlegen von Fußrostenrahmen aus Beton mit verzinkten
Rosten. Verlegen von Fußmatten. Aufstellen von Teppichklopfstangen, Wäsche-
spindeln, Gartenspielgeräten usw. Anschrauben von Holzverkleidungen, Leuchten,
Gardinenschienen, Sonnenschutz-Jalousetten, Markisen usw. Einbau von Faltwänden,
Kücheneinbauten, Fertigschrankelementen.

Selbstbau-Systeme oder Bausätze

Das Marktangebot erweitert sich auf diesem Sektor der fabrikatorischen Vorfertigung
ständig. Wer sich ernsthaft mit dem Gedanken trägt, diesen enormen Arbeitsumfang zu
übernehmen, sollte sich vorher fragen:
- Verfüge ich über das notwendige technische Verständnis?
- Habe ich die erforderliche physische Ausdauer und die handwerklichen Talente?
- Welche Bekannten, Verwandte, Freunde und Helfer können mich unterstützen?
- Welche Werkzeuge und Maschinen benötige ich?
- Steht mir das beträchtliche Quantum an Zeit zur Verfügung?

Informieren Sie sich als Interessent vorher auf den Baustellen, auf denen diese Fertig-
teile von Bauherren selbst montiert werden.
Mit dem Kauf eines kompletten Bausatzes erhält der Bauherr das Material und die An-
leitung zu seiner Verarbeitung. Hier eröffnen sich viele Möglichkeiten je nach dem
Umfang der selbst zu erstellenden Arbeiten aus den jeweiligen Firmenangeboten.
Der Interessent kann also wählen zwischen der Erstellung umfangreicher Roh- und
Ausbauarbeiten ohne Fremdhilfe und der Übernahme von bestimmten Teilgewerken,
wie zum Beispiel Einbau der Tür- und Fensterelemente. Diese Arbeiten sind relativ
einfach auszuführen, wenn die Anleitungen beachtet werden. [20]
Im allgemeinen verlängert sich die Bauzeit um ein Jahr, wenn der Bauherr diese Selbst-
bau-Systeme wählt.

Selbsthilfe ist nicht nur Schubkarrenarbeit, sondern auch die direkte Beschaffung von
Materialien aller Art zu Sonderpreisen. Dazu zählt auch die Verarbeitung von vorhandenen Materialien, die Verrechnung von Lieferungen und Leistungen mit Gegen-
leistungen des Bauherrn, die Preisermäßigung bei den Angeboten der ausführenden
Firmen.

2 Planungs-Vorbereitung

2.1 Raumprogramm

2.1.1 Programm-Erfassung

Auch die Vorstufe zum eigentlichen planerischen Entwerfen, die Erfassung des Bedarfes der späteren Nutzer in Form eines Bau- und Raumprogrammes, ist erlernbar. Es kommt hier ganz wesentlich auf die Trennung von *wirklich notwendigen* Räumen und Raumgrößen und *zusätzlich wünschenswerten* Räumen und Raumgrößen an. Beide Bezeichnungen und die dazugehörigen Quadratmeter-Zahlen müssen in einer Liste als Minimal- und Maximalbedarf erfaßt werden. Eine dritte Größe ist die der zusätzlichen Erläuterungen hinsichtlich Ausstattung, Einrichtung, technischer Anforderungen, Lage zu anderen Räumen, Himmelsrichtung, Besonnung, usw. für jeden Raum einzeln.

Denken Sie bei dieser Bemessung des Flächenbedarfes stets an den sich daraus ergebenden Kapitalbedarf. Jeder Quadratmeter kostet Sie, je nach Ausführungsqualität und Ausstattungsansprüchen, tausende von Mark. Deshalb spielen schon kleinste Flächenangaben in der Addition eine Rolle. Grund genug, auch bei der Planung der Raumgrößen und Raumanordnung sehr eingehende Überlegungen anzustellen und sich gegebenenfalls guter Fachleute zu bedienen. In dieser Hinsicht unterlassene detaillierte Untersuchungen werden sich sehr deutlich und negativ auf das Kostenergebnis auswirken.

Im Wohnungsbau ist das bei den unterschiedlichsten Programmen immer wieder festzustellen. Der Bauherr sollte sich daher von seinem kompetenten Planer eingehend beraten lassen, welche Räume und Raumgrößen wirtschaftlich vertretbar sind, bzw. wo die Grenze zu sehr teuren Ausführungen liegt. Wie sich zu groß bemessene Räume im Entwurf eines Wohnhauses auswirken, lesen Sie unter Ziffer 6.2.

Handelt es sich um Bauaufgabenstellungen, bei denen der Bauherr auch der Nutzer ist, wird sich der Umfang des Programms in den gesetzten finanziellen Grenzen halten. Ist dies jedoch nicht der Fall, sollten die Nutzer nur eine beratende Stimme bei der Programmierung haben. Als Bauherr fungiert in diesen Fällen der Bedarfsträger oder der Investor. Dabei sollten die Kompetenzen von Anfang an getrennt werden. Differenzen in den Kompetenz- und Verantwortungsbereichen sind schon manchmal die Ursache von Kostensteigerungen gewesen. Heute haben viele Institutionen Mitbestimmungsrechte, aber nur wenige von ihnen erstrecken diese Mitbestimmung auch auf die Finanzen.

Ein Industrie- oder Wirtschaftsunternehmen wird seine eigenen Programme (Produktion, Lagerung) so rationell wie möglich berechnen. Die nicht-unternehmerischen Einrichtungen sollten sich jedoch auch von den Prinzipien der Wirtschaftsunternehmen leiten lassen. Dies gilt nicht nur für die Privathand, sondern auch für die öffentliche Hand, die Kirchen und halbstaatlichen Institutionen. Immer mehr Bereiche bedürfen dringend der Erfahrung aus der freien Wirtschaft, um zu wirtschaftlicheren Resultaten zu kommen.

Noch ein Wort zu den **Bauprogrammen**, die das Raumprogramm erläutern. Ergänzend zu der Aufzählung der Zahl und Größe der einzelnen Räume ist eine Beschreibung über die besonderen Bedingungen, Voraussetzungen und Wünsche hinzuzufügen. Bauprogramme sollten sich auf jeden Einzelraum beziehen, aber auch die Zusammenhänge der Räume untereinander deutlich machen. Als Beispiel möge ein Auszug aus einem Bauprogramm dienen:

1 Kinderzimmer 14–16 m^2. Lage: Nordost bis Südost. Neben dem Bad, WC und Elternzimmer. Einrichtung: ein Stockwerksbett, vorhandener Schrank 1,20/60, 3 Stühle, ein Arbeitstisch am Fenster ca. 1,20/60, Wandregale auf 2,00 m Länge, ein Spielzeugschrank auf dem Boden 1,50/30. Gewünscht werden ein Waschbecken 60 cm breit mit Wand- und Bodenfliesen, 5 Steckdosen, Wechselschalter für Bettleuchte, Teppichfußboden weich bis flauschig, Wandbespannung aus Rupfen. Das Fenster sollte erst in Tischhöhe beginnen und Breitformat haben. Zu beachten ist der Lärmschutz gegenüber der Straße und dem darunter liegenden Wohnzimmer.

Diese Beschreibung sollte zusätzlich einen Vermerk erhalten, was als unverzichtbar gilt und was aus Kostengründen auch wegfallen könnte. Nur so lassen sich preisanheizende Forderungen vermeiden. Auf jeden Fall ist hinsichtlich der Mehrausgaben eine kostenplanerische Beratung erforderlich.

2.1.2   Programm-Optimierung

Der Begriff „Optimierung" ist aus der Planungsökonomie oder der Kostenplanung nicht mehr wegzudenken. „Es muß eine optimale Lösung für dieses Problem gefunden werden", sagt man. Damit strebt man die bestmögliche Lösung an. Wenn man sie errechnet oder ermittelt hat, spricht man vom erreichten „Optimum", dem Höchstmaß dessen, was man jeweils überhaupt erreichen konnte.

Nachdem das Raumprogramm erarbeitet worden ist, erfolgt zunächst die Optimierung von Raumzuordnungen. Man kann sich darüber streiten, ob dieser Vorgang zur Raumprogrammierung oder schon zum Vorentwurfsverfahren gehört. Das ist weitgehend abhängig von der Zahl der Räume. Einfache Zusammenhänge können in einfachster Weise graphisch von den Nutzern dargestellt werden, um dem Planer die Funktionen in dem zu planenden Gebäude darzustellen. Größere Gebäudekomplexe müssen von Spezialisten auf die Zusammenhänge in der entwurflichen Zuordnung untersucht werden.

Beispiel:
Optimierung der Raumzuordnungen für ein Wohnhaus

Die einfachste Form der Darstellung optimaler Zuordnungen ist die nach Matrix (Abb. 6). Hier werden die Räume nacheinander aufgeführt und mit Wertigkeiten nach der Wichtigkeit in der Beziehung zu jedem anderen Raum versehen.

Mit Hilfe dieser Matrix ist es dem Architekten möglich, ein abstraktes Zuordnungsschema anzufertigen, in dem jeder Raum eine Nummer erhält. Nach der Reihenfolge der Wertigkeiten werden nun die Kreise mit den Raumnummern wie in einem Puzzle zusammengeschoben. Siehe Abbildung 7.

Abbildung 6
Zuordnungsmatrix für ein Wohnhaus nach Funktionen

Nr.	Raum		1	2	3	4	5	6	7	8	9	10	11
1	Wohnzimmer	W											
2	Eßraum	ER	1										
3	Küche	K	1	2									
4	Elternschlafzimmer	ES	0	0	0								
5	Kinderzimmer	KI	2	0	0	0							
6	Kinderzimmer	KI	2	2	0	0	0						
7	Gästezimmer	GZ	3	3	0	0	0	2					
8	Bad	B	3	0	1	0	0	0	1				
9	Extra-WC (mit Dusche)	WC	0	1	0	0	1	0	0	2			
10	Eingang	E	1	2	1	0	0	0	0	0	1		
11	Garderobe	G	1	0	0	0	0	0	1	1	0	2	
12	Speisekammer	S	0	0	0	0	0	0	0	2	1	2	0

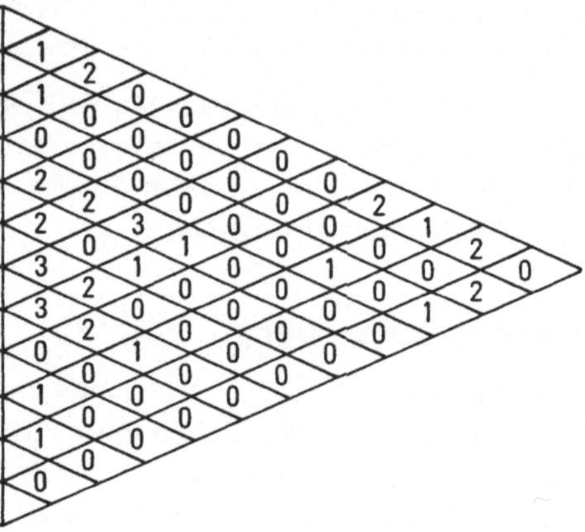

0 – keine besonderen Beziehungen
1 – sehr enge Zuordnung: Wand an Wand
2 – enge Zuordnung (sekundär)
3 – nach Möglichkeit keine direkte Zuordnung (konträr)

Vorteile der Optimierung von Raumzuordnungen sind:

- kürzere Verbindungswege, besserer Betriebsablauf,
- weniger Flur- und Verkehrsflächen,
- bessere Nutzung und Auffindbarkeit von Räumen und Raumgruppen bei größeren Gebäudeplanungen,
- Neutralisierung der Planungsarbeit, Ausschaltung der Überbewertung von subjektiven Entwurfstendenzen,
- geringere Personalkosten bei komplexen Gebäudeanlagen,
- geringere Gebäudekosten infolge der Reduzierung von Verkehrsflächen.

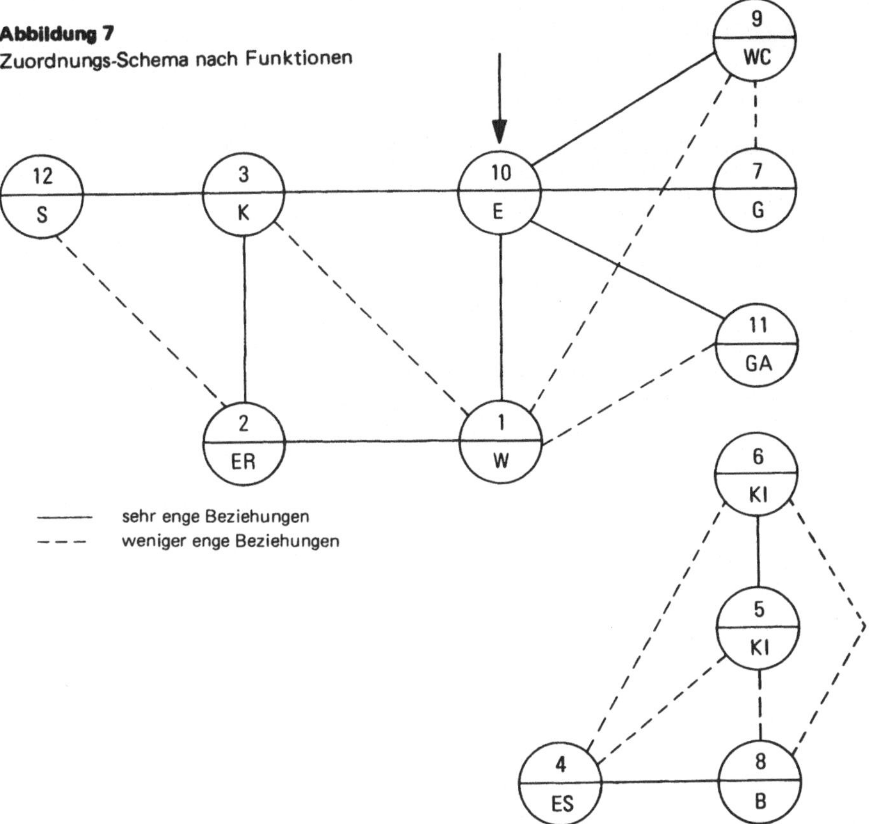

2.1.3   Programm-Spezialisten

Eine entsprechend große und komplizierte Bauaufgabe verlangt den speziell dafür ausgebildeten und erfahrungsreichen Fachmann, wenn der Auftraggeber nicht schon durch die sehr kostenträchtigen Fehlannahmen am Anfang eine Menge Lehrgeld zahlen will.

„Planung ist zu wichtig, als daß man sie allein den Planern überlassen sollte!" [21] Planung ist nicht die Unterbringung von ... qm innerhalb von vier Außenwänden, einem Dach und einer Kellersohle. Planung muß bereits bei den ersten Bauüberlegungen einsetzen. Da jedes Bauen langfristig angelegt ist, dürfen zukünftige Entwicklungen nicht verbaut werden. Das bedeutet eine gewisse Flexibilität in Form von versetzbaren Trennwänden, nichttragenden Trennwänden oder zusammengelegten Installationen. Das heißt aber auch: Raum vorsehen für etwaige Erweiterungsbauten, auch für den Einbau der Installationen.

Aus diesen wenigen Hinweisen ist bereits ersichtlich, welchen Zielsetzungen die Spezialberatung vor der eigentlichen Bauplanung dient. Auftraggeber wissen selbst am besten um die Unzulänglichkeiten beim Gebrauch von Gebäuden, ihren Mängeln und Fehlern in der täglichen Benutzung. Deshalb werden sie keineswegs einer zielorientierten Beratung abgeneigt gegenüberstehen.

2.2 Ziele

2.2.1 Zielordnung

Die Vielfalt der Ziele und Zielerwartungen macht es dem Bauherrn schwer, die Ziele zu ordnen.

Technische und *wirtschaftliche Ziele* verfolgen die Architekten und Sonderfachleute mit ihren seperierten Aufgabengebieten. *Finanzierungsziele* haben Banken, Sparkassen, Versicherungen. *Baugesetzliche Vorschriften* der Bauämter sind ebenfalls Ziele, die erfüllt und rechtzeitig eingeplant werden müssen.

Gewinnorientierte Zielsetzungen stehen hinter den Absichten der an jedem Bau beteiligten 25 bis 35 Bau- und Ausführungsfirmen. Ziele der Juristen, Makler und Steuersachverständigen beeinflussen den Bauprozeß ebenso wie die der Baugesellschaften aller Art. Bauvorhaben der öffentlichen Hand unterliegen besonderen Bedingungen bei der Bedarfserfassung, Planung und Ausführung.

Diese Mannigfaltigkeit der Ziele muß der Bauherr mit seinen eigenen Zielen abstimmen, seien es nun persönliche, berufliche, qualitative oder terminliche Ziele.

Schon aus dieser groben Zusammenfassung derjenigen, die Ziele haben oder setzen, ergeben sich Zielkonflikte. Der Bauherr sollte daher darauf vorbereitet sein, weil die sich widersprechenden Absichten der vielen Beteiligten in der Natur der Sache liegen. Die Fülle der Aktivitäten zwingt zu einer systematischen Zusammenfassung und gegenseitigen Vereinbarung über die Priorität der Ziele. Alle divergierenden Tendenzen müssen unter einen Hut gebracht werden. Kooperationsformen der verschiedensten Art dienen zur Ordnung der Ziele nach Vorrangigkeiten (Siehe auch unter Ziffer 5.3 und 5.5). Ein Laie wird es schwer haben, immer den richtigen Stellenwert für die verschiedenen Ziele zu finden und dementsprechend einzuordnen. Dennoch ist Zieldefinition und Zielformulierung nicht nur am Anfang, sondern in allen Planungsphasen notwendig. Für alle Beteiligten kommt es darauf an, daß die Führung des Gesamtunternehmens die Ziele immer wieder in Abständen herausstellt. Auch Einzelschritte in der Planung müssen auf bestimmte Zwischenziele hin geplant und kontrolliert werden. Manager kennen den Begriff „Konfliktstrategie" zur Lösung von Zielwidersprüchen, die in jeder Besprechung auftreten. Jeder Spezialist sieht naturgemäß seine spezifischen Probleme und Schwierigkeiten wie mit der Lupe vergrößert und neigt dazu, den Kurs zugunsten seiner einseitigen Perspektive und zu Lasten anderer und übergeordneter Faktoren ändern zu wollen. Für Auftraggeber (Bauherren) kann man daher folgende Empfehlungen geben:

► Hauptaufgabe der Leitung eines Bauvorhabens muß es sein, stets den roten Faden im Auge zu behalten und durch Hinweise auf die Ziele die Anstrengungen aller auf den Brennpunkt zu lenken. „Welches sind unsere wesentliche Ziele? Was ist das nächste Teilziel? Wie wollen wir dies erreichen?" Das sind die in den Hauptbesprechungen zu stellenden Fragen.

► Nach der Devise „Ein Unternehmen kann nicht besser funktionieren als seine Leitung" wird das Kostenresultat Ihres Bauvorhabens eine Folge der Qualität Ihrer Projektleiter sein. Wenn Sie als Initiator Ihres Bauvorhabens nicht selbst für die Leitung in Frage kommen, müssen besonders geeignete und ausgebildete Kräfte damit betraut werden. Wenn Ihnen diese nicht zur Verfügung stehen, sollten Sie eine solche Kraft engagieren.

▶ Vertrauen Sie die Leitung der Abwicklung nicht denen an, die nur verwalten oder den Bau „über die Bühne bringen" wollen, denn diese Routiniers arbeiten nur nach dem Prinzip der geringsten Reibung.

2.2.2 Die 7 Ziele des Bauherrn

Nach der Fixierung

▶ eines fest umrissenen Bau- und Raumprogramms,
▶ einer bestimmten Qualitätsvorstellung und
▶ einer begrenzten Kapitalsumme zur Realisierung der Bauwünsche

hat ein Bauherr die Arbeitsbasis für die Planung geschaffen. Diese Grundlage sollte in Form einer Beschreibung dieser drei Voraussetzungen vorliegen. Damit ist jedoch keineswegs alles an baulicher Quantität und Qualität festgeschrieben. Für die an der Planung Beteiligten stellt dieses Basispapier ein unerläßliches Arbeitsmittel dar. Jede systematische Planung muß sich an dem Ziel orientieren. Je schärfer die Konturen des Zielobjektes in der konkreten Zusammenarbeit des Bauherrn mit seinen Planern formuliert werden, desto treffsicherer wird die Planung das Ziel ansteuern können. Als Bauherr müssen Sie wissen, was Sie wollen, was Sie sich unter Ihrem Einfamilienhaus vorstellen und wo Ihre Möglichkeiten und Grenzen liegen.

Als Architekt und Fachplaner wünscht man sich einen rationellen Planungsablauf und eine gesteuerte Zielverwirklichung. Nichts entmutigt nüchtern denkende Ingenieure mehr als Ziellosigkeit in den einzelnen Planungsabschnitten in Form von zahllosen Vorentwürfen, permanenten Änderungen und stets wechselnden Prioritäten. Legen Sie als Bauherr die Vorbedingungen für die Planung fest.

Seien Sie sich über folgende Einzelziele im klaren und erarbeiten Sie für jedes Ziel mit Ihrem Architekten ein konkretes Konzept. Siehe Abbildung 8.

Abbildung 8
Zielvorstellungen des Bauherrn

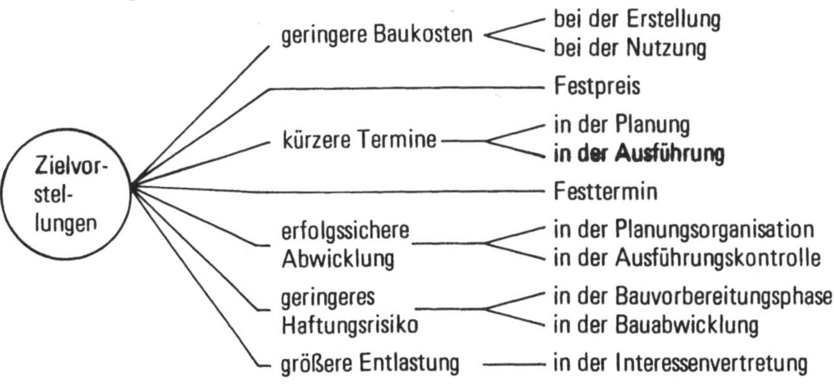

Plan- und zielbewußtes Arbeiten setzt die Kenntnis der Teil- und Endziele voraus. Steuern Sie als Auftraggeber ein Ziel nach dem anderen an und machen Sie sich selbst immer wieder bewußt, welche Stationen Sie auf diesem Wege der Zielverwirklichung schon erreicht haben und was noch vor Ihnen liegt.

Dabei wird die Rangfolge der Ziele unterschiedlich sein. Ein Bauherr wird in erster Linie versuchen, einen bestimmten Festpreis zu erzielen. Ein anderer Bauherr wird primär einen bestimmten Bezugstermin im Auge haben. Wieder andere Bauherren werden vielleicht vor allen anderen Zielen eine erstklassige Ausführungsqualität zum Ziele haben. Hinzu mögen einige besondere Ziele kommen, wie zum Beispiel die Organisation der Eigenleistungen.

Wenden wir uns nun den einzelnen Zielen konkret zu.

1 Geringere Baukosten bei der Erstellung und Nutzung

Die Gesamtwirtschaftlichkeit des Bauprojektes ergibt sich aus der Kostenminimierung für die Herstellungs- und Folgekosten. Beide Faktoren sollten stets zusammen betrachtet werden, und zwar bei jeder Planungsentscheidung. Dieses ökonomische Denken zwingt manchmal zu höheren Aufwendungen in den Baukosten, um die Nutzungskosten auf lange Sicht niedriger zu halten. Denken Sie dabei besonders an die Dämmung aller das Bauwerk umschließenden Bauteile, wie Dach, Außenwände, Sohle. Nutzen Sie die vielen Chancen in Form der Kostenvergleiche bei der Ausarbeitung der Vorentwürfe und Entwürfe. Hier stecken Kostenreserven in einer für die meisten Bauherrn unerwarteten Höhe. Besonders in den Anfangszeiten sollten diese relativ großen Einsparungsmöglichkeiten genutzt werden. Wirtschaftliche Vergleichsüberlegungen sollten sich aber auch auf die wesentlichen Bauteile und technischen Anlagen erstrecken, wie unter anderem Außenwände, Fenster, Dachausbildung, Innenwände, Heizungssysteme und dergleichen mehr. Indem die gesamte Kostensumme auf die einzelnen Bauteile aufgegliedert wird, können Sie die Kostenziele auch im Detail kontrollieren. Ihr Architekt wird Ihnen in prozentualer Aufteilung diese Einzelsummen geben, aus denen Sie ersehen können, ob Ihre Kostenentwicklung über oder unter diesen Durchschnittswerten liegt. Wenn sich — als Beispiel — aus den gesamten Bauwerkskosten die Heizungsanlage mit 8 Prozent oder DM 12.000,— als Schätzung ergibt, das günstigste Angebot jedoch bei DM 14.000,— liegt, dann können Sie durch Streichungen und weitere Kostenuntersuchungen veranlassen, daß die Anlage tatsächlich nicht teurer als DM 12.000,— wird. Mit Blick auf die Kosten des Bauwerks können Sie so auch die Einzelkosten beobachten und korrigieren lassen. Sie werden also nicht durch zu hohe Endkosten eines Tages — wenn es viel zu spät für eine Kostenkorrektur ist — überrascht werden können.

Hier noch ein Hinweis für den Ablauf der Ausschreibungen. Im Normalfall zieht sich das Ausschreibungsverfahren für alle Bauleistungen über vier bis acht Monate hin. Dem Bauherrn werden nach und nach die Ergebnisse der Ausschreibungen vorgelegt, ohne daß er vielleicht zu erkennen vermag, inwieweit sich diese Kostenangebote im vorgesehenen Rahmen halten oder nicht. Erst bei Vorlage der letzten Ausschreibungsergebnisse gewinnt er einen Gesamtüberblick. Dann aber ist es für Korrekturen in der Art der Ausführung zu spät. In der Regel ist dann nachzufinanzieren.

Diese unangenehmen Folgen lassen sich vermeiden, wenn folgender Grundsatz beachtet wird: Der erste Auftrag an eine Baufirma sollte nicht erteilt werden, bevor nicht mindestens 80 Prozent der Bauleistungen submittiert (ausgeschrieben) worden sind.

Das bedingt allerdings einen zügigen Planungsablauf und die Herausgabe aller Ausschreibungen innerhalb von wenigen Wochen. Wird die Zuschlagfrist auf maximal 40 Arbeitstage ausgedehnt, ist es möglich, den Rohbauauftrag erst dann zu vergeben, wenn etwa 80 Prozent der Bauwerkskosten in Form der Firmenangebote übersehbar sind. Kostenüber- oder unterschreitungen in den einzelnen Angeboten können dann noch korrigiert werden. Diese Korrekturen wirken sich nicht selten auf die Rohbauarbeiten aus und können somit gleich bei der Auftragserteilung berücksichtigt werden. Die Ausschreibung der restlichen 20 Prozent Bauleistungen werden den Bauherrn dann nicht mehr überraschen können.

2 Festpreis

Ein Festpreis sollte nur dann als Ziel angesteuert werden, wenn die Zeit für eine vollständige Erfassung aller Details vorhanden ist. Nur eine gründlich durchdachte und schriftlich oder zeichnerisch in allen Einzelheiten fixierte Angebotsunterlage bietet die Gewähr dafür, daß kostensteigernde Nachträge verhindert werden. Exakte Ausarbeitungen dieser Art lassen sich nicht durch allgemein gehaltene Formulierungen ersetzen, wie zum Beispiel: „Das Festpreisangebot muß alle Einzelheiten zur kompletten Fertigstellung ... enthalten." Bei derartigen Sätzen muß der Bauherr mit Angst- und Sicherheitszuschlägen auf die Preise rechnen. Er würde somit ein überteuertes Angebot mit dem Risiko von Nachträgen im Laufe der Bauausführung erhalten. Tatsächlich würde der Bauherr einen „Festpreis" erhalten, der sich nicht als „fest" erweisen würde.
Liegt ein Bauwerk in allen Details genau fest und sind die schriftlichen und zeichnerischen Unterlagen vollständig, so sollten die Massen in den Ausschreibungsunterlagen keinerlei Reserven mehr enthalten. Das heißt aber auch, daß präzise Massenberechnungen in einer leicht prüfbaren Form vorliegen müssen. Undurchsichtige Angebotsunterlagen führen stets zu kalkulatorischen Aufschlägen in der Preisberechnung der Anbieter. (Das gilt auch für die Installationsangebote.)
Wenn die genannten Voraussetzungen erfüllt sind, haben Festpreisangebote ihren unbestreitbaren Vorteil. Die gesamte Abwicklung erfolgt nach einem Zahlungsplan, der auf den jeweiligen Leistungsstand abgestimmt werden muß. Nach Abschluß der **Arbeiten erfolgt — abzüglich der Sicherheitsleistung —** die Abschlußzahlung. Es entfallen Abrechnungsdifferenzen und alle aufwendigen Berechnungen für die nicht minder aufwendigen Prüfungen dieser Unterlagen. Festpreise können für Einzelausschreibungen, aber auch für den Gesamtauftrag vereinbart werden. Verträge dieser Art empfehlen sich für alle Beteiligten. Eine Ausnahme bildet der Generalunternehmer — siehe dazu den Abschnitt „Generalunternehmer".
Zusammenfassend kann man sagen, daß Festpreisangebote gegenüber Angeboten nach Abrechnung vorzuziehen sind, wenn sie wirklich „fest" sind und gegenüber anderen Angebotsformen nicht verteuernd ausfallen.

3 Kürzere Termine in der Planung und Ausführung

Dieses Ziel läßt sich am besten verwirklichen, wenn auf der Seite des Bauherrn ein leistungsfähiges Architekten- und Ingenieurbüro und auf der Gegenseite eine ebenso leistungsfähige Baufirma steht. Zeitreserven liegen hauptsächlich in der Planungsphase. Wenn es einem Bauherrn gelingt, seine eigenen Vorstellungen ohne Umwege und Verzögerungen zu artikulieren und ohne Änderungswünsche in die Planungsphasen einzuspeisen, ist schon viel Zeit gewonnen. Wenn darüber hinaus ein Büro mit einer guten Planungskapazität die Architekten- und Ingenieurplanung durchführt, wird sich dieses auch zeitraffend auswirken. Darunter muß die Qualität einer Planung keineswegs leiden. Wenn schließlich eine Firma als Generalunternehmer die Gesamtausführung mit einem guten Personal- und Maschineneinsatz übernimmt, hat der Bauherr für die Zeitverkürzung alles getan.

Eine sekundäre Zielsetzung bezieht sich auf die Absicherung dieser Termine. Empfehlenswert ist die vertragliche Vereinbarung von Terminen mit dem Planungsbüro und dem Generalunternehmen.

4 Festtermin

„Fest" sind Termine nur dann, wenn sie vertraglich genügend abgesichert sind, und zwar mit den entsprechenden Konsequenzen bei Nichteinhaltung der Einzel- und Endtermine. Das gilt für die

Planung ebenso wie für die Ausführung. Der Vertrag mit dem Planungsbüro sollte Zwischentermine für folgende Grundleistungen enthalten:

- ▶ Abschluß der Vorplanung
- ▶ Abschluß der Entwurfsplanung
- ▶ Abschluß der Genehmigungsplanung
- ▶ Abschluß der Ausführungsplanung
- ▶ Abschluß der Vorbereitung der Vergabe

Der Vertrag mit einem Generalunternehmer sollte folgende Zwischentermine enthalten:

- ▶ Nach der Auftragserteilung
- ▶ Beendigung der Gründungsarbeiten
- ▶ Beendigung der Arbeiten für die einzelnen Geschosse
- ▶ Beendigung der Zimmererarbeiten (Richtfest)
- ▶ Beendigung der Dacheindeckungsarbeiten (Rohbaufertigstellung)
- ▶ Beendigung der Heizungsinstallationsarbeiten
- ▶ Beendigung der Sanitär- und Elektroinstallationsarbeiten
- ▶ Beendigung der Tischlerarbeiten
- ▶ Beendigung der Innenputzarbeiten (zusätzlich Fliesenarbeiten)
- ▶ Beendigung der Estricharbeiten
- ▶ Beendigung der Malerarbeiten
- ▶ Beendigung der Fußbodenarbeiten

Verträge mit Einzelunternehmern sollten terminliche Differenzierungen enthalten, wobei die Bindung an den Bauzeitenplan der Bauleitung besonders zu betonen ist. So sollten — als Beispiel — in der Heizungsinstallation drei Termine genannt werden:

Fertigstellung der Heizanlage im Rohbau
Fertigstellung der Heizanlage nach dem Ausbau
Fertigstellung der Restarbeiten, Inbetriebnahme, Mängelbeseitigung

Die Absicherung dieser Ausführungstermine kann in Form von rechtlichen und/oder finanziellen Konsequenzen erfolgen. Hierbei muß allerdings beachtet werden, daß zu knappe Termine und zu harte Konventionalstrafen die Preisangebote anheizen. Denn derartige Bedingungen verlangen in der Einhaltung den Einsatz von Überstunden und mehr Geräten.

5 Erfolgssichere Abwicklung in der Planungsorganisation und in der Ausführungskontrolle

Der Erfolg im Planungsbüro und auf der Baustelle ist zu steuern — eine Erkenntnis, die im Widerspruch zu der Erfahrung vieler Bauherren nach ihrem Hausbau steht. Ihrerseits können Bauherren erheblich zur Steuerung des Erfolges beitragen.
Bauherren bestimmen durch die Wahl ihrer Planungspartner die Qualität und Organisierung der Planungsarbeit. (Darüber ist im Kapitel „Architekten, Ingenieure" sehr viel gesagt.) Wissen und Erfahrung müssen in der richtigen Dosierung vorhanden sein. Ebenso muß die entwurflich — gestalterische Qualität im richtigen Verhältnis zu dem technisch — ökonomischen know-how stehen. Zu warnen ist vor Büros, die einseitig orientiert sind, indem sie das Schwergewicht auf den Entwurf oder auf die rein technische Seite legen. Die Vernachlässigung der anderen Seite beeinträchtigt mehr oder weniger den Erfolg. Zu empfehlen sind Büros, die über gute bis hervorragende Fachleute beider Seiten verfügen. Das wäre einmal der gut ausgebildete und mit den Erfahrungen einiger Jahre ausgestattete Entwurfsarchitekt, der auch ökonomisch zu denken in der Lage ist. Nach Abschluß der Entwurfsphasen wäre für die Ausführungsplanung und Ausschreibung ein gut ausgebildeter und erfahrener Ingenieur geeignet, **der das** technisch-konstruktive Planen mit dem wirtschaftlichen Denken zu vereinen versteht. Dieser oder ein dritter Fachmann mit guten organisatorischen Fähigkeiten könnte dann schließlich zur erfolgreichen Zielverwirklichung beitragen. Im allgemeinen lassen sich die Fähigkeiten der Planer im Gespräch auch für einen Laien erkennen. Sprechen Sie als Bauherr nicht nur mit dem Büroinhaber, sondern auch mit den für Sie vorgesehenen Fachplanern.
Nicht minder wichtig sind die Personen und die Leistungsfähigkeit der in die engere Wahl gezogenen Ausführungsfirmen. Sprechen Sie daher auch hier mit den Baufachleuten, die Ihr Projekt im Büro und auf der Baustelle abwickeln: Der Bauleiter der Firma, der Polier, der Oberbauleiter. Jede Firma hat ihre Schwachstellen. Hier ist es die Qualität der Ausführung, dort die terminliche Abwicklung. Sie können in dieser Hinsicht vorbauen, und zwar bezogen auf die von Ihnen gesetzten Primärziele. Sie

werden als Bauherr mit dem vorrangigen Ziel einer schnellen Bauabwicklung eine
— wenn auch etwas teurere — Firma einer anderen vorziehen, die ihre Terminzusagen
nicht so genau nimmt.

Alles in allem ist der Bauherr als Entscheidungsträger in der Lage, durch die Trennung
von Spreu und Weizen den Erfolg zu steuern und den Mißerfolg zu vermeiden. Im
direkten Gespräch läßt sich leicht erfragen, wie Planer oder Ausführende über die
Management-Hilfsmittel aller Art denken. (Vergl. dazu den Abschnitt „Manager".)
Wie ein Projekt realisiert werden muß, stellt sich in den Aussagen der Experten ziemlich unterschiedlich dar. Die einen pochen nur auf den aus dem Ärmel zu schüttelnden
Erfahrungsschatz und lehnen Mangementmethoden prinzipiell ab. Die anderen zeigen
sich sehr aufgeschlossen und sind stolz auf die von ihnen erarbeiteten Organisations-
hilfsmittel.

6 Geringeres Haftungsrisiko in der Bauvorbereitungsphase und in der Bauabwicklung

Dieses Ziel sollte wiederholt am Anfang und im Fortgang formuliert und präzisiert
werden. Es gibt genug Bauwerke, die nie mängelfrei werden. Mängel sind die Folge
von Fehlplanungen und Fehlentscheidungen in der Wahl dieser Fachplaner und gehen
fast immer zu Lasten des Bauherrn. Risikomindernd kann ein Bauherr wirken, wenn
er mit größter Sorgfalt die geeigneten Planer aussucht und dazu auch mit der gleichen
Gewissenhaftigkeit die ausführenden Firmen nicht nur nach dem Preis auswählt. Es
ist eine Fehlhaltung, zu meinen, das Vermeiden von Baufehlern wäre ja Sache der
Planer und Bauleiter. Auch der qualifizierteste Bauleiter kann aus einer unqualifizier-
ten Baufirma nicht mehr machen als „drin ist".

Wenn beispielsweise der Sichtbeton mißlungen ist, muß sich der Bauherr selbst dann
damit abfinden, wenn er oder sein Architekt um eine entsprechende Wertminderung
verhandeln kann. Das Kapitel „Architekten, Ingenieure" und der Abschnitt „Bauvorbereitung" (Kapitel 7) geben hierzu eine Fülle von Ratschlägen.

7 Größere Entlastung in der Interessenvertretung

Der Bauherr benötigt gegenüber den gewinnorientierten Interessen der Firmen in
jedem Falle einen treuhänderisch tätigen Fachberater, Architekten oder Fachingenieur.
Der Verzicht auf Experten dieser Art — wie es aus Kostengründen mit Ausnahme der
Anfertigung der Bauantragsunterlagen manchmal geschieht — bringt dem Bauherrn
keine Kostenvorteile. Im Gegenteil, der Bauherr begibt sich jedes Schutzes gegenüber
den Firmeninteressen. Deshalb werden diese Kosteninteressen zuungunsten des Bauherrn auch stärker durchschlagen. Wenn der Architekt unumgänglich ist, sollte der
Bauherr sich auch wirksam entlasten durch Übertragung aller Grundleistungen gemäß
der Honorarordnung für Architekten und Ingenieure (HOAI). Vorteilhaft ist die Zu-

sammenlegung aller planerischen Leistungen in einer Hand. Mit einem Vertrag wird ein Büro mit sämtlichen Leistungen beauftragt. Ohne Mehrkosten entlastet sich der Bauherr von allen Koordinationsbemühungen zwischen den Ingenieurbüros und dem Architekturbüro.

2.3 Bauplatz

2.3.1 Kosten und Bewertungen

Bauplatz- und Standortentscheidungen sind immer wesentliche Kostenentscheidungen. Irrtümer und Fehlkäufe können sehr teuer werden, wenn es sich um ein Stück Land handelt, das zwar als Bauerwartungsland bezeichnet worden ist, von dem aber noch lange nicht feststeht, wann es zum Bauland erklärt werden wird. Feststeht manchmal auch noch nicht, was dann gebaut werden darf. In Zeiten der Rezession wird die Erklärung zum Bauland wesentlich verzögert, weil die Gemeinde damit Kostenverpflichtungen übernimmt. Ein Bauplatz ohne Erschließung, ist wie ein Rohbau ohne Ausbau.

Hier eine Auflistung der wichtigsten Fragen, deren Antworten sich in der Höhe Ihrer Grundstückskosten und Nebenkosten niederschlagen können:

▶ Liegt für den Bauplatz ein Bebauungsplan oder eine andere Festlegung der Bebauungsmöglichkeit beim Bauamt vor? Welche Auflagen, Geschoßflächenzahlen, Grundflächenzahlen und Aussagen über Geschoßhöhe, Dachform, Gestaltung, Grenzabstände usw. enthalten die Planvorstellungen?

▶ Ist das Baugelände für Ihre Gebäudeart geeignet?

▶ Handelt es sich um ein Entwicklungs- oder Sanierungsgebiet, eventuell mit einer Zurückstellung von Bauanträgen?

▶ Welche Gegebenheiten liegen vor: Bodenverhältnisse, Besonnung, Begrünung, Verkehr und Erschließung, Anlieferung und Abfuhr, Einstellplätze, Lagermöglichkeiten, Ver- und Entsorgung (Wasser, Abwasser, Elektrizität, Telefon, Gas, Müllabfuhr), Entfernung zu den öffentlichen Verkehrsmitteln, Einkaufsmöglichkeiten, Schulen; schließlich die Art der Umgebung.

▶ Welche Kostenarten und -anteile — Erwerbskosten, **Maklerprovision**, **Schätzungsge**bühren, Notariatsgebühren, Umschreibekosten, Grunderwerbssteuer, Abfindungsbeträge, Erschließungs- und Anliegerkosten, Versorgungsgebühren — fallen beim Kauf an?

▶ Rechte Dritter, finanzielle Belastungen und Hypotheken?

▶ Lärmbelästigungen durch Autobahnen oder -straßen, Nachbarn, Gewerbebetriebe usw.

Beispiel:
Bauplatz-Bewertung bei Wohnhäusern

In vielen Fällen wird der Kaufpreis nach Angebot und Nachfrage entschieden oder ausgehandelt. Wenn man einmal von Liebhaberpreisen absieht, sollen die Grundstückskosten in der Regel nicht mehr als ein Drittel der Bauwerkskosten bei Einzel-Wohnhäusern ausmachen. Nach den Förderungsbestimmungen des Bundes und der Länder nach dem 1. Wohnungsbaugesetz ging man davon aus, daß die Kosten für Grundstück und Erschließung nicht mehr als 15 Prozent betragen sollen, und zwar bezogen auf die Gesamtherstellungskosten. Eine Untersuchung von 15 im Jahr 1973 fertiggestellten Wohnungsbauvorhaben im Mehrfamilienhausbau in Nord- und Süddeutschland mit Gesamtherstellungskosten von 50 Millionen DM hat einen Kostenanteil an den Gesamtherstellungskosten des erschlossenen Grund und Bodens von 15,6 Prozent ergeben.

Zur Prüfung und Beurteilung von Baugrundstücken liefert Ringel tabellarische Übersichten, die eingehend alle maßgebenden Faktoren erfassen [22]. Hiernach kann jeder Bauherr selbst verfahren und mit Hilfe von Plus- und Minuspunkten eine Bewertung vornehmen.

Auf jeden Fall ist es immer ratsam, bei der Wahl eines Bauplatzes den Architekten möglichst frühzeitig hinzuziehen. Denn allein dieser kann die Folgen für das Bauprogramm, die Ausnutzung, die Gestalt des Hauses und dessen Dachform, die Materialien und viele Sachfragen beurteilen und die Eignung prüfen. Deshalb empfiehlt es sich auch, für die in die engere Wahl einbezogenen Bauplätze noch vor der Kaufentscheidung Skizzen über die Bebaubarkeit anfertigen zu lassen. Die Beratung durch den Fachmann erstreckt sich auch auf die Stellung der Garage, die Gartennutzung und die eventuell versteckten Nachteile.

Besonders teuer werden Bauplätze dadurch, daß

▶ sie an der Nordseite von Straßen liegen und die Häuser weit hinten im Grundstück gebaut werden müssen, um einen großen Südgarten zu gewinnen. Dadurch ergeben sich lange Strecken für Wege, Leitungen, Zufahrten usw.;

▶ sie an Berghängen liegen, und zwar durch den Bau von Stützmauern, Auffüllungen, Abfangung von Bergwassern usw.;

▶ sie schlechten und wenig tragfähigen Boden haben. Das wirkt sich dann preistreibend auf Fundamente und Kellermauern aus. Eine Bodenuntersuchung vor dem Kauf ist zu empfehlen.

▶ das Grundwasser zeitweise relativ sehr hoch steht, so daß während des Bauens eine teure Grundwasserhaltung vorgenommen werden muß. Wenn Kellersohle und -wände auch noch gegen drückendes Wasser isoliert werden müssen, kann sich dieser Aufwand sehr verteuernd auswirken — es sei denn, der Bauherr entschließt sich, den Keller nicht zu bauen;

▶ das Grundstück sehr ungünstig geschnitten ist und sich dadurch bauliche Formen ergeben, die mit einem hohen finanziellen Einsatz realisiert werden müssen;

▶ die Ausnutzung nach der Baunutzungsverordnung so gering ist, daß sich keinerlei Reserveflächen für spätere Erweiterungsbauten ergeben. Das kann besonders dann zu enormen Mehrkosten führen, wenn das Bauvolumen zu klein geworden und aus Gründen etwa der technischen Installation oder der Zweckbestimmung unverkäuflich ist und ganz abgeschrieben werden muß. Hier kommt der Beratung vor der Aufstellung des Raumprogramms eine große Bedeutung zu (siehe Ziffer 2.1.3);

die Straße noch keine Kanalisation enthält. Eigene Abwasseranlagen, und sei es auch nur für eine Improvisation von wenigen Jahren, kosten viel Geld und können sich sehr negativ auf die gesamte Kostenplanung auswirken;

es sich um Eckgrundstücke handelt. Infolge der höheren Anliegerkosten und der Straßenbelästigungen von zwei Seiten sind Bedenken angebracht;

die Ver- und Entsorgungsleitungen zu weit entfernt sind und erst herangeführt werden müssen. Dazu gehören auch die Kosten für die privaten Erschließungsstraßen bei „Hammer-Grundstücken".

Grunddienstbarkeiten in Form von Leitungsrechten auf dem Grundstück ruhen. Wenn diese Leitungen verlegt oder überbaut werden müssen, führt auch das zu Mehrkosten;

der Bauplatz nur verkauft wird, wenn die Bindung an einen bestimmten Architekten mit übernommen wird. Wenngleich die Berufsordnungen der Architekten-Kammern dies verbieten, kommt es doch immer wieder vor, daß Grundstücke mit sogenannter Architektenbindung angeboten und verkauft werden.

2.4 Risiken

2.4.1 Risiken des Bauherrn

Die Position der Bauherren ist nicht frei von Risiken — sie sind in aller Regel zunächst Laien. Nur die Kenntnis darüber, welche Risiken bestehen und wie diese abzudecken sind, schützt sie vor unnötigen Kosten.

Einige Beispiele zu diesem Thema mögen diese Gefahren verdeutlichen.

Wenn Sie als Bauherr mehr als ein Planungsbüro beauftragen, so kann es Ihnen passieren, daß Sie eines Tages nicht mehr in guten Händen sind, sondern zwischen mindestens zwei Stühlen sitzen. Eine Stahlbetondecke zeigte Wochen nach dem Betonieren starke Risse. Der die Decke berechnende Statiker verwies auf den Bauleiter des Architekten, der Architekt umgekehrt auf den Statiker. Folge: Der Prozeß lief über mehrere Instanzen und Jahre bis der Bauherr wußte, wer der Schuldige war. Inzwischen mußte der Bauherr nicht nur die neue Decke bezahlen, sondern auch die Folge- und Nebenansprüche dieses Schadensfalles. Diese können größer sein als der Schaden selbst, wenn man auch an die Ansprüche infolge einer Produktionsunterbrechung denkt.

Der Bauherr kann derartigen Vorkommnissen entgegenwirken, indem er nur *ein* Planungsbüro beauftragt, das *alle* Planungsleistungen, wie Entwurf, Statik, die gesamte Haustechnik usw. für ihn erbringt. Für die Übernahme der Gesamthaftung durch *einen* Planungspartner entstehen dem Bauherrn noch nicht einmal Mehrkosten in Form von höheren Gebühren oder dergleichen. Denn diese Koordinationsleistungen zwischen den verschiedenen Fachbereichen im Büro und auf der Baustelle übernimmt der Generalplaner gratis. Geschieht dies nicht, kann sich folgendes ereignen:

Bei einem Neubau mit verschiedenen Gebäudeteilen und unterschiedlichen Bodenverhältnissen traten ein Jahr später Risse auf, die sich auf weitere Folgeschäden ausdehnten. Der Streit um die Schuldfrage ging bis vor den Bundes-Gerichtshof, der alle drei Beteiligten anteilig schuldig sprach: den Architekten, den Statiker und den Bauunternehmer.

Auch in diesem Falle war der Bauherr der Leidtragende. Für die Dauer des Rechtsstreites mußte er die Kosten tragen.

Ein weiteres Beispiel: Der Bauherr hatte ein Architektenbüro und auch einen Statiker mit dem Bau eines Hauses beauftragt. Für entstandene oder „etwa noch entstehende Schäden" (Mängel) nahm der Bauherr Architekt und Statiker in Anspruch.

Das Gericht billigte dem Bauherrn nur einen Teilerfolg gegen den Architekten zu, nicht aber gegen den Statiker. Aus dem Urteil: „Soweit die Erstellung eines Bauwerks eine spezifische Statikerleistung erfordert, gehört es zu den Pflichten des Bauherrn gegenüber dem Architekten, ihm eine einwandfreie Statik zur Verfügung zu stellen. In diesem Rahmen hat der Bauherr ein Verschulden des Statikers in gleichem Umfange zu vertreten wie eigenes Verschulden."

Andere Fälle gehen nicht so glimpflich für den Bauherrn ab.

Auch dafür ein Beispiel: Elf Jahre lang prozessierte ein Bauherr gegen 2 Unternehmer und einen Architekten. Am Ende mußte der Bauherr den Schaden selber bezahlen, obwohl ein Materialprüfungsamt einen Materialfehler als Ursache der Schäden festgestellt hatte. Infolge von Verjährungsgründen konnte jedoch der Bauherr keinen Erfolg erringen.

Auftraggeber können sowohl ihre Planer als auch die Baufirmen in Anspruch nehmen, sei es wegen mangelhafter Planung, wegen Konstruktionsfehler, wegen Verletzung der Aufsichtspflichten oder wegen fehlerhafter Ausführung. Dabei kommt es immer darauf an, ob der Bauherr auch seiner Sorgfaltspflicht bei der Auswahl von geeigneten Planern genügt hat. Er trägt somit einen Teil Mitverantwortung und wird auf jeden Fall bis zur Schadensklärung und -abwicklung die Geldbeträge zur Schadensbeseitigung verauslagen müssen. Das kann für kleinere Bauvorhaben schon zu einer untragbaren Zusatzbelastung werden.

Der Bauherr trägt außerdem die Risiken, die sich aus einem Vergleich oder Konkurs eines Unternehmens ergeben, das er beauftragt hat. Schlechte Liquidität und nicht ausreichende wirtschaftliche Grundlage sind immer ein zusätzliches Risiko. Im Falle einer Arbeitseinstellung wird der Bauherr Zeit- und Geldverluste hinnehmen müssen. Das betrifft auch die Planungsbüros, die auf schwachen wirtschaftlichen Füßen stehen und bei denen die Gefahr einer frühzeitigen Auflösung besteht.

Bauherren sollten auch bei allen Planern, Gutachtern und Spezialisten auf dem Nachweis einer ausreichenden Berufs-Haftpflicht-Versicherung bestehen.

Wie sind Bauherren aber abgesichert bei der Beauftragung von Generalunternehmern? Hier liegt zwar nicht das Risiko einer ungedeckten Zwischenhaftung vor, aber die Frage ist doch: Wie hoch ist das Haftungskapital dieser Firmen? Bauschäden sind nicht selten aus Gründen der Vervielfachung der gleichen Elemente — Türen, Fenster, Decken usw. — in der Schadenshöhe sehr umfangreich. Demgegenüber stellen Kapitalbeträge von wenigen — zig tausend DM nur einen Bruchteil dar. Von einer Absicherung des Bauherrn kann also bei derart minimalen Beträgen keine Rede sein.

Stellt die Baubetreuung durch die Baugesellschaften eine bessere Absicherung dar? „Das größte Risiko geht der Bauherr ein. Was ihm technisch, finanziell und rechtlich abverlangt wird, ist beachtlich und nicht immer einleuchtend. In dieser Situation offeriert sich ihm lockend der Betreuer. Er ist jemand, der ihm die Geschäfte bei der Bauerstellung führt und in seinem Namen und auf seine Rechnung tätig wird. Der Betreuer tritt, was die Rechte angeht, an die Stelle des Bauherrn mit dem für ihn angenehmen Unterschied, daß das finanzielle Risiko weitgehend beim eigentlichen Bauherrn verbleibt." [23]

Wer sich als Bauherr gegen jeden Sachschaden am Bau versichern will, muß neben der Feuerversicherung auch eine sogenannte Bauwesenversicherung abschließen. Sie schützt bei

- Sturm-, Hagel- und Blitzschäden,
- Überschwemmungen,
- Frostschäden,
- Erdsenkungen und
- Zerstörungen durch Unbekannte.

Schon bevor der Bau begonnen wird, sollte die spätere Feuer- und Bauwesenversicherung abgeschlossen werden.
Nicht nur Sachschäden, auch Unfälle Dritter können für Bauherren teuer werden. Ob Passanten zu Schaden kommen oder Kinder auf der Baustelle verunglücken. Die Verbotsschilder entbinden den Bauherrn nicht von der Pflicht, die Baustelle und den Bau ausreichend zu sichern. Da kaum ein Bauherr in der Lage ist, diese Sicherung zu garantieren, empfiehlt sich eine Bauherrn-Haftpflichtversicherung.
Zusammenfassend kann gesagt werden: Es gibt kein Bauvorhaben ohne Risiken für den Bauherrn. Daher kann es sich nur um die Einschränkung auf ein Gefahrenminimum handeln.

2.4.2 Risiken der Planer

Für den Bauherrn sind diese Gefahren für Architekten und die Einzel-Ingenieurbüros nur insoweit interessant, als er davon betroffen werden kann. Und das ist der Fall, wenn die Berater und Planungsbüros nicht in der richtigen Weise und in ausreichendem Umfange versichert sind.
Das gesamte Können, das technische Wissen und die gesammelten Erfahrungen eines Büros können nicht verhindern, daß doch einmal Fehler mit Schadensfolgen vorkommen. Dazu zählen

- falsche Beratung der Bauherrschaft,
- falsche Auskünfte bei der Planungsarbeit oder auf der Baustelle gegenüber den beteiligten Fachleuten, Firmen, usw.,
- Fehler in den Zeichnungen,
- falsche Angaben oder fehlende Beschreibungen in den Leistungsverzeichnissen,
- mangelhafte Bauleitung, ungenügende Kontrollen auf der Baustelle oder bei der Abrechnung,
- fehlerhafte Berechnungen, falsche Dimensionierungen von technischen oder baulichen Anlagen und Projektierungen,
- Abrechnungsfehler,
- Leistungsverzug.

Für den Bauherrn spielt es dabei keine Rolle, ob der Büroinhaber oder einer seiner Angestellten die Versäumnisse oder Fehler zu vertreten haben. Für den Bauherrn ist es auch gleichgültig, ob es sich um Ein-Mann-Büro oder um eine große Planungsgesellschaft handelt, wenn es um die Schuldfrage geht. Eine im Auftrag des Innenministers von Nordrhein-Westfalen im Jahre 1973 durchgeführte Untersuchung zeigt, daß 13,2 Prozent aller Schäden durch falsche Planung entstanden und 58,5 Prozent aller Schäden auf Fehler in der Bauaufsicht und in der Bauausführung der Firmen zurückzuführen waren [24].

Diese Zahlen mögen zur Unterstreichung der Forderung an die Planungsbüros nach Abschluß einer ausreichenden Berufshaftpflichtversicherung genügen. Der Bauherr muß auf dem Nachweis dieser Versicherung für alle Planer bestehen, auch wenn es sich um nebenberufliche Arbeiten von Dozenten handelt, die als Gutachter oder Berater für Auftraggeber tätig sind.

Allerdings sind die Prämien für diese Haftpflichtversicherung nicht gering. Sie können in Anbetracht der vielen Schadensfälle und hohen Schadenssummen auch nicht geringer sein. Eine eingeschränkte Absicherung auf gewisse Teilleistungen oder bei Wegfall der örtlichen Bauleitung ist für keinen Bauherrn tragbar. Erfahrene und qualifizierte Auftraggeber verlangen daher den Abschluß einer Haftpflichtversicherung mit den höchsten Deckungssummen für Personen- und Sachschäden. Das ist im Hinblick auf die Größe der Risiken bei Wasserschäden, Undichtigkeiten an Fenstern, Wänden, Türen, Dächern usw. durchaus angemessen. Die Literatur über Bauschäden ist für interessierte Bauherrn durchaus lesenswert. Zur Information sei hinzugefügt, daß Fachzeitschriften zum Teil regelmäßig über die Rechtssprechung in Bauschadensfällen berichten.

Fordern Sie als Auftraggeber daher den Nachweis einer Berufshaftpflichtversicherung für Personen-, Sach- und Vermögensschäden in einer Höhe, wie es dem Bauvorhaben entspricht. Machen Sie diesen Nachweis zum Bestandteil des Vertrages mit den Planern und verlängern Sie bei dieser Gelegenheit die Haftung von zwei auf fünf Jahre.

2.4.3   Risiken der Ausführenden

Im allgemeinen sorgen Ihre treuhänderischen Planungsbüros für eine ausreichende Absicherung Ihrer Interessen als Auftraggeber in den Ausschreibungsunterlagen, und zwar in den „Allgemeinen und Besonderen Vertragsbedingungen für die Ausschreibung, Vergabe, Ausführung und Abrechnung von Bauleistungen". Diese werden jedem Vertrag mit einem Unternehmer als Vertragsbestandteil beigefügt. Sie regeln den Umfang der Haftung des Unternehmers und stellen den Auftraggeber von allen die Ausführung betreffenden Verpflichtungen frei. Sie verpflichten den Unternehmer auch zum Abschluß und Nachweis der Haftpflichtversicherung und der berufsgenossenschaftlichen Versicherungen.

Haftung von Architekt und Bauunternehmer

Nach verschiedenen Urteilen [25] können Unternehmer und Architekt für die auf Planungsfehlern beruhenden Mängel nicht gesamtschuldnerisch vom Bauherrn in Anspruch genommen werden. Nach § 421 BGB besteht eine gesamtschuldnerische Haftung nur dann, wenn mehrere eine Leistung in der Weise schulden, daß jeder die ganze Leistung zu bewirken verpflichtet, der Gläubiger die Leistung aber nur einmal zu fordern berechtigt ist.

2.5 Gebäude-Kauf

2.5.1 Schlüsselfertige Objekte, Wohnungseigentum

Gibt es einen Bauherrn, der sein Haus nicht am liebsten in kompletter Ausführung übergeben erhielte? Auf dieser Wunschvorstellung beruht die Wirkung des als Lock- und Werbemittel reichlich strapazierten Wortes „schlüsselfertig". Die Unterlagen der Verkäufer für derartige Häuser fallen zumeist schon in der Beschreibung sehr mager aus. Wenige Seiten beschreiben nur einige Äußerlichkeiten. Die Darstellung ist in manchen Fällen auch noch zwei- oder vieldeutig. Zeichnerisch müssen sich Käufer mit verkleinerten Entwurfsplänen abfinden, die keinen Aufschluß über die Qualität der Ausführung geben.

Stattdessen wird mündlich und schriftlich um so leichter geprahlt: „Es handelt sich um eine überdurchschnittliche Qualität in der Ausführung" oder „Es ist eine komfortable Ausführung vorgesehen" oder „Die Ausstattung der Wohnung entspricht einer soliden und handwerksgerechten Arbeit". Diese Begriffe können alles beinhalten, was der Baustoffmarkt bietet und was der Verkäufer für den Käufer schließlich aussucht. Sie sagen nichts über das Preis-Leistungs-Verhältnis aus, weil sie über die Gütemerkmale, über DIN-Normen, bauphysikalische und technische Werte schweigen.

Bis zu den fehlenden Angaben über die Zahl der Steckdosen pro Einzelraum, Art und Güte der Türbeschläge, Schlösser, Fensterbände usw. wird dem Bauherrn ein Objekt verkauft, das wohl den Preis und die Zahlungsweise im Detail genau festlegt, jedoch die Gegenleistung des Erbauers und Verkäufers nur ganz vage und unpräzise fixiert.

Sicher gibt es schlüsselfertige Objekte, die ausführlicher beschrieben sind. Aber auch hier stellt sich die Frage nach der Vollständigkeit der Leistungsbeschreibung. Beim Verkauf eines Serienproduktes — ob Haus, Auto oder Haushaltsmaschine — genügt eine kurze Beschreibung mit dem Hinweis auf das bekannte Serienfabrikat. Da die Bauvorhaben jedoch im allgemeinen Nullserien sind — es gibt keine oder nur eine geringe Zahl von Vervielfachungen — müßte die Beschreibung jedes Detail erfassen.

Eine Beschreibung, die nur 40 bis 60 Prozent des Leistungsumfanges umfaßt, reicht nicht aus. Das Objekt muß vollständig und präzise mit Hilfe von Wort und Bild (Zeichnungen) beschrieben werden. Unvollständigkeiten in der Darstellung können sich beim Gebrauch des Kaufobjektes im nachhinein als sehr teuer erweisen. Deshalb muß das Preis-Leistungs-Verhältnis ausführlich dargestellt werden.

Vorteile beim Kauf eines schlüsselfertigen Neubaus:

- Fester Preis,
- Fester Leistungsumfang, vorherige Besichtigung,
- Entlastung des Bauherrn beim Erwerb und bei der Erschließung eines Siedlungsgebietes
- Keine Unsicherheiten hinsichtlich der Bauzeiten
- Kein Ärger mit Einzelfirmen, Bauämtern, Planern usw.
- Entlastung bei der Finanzierung

▶ Sofortige Beziehbarkeit, dadurch keine finanzielle Doppelbelastung.

▶ Kein individuelles Haus, sondern meist ein „Haus von der Stange",

▶ Zahlung eines Gewinnzuschlages an den Verkäufer, der im Kaufpreis enthalten ist und die Vorteile des Baus von Serienhäusern, allein dem Erbauer zugute kommen läßt

▶ **Nachteile:**

▶ Etwaiges Risiko einer minderen Qualität

▶ Etwaige Hinnahme eines Vertrages, der dem Verkäufer mehr Rechte sichert und dem Käufer die Pflichten aufbürdet

▶ Keine Einsparungsmöglichkeit durch den Einsatz von Selbsthilfe.

Was gehört nun zu einer *vollständigen Leistungsbeschreibung*? Die Mindestforderungen an eine derartige ausführliche Darstellung des zu kaufenden und des angebotenen Gebäudes sind unter Ziffer 7.1.2 nachzulesen. Hinzu kommen die Architekten-Pläne, die nicht nur die Entwurfsplanung im Maßstab 1:100 umfassend darlegen sollten, sondern auch die Werk- oder Ausführungspläne (M 1:50) sowie die Details (1:20, 1:10, 1:1). Nur dann sind Preise und Leistungen zu vergleichen.

Ob es sich bei dem für Sie als Auftraggeber anstehenden Kauf um ein Althaus, eine Eigentumswohnung, einen Neubau, ein konventionelles oder ein Fertighaus handelt, sie dürfen diesen Aspekt nie aus den Augen verlieren. Der Begriff „schlüsselfertig" kann nur dann akzeptiert werden, wenn am Ende das Haus — und nicht, im übertragenen Sinne, der Bauherr „fertig" ist.

Wie sind die *Qualitäts- und Quantitätsunterschiede* bei schlüsselfertigen Angeboten nun aber *zu bewerten*?

Unter Ziffer 1.3.2 finden Sie bereits eine Liste bei der „Lösung zu Beispiel 3", die die wesentlichen Aspekte bei einem Vergleich aufzählt, und zwar beim Kauf einer Eigentumswohnung. Die einzelnen Ausführungsqualitäten sind in diesen Fällen auf die wichtigsten Bauteile konzentriert, die der Bauherr oder Käufer als Laie zu beurteilen vermag. Für das Bewertungsprinzip bleibt es gleich, ob Sie nur diese wenigen Kriterien oder die Vielzahl der unter Ziffer 7.1.2 erwähnten Mindestanforderungen einem Test unterwerfen wollen.

Vergleichen Sie die verschiedenen Objekte anhand der unten aufgeführten Einzelpunkte:

Bewertungsbeispiel für den Vergleich von drei Wohnobjekten in schlüsselfertiger Ausführung

Kriterien	Objekt A Firma:	Objekt B Firma:	Objekt C Firma:
Angaben zu Flächen und Rauminhalten			
Wohnfläche insgesamt (m²)			
davon Flurfläche (m²)			
und Nutzfläche (m²)			
Brutto-Rauminhalt (m³)			
Nebenflächen Keller (m²)			
Boden (m²)			
Balkon (m²)			
usw.			

Kriterien	Objekt A Firma:	Objekt B Firma:	Objekt C Firma:
Kostenangaben			
Kaufpreis	DM		
Makler	DM		
usw.			
Ausführungs-Qualitäten			
Außenwand			
Deckenaufbau			
Dachaufbau			
Innenwände			
Fußböden			
usw.			

Als Laie sind Sie zunächst sicher nicht in der Lage, die rein technischen Angaben zu vergleichen. Nehmen Sie sich deswegen einen guten Fachberater, der Ihnen Ihre Entscheidung leichter macht. Die Gebühren für eine Beratung dieser Art sind im Verhältnis zu dem, was Sie bei einem guten Test an Kosten einsparen oder auch an Schadens- und Qualitätsrisiken vermeiden können, gering. Bei einem Kapitaleinsatz von enormen Summen ist ein Beratungshonorar gerechtfertigt!

Kein Bauherr kann von der Illusion ausgehen, daß er mit dem Begriff „Schlüsselfertigkeit" völlig risikolos ein komplettes Bauobjekt als ein Stück zum festen Preis und Termin erhält.

Tips für den Käufer von schlüsselfertigen Bauobjekten [26]

Neben den schon erwähnten Hinweisen und Anforderungen sind folgende Punkte beachtenswert:

Lassen Sie sich als Bauherr nichts von der Gewährleistungsfrist des Unternehmers oder der Baugesellschaft abhandeln!

Im Gegensatz zu den meisten Verträgen mit zwei Jahren Gewährleistungsfrist (gemäß der Verdingungsordnung für Bauleistungen [27]) sollten Sie versuchen, eine Frist von fünf Jahren gemäß BGB zu erreichen.

- Da Sie als Käufer den Grund und Boden nur oberflächlich kennen, können Sie auch nicht damit einverstanden sein, wenn der Verkäufer im Vertrag seine Haftung für die sogenannten „verdeckten Mängel" auszuschließen versucht.

Machen Sie auf jeden Fall technische Änderungen, die die Hausverkäufer sich in vielen Fällen vorbehalten, von Ihrer schriftlichen Zustimmung abhängig.

- Verträge enthalten oft den Passus, daß, von einem bestimmten Zeitpunkt an, sämtliche Ansprüche auf Mängelbeseitigung an den Architekten oder die beteiligten Unternehmer vom Verkäufer auf Käufer übergehen. Besser für den Käufer ist es, wenn der Verkäufer selbst tätig wird.

▶ Vorauszahlungen sollten Sie nur unter dem Vorbehalt einer angemessenen Sicherungs-
übereignung von Materialien leisten. Eine Zahlung gemäß dem Fortschritt auf der
Baustelle ist am gerechtesten.

▶ Es steht Ihnen wie jedem anderen Auftraggeber zu, die Handwerkerrechnung um 10 %
zu kürzen, und zwar bis zur Fertigstellung des Gebäudes. Bei der Schlußzahlung dürfen
nach offizieller Übernahme auch noch fünf Prozent von der Schlußrechnung in Abzug
gebracht und bis zum Ablauf der Gewährleistungsfristen einbehalten werden.

▶ Geben Sie bei der Übergabe keine Bestätigung darüber, daß alle Mängel beseitigt sind!
Sollten die sichtbaren Mängel beseitigt worden sein, können Sie *dies* bestätigen, aber
nicht mehr.

▶ Sonderwünsche sollten im Vertrag genau beschrieben und mit Festpreisen beziffert
sein.

▶ Festtermine sind nur von Wert, wenn sie schriftlich im Vertrag vereinbart worden sind,
und zwar ohne Einschränkungen. Eine Absicherung der Terminvereinbarung sollte
durch Einbau einer Konventionalstrafe für jeden Tag der Verzögerung über den vereinbarten Zeitpunkt hinaus abgesichert werden. Bei kleineren Objekten setzt man ein
paar hundert Mark pro Tag fest, bei größeren Gebäuden einige tausend Mark.

▶ Nach der „Neufassung der Verordnung zu § 34 c der Gewerbeordnung" sind Sie als
Käufer vor der Zahlungsunfähigkeit von Verkäufern besser geschützt. Neben weiteren
anderen Vorteilen ist auch die Zahlungsweise geregelt: 30 % bei Beginn der Erdarbeiten, vom verbleibenden Rest (= 100 %) dann 40 % nach Rohbauabnahme. Weitere 25 %
nach Rohbauinstallation und Innenputz. 15 % nach Abschluß der Schreiner- und
Glaserarbeiten und 15 % bei Bezugsfertigkeit und Grundbucheintragung.

Wohnungsunternehmen

Erschöpfend kann auf dieses Fachgebiet nicht eingegangen werden — das würde
den Rahmen dieser Publikation sprengen.

Die Auswahl eines Wohnungsunternehmens, eines Bauträgers oder einer Betreuungsgesellschaft kann sich ganz entscheidend auf das finanzielle Gelingen oder Mißlingen
auswirken. Am Anfang jeder Kaufüberlegung sollte daher eine möglichst genaue
Prüfung der Anbieter selbst stehen. Liquidität oder Bonität der Gesellschaften sollten
ohne jeden Zweifel gut sein. Auskünfte darüber erteilen Auskunfteien, Banken, Sparkassen oder Informationszentren. Allerdings übernehmen diese Informanten keine
Gewähr für die absolute Zuverlässigkeit der Auskünfte, weil sich die Verhältnisse
jedes Unternehmens auch kurzfristig ändern können. Einen totalen Schutz gibt es
daher für den Käufer nicht. Zusätzlich kann man sich als Kaufinteressent bei den
örtlichen Firmen der Bauwirtschaft oder bei einigen Architekten erkundigen. Schließlich sollten Bauherren sich auch die Referenzen nachweisen lassen, um auch dort
Erkundigungen einziehen zu können.

Jeder Ort hat im allgemeinen seriöse und solide Wohnungsunternehmen, die sich seit
Jahrzehnten ein gutes Image erworben und bewahrt haben und von bekannten Banken
oder anderen großen Unternehmen getragen werden. Diese Gesellschaften haben
zweifellos ihre Verdienste, wenn man an die Erfolge bei der Erzielung eines guten
Preis-Leistungs-Verhältnisses denkt (siehe Ziffer 1.1.3 Beispiel 2). Aufgrund des richtigen

Einsatzes bei der Vergabe von größeren Wohnsiedlungsprojekten erzielen diese Bauträgergesellschaften auch überraschend günstige Kostenergebnisse im Verhältnis zu dem, was sie an Qualität, Größe und Sicherheit bieten. Diese Rationalisierungserfolge geben diese Gesellschaften dann auch gerne ihren Käufern weiter.

Von einer Betreuung im eigentlichen Sinne des Wortes kann jedoch nur dann gesprochen werden, wenn das Betreuungsunternehmen auf fremden Grund für fremde Rechnung baut; das heißt, wenn der Bauherr schon einen Bauplatz hat oder der Erwerb eines geeigneten Grundstücks gesichert ist.

Tips beim Kauf von Wohnungseigentum

▶ Bevor Sie sich für eine Eigentumswohnung entscheiden, sollten Sie prüfen, ob Sie für die gleiche oder für eine geringere Summe nicht auch schon ein Reihenhaus erhalten können. Infolge der erhöhten Nachfrage nach Wohnungseigentum ist in vielen Städten ein altes oder neues Reihenhaus oft preisgünstiger als eine Eigentumswohnung zu erwerben.

▶ Bei der Wahl zwischen Gebäudekomplexen mit vielen oder weniger Wohnungen sollten Sie ein Wohnhaus mit 6 bis 12 Wohnungen gegenüber einer Wohnanlage mit 60 bis 120 Einheiten vorziehen. Kleinere Wohnanlagen verursachen für den Einzelnen geringere Kosten. Es entfallen zum Beispiel die Kosten für Aufzug, Müllschlucker, Hausmeister, Gemeinschaftseinrichtungen, Tiefgaragen und dergleichen mehr. Viele allgemeine Aufgaben können die Eigentümer selbst übernehmen.

▶ Stellen Sie vor Abschluß des Kaufvertrages fest, wieviele Eigentümer ihre Wohnungen selber nutzen und wieviele ihr Eigentum lang- oder kurzfristig vermieten werden. Wenn Sie selber Ihre Wohnung beziehen möchten, ist die Antwort auf diese Frage hinsichtlich der Ruhe im Hause, der Pflege des Hauses und anderer Gesichtspunkte wichtig. Mieter zeigen ein anderes Wohnverhalten als Eigentümer.

▶ In der Bauweise und der Ausbauqualität sollten sich Eigentumswohnungen von Mietwohnungen unterscheiden. In diesem Sinne sollte das Eigentum höhere Ansprüche erfüllen, beispielsweise in bezug auf den Schallschutz gegenüber Treppenhaus (Wohnungstür), Nachbarwohnungen (Decken, Wände, Fußböden, Installationen) und dem **Verkehr von Straßen**, Parkplätzen, Straßenbahnen, Bundesbahn und Flugplätzen (Fenster, Verglasung, Außenanlagen, Dächer, **Außenwände**).

▶ Eigentümer sind Dauerbewohner und als solche an geringen Unterhaltungskosten interessiert. Bei den Kaufvertragsverhandlungen sollten Sie alle laufenden Aufwendungen überprüfen. Lassen Sie sich entweder einen prüfungsfähigen Nachweis über die zu erwartenden Energiekosten, Instandhaltungsrücklagen, Verwaltungskosten und vieles andere mehr geben oder beschaffen Sie sich von ähnlichen Bauobjekten Vergleichswerte. Verkäufer neigen aus Gründen der besseren Verkäuflichkeit fast immer dazu, die Einzelposten relativ günstig anzusetzen. Wenn der Verwalter später einen Nachweis über höhere Kosten und die dadurch bedingten Nachzahlungen vorlegt, müssen wohl oder übel Sie zahlen.

▶ Eine Wohnung mit Nachbarn zu beiden Seiten, nach oben und unten, wird mit geringeren Wärmeverlusten rechnen können als eine Wohnung mit mehr Außenflächen an Giebeln, im Erdgeschoß oder im Dachgeschoß.

▶ Je kleiner eine Wohnung ausfällt, desto höher muß der Preis für einen Quadratmeter Wohnfläche sein, weil der Anteil für Installation, Erschließungsaufwand usw. relativ hoch liegt.

▶ Bei der Abrechnung von Sonderwünschen ist folgendermaßen zu verfahren. Sobald es zu ernsthaften Kaufvertragsverhandlungen kommt — auf jeden Fall also *vor* Abschluß des Kaufvertrages — sollte dem Verkäufer für den Fall, daß dieser als Bauherr Sonderwünsche berücksichtigen kann, eine Liste aller Sonderwünsche vorgelegt werden. Der Verkäufer wird die Kosten dieser Wünsche kalkulieren lassen und dem Käufer mitteilen. Ein Teil dieser Wünsche wird dem Käufer als zu teuer erscheinen, ein anderer Teil wird er selber später ausführen lassen. Die übrigbleibenden Wünsche sollten genau beschrieben und, gegebenenfalls mit Zeichnungen versehen, mit Festpreisen Gegenstand des Kaufvertrages werden. Nur so lassen sich Ärgernisse vermeiden. Dieses Verfahren empfiehlt sich auch beim Erwerb eines Reihenhauses, eines freistehenden Einfamilienhauses usw.

▶ Die Finanzierung einer Eigentumswohnung erfolgt nach dem gleichen Muster wie jede andere Eigenheim-Finanzierung. Ein Beispiel von vielen Möglichkeiten [28]:

Finanzierungsmittel (Stand 1.10.1976)	Betrag (DM)	Zins (%)	Tilgung (%)	monatliche Belastung rund (DM)
I. Eigenkapital	10.000	—	—	—
Bausparguthaben	30.000	—	—	—
II. Bauspardarlehen	40.000	5	7	400
I. Hypothek	60.000	7,75	Festzins und tilgungsfrei	390
Summe	140.000	—	—	790

▶ Zahlungen sollten gemäß einem Zahlungsplan nur nach dem Baufortschritt erfolgen. Als angemessen gilt folgende Zahlungsweise [28]:
20 % des Kaufpreises nach Abschluß des Kaufvertrages,
35 % des Kaufpreises nach Rohbaufertigstellung,
15 % des Kaufpreises nach Fertigstellung der Rohinstallation (einschließlich Innenputz),
10 % des Kaufpreises nach Einbau der Fenster (einschließlich Verglasung),
15 % des Kaufpreises nach endgültiger Fertigstellung und Bezugsreife
 5 % des Kaufpreises bei der wirtschaftlichen Eigentumsübertragung bzw. Besitzübergabe, einschließlich der Mängelbeseitigung.
Beim Kauf einer fertigen oder älteren Wohnung ist der Kaufpreis nach den Bestimmungen des Bürgerlichen Gesetzbuches sofort fällig.

▶ Sorgen Sie als Käufer vor der Zahlung der ersten Kaufpreisrate für eine Auflassungsvormerkung. Damit wird das Grundbuch zu Ihren Gunsten „gesperrt", um zu verhindern, daß die Wohnung nocheinmal anderweitig verkauft wird. Diese Einrichtung schützt den Käufer auch im Falle eines Konkurses des Verkäufers [28].

▶ Sehen Sie vor dem Kauf die Teilungserklärung beim Verkäufer ein. Damit erhalten Sie die notwendigen Informationen über die Höhe des Miteigentumsanteils an der Gesamtwohnanlage und über die Rechtsbeziehungen der einzelnen Wohnungseigentümer untereinander. Die Teilungserklärung ist Bestandteil des Grundbuches [28].

▶ Bei der Besitzübergabe sollte ein Mängel- und Abnahmeprotokoll aufgestellt werden. [28] Innerhalb eines halben Jahres sind alle Mängel vom Verkäufer zu beseitigen.

Zum besseren Verständnis seien anfangs die Begriffe definiert [29].

Bauelemente

Bestandteile eines Bausystems, die in gesetzmäßigen Beziehungen zueinander stehen.

Bausystem

Anordnung von montierten Bauteilen, die nach bestimmten Regeln untereinander in Wechselwirkung stehen. So gibt es „offene" (zum Beispiel Großstützenraster mit variablen Trennwänden) und „geschlossene" (zum Beispiel unveränderliche Wandsysteme) Bausysteme.

Fertigteil

Bauteil, das nicht an der Baustelle hergestellt, sondern vorgefertigt dort lediglich eingebaut wird (z.B. leichte oder schwere geschoßhohe Innen- und Außenwandelemente).

Fertighaus

Mehr oder weniger aus Fertigteilen bestehendes Wohnhaus.

Fertigbau

Dieser Begriff kann als allgemein verwendete Abkürzung für Fertigbauwesen, Fertigbauwerk und Fertigbauweise gelten.

Vorteile und Vorurteile

Die Ergebnisse industrieller Fertigung lassen Bauherren und Auftraggeber immer wieder die Frage stellen: Warum sind diese Methoden mit den vorbildlichen Erfahrungen (Kostensenkungen, Qualitätssteigerungen, Termineinhaltungen, Mängelfreiheit) nicht auf das Bauwesen zu übertragen?

Ein Haus ist kein Auto. Wir müssen uns daher anderer Produktionsmethoden und Hilfsmittel bedienen, um diese Ziele zu erreichen. Daß sie erreichbar sind, beweisen eine Fülle von Bauten, seien sie konventionell oder mit Hilfe von vorgefertigten Teilen errichtet.

Betrachten wir den Wohnungsbau, so ist der Umfang an Fertighäusern und Fertigteilen stetig gestiegen. Zweifellos wird sich diese Tendenz fortsetzen. Auch der Bau von Geschoßwohnungen profitiert davon in Form von Bauzeitverkürzung, Arbeitserleichterung und Maßgenauigkeit in der Herstellung. Im Einfamilienhausbau hat das Fertighaus einen Marktanteil von ca. 10 bis 15 Prozent erreicht [30]. Beim Bau eines Einfamilienhauses werden vorgefertigte Teile vom Keller bis zur Dacheindeckung bereits als komplettes System angeboten. Diese Konsequenz in der Vorfertigung weisen nur wenige Hersteller auf. Der überwiegende Teil der Fabrikanten hat sich auf den Fertigteilbau ab Oberkante Kellerdecke (Decke zwischen Keller und Erdgeschoß) eingerichtet.

Der Fertigteil- und Fertighausmarkt bietet teilweise hochwertige Systeme und ausgereifte Problemlösungen. Die Produzenten sind in der Lage, fast alle baulichen Endprodukte in großer Auswahl zu liefern, angefangen von der Fertiggarage bis zu großen Baukomplexen. Das qualitative Niveau ist allerdings sehr verschieden und bedarf einer kritischen Auslese.

Die Frage ist und bleibt, ob das industrialisierte Bauen in der Lage ist, die Erwartungen und Hoffnungen der Bauherrschaft zu erfüllen? Es lohnt sich, diesen zum Teil sehr hochgeschraubten Hoffnungen nachzugehen, ihre Ursachen kurz zu beschreiben, sie mit der Fertigteil-Wirklichkeit zu konfrontieren und daraus das Resümee zu ziehen. Unabhängig von einem bestimmten Bauobjekt läßt sich bei der Gegenüberstellung von *Erwartungen und Erfahrungen* folgendes festhalten:

Kostenfaktor

Ob die Angebote der Fertighaushersteller gegenüber den Angeboten der konventionell bauenden Unternehmer preisgünstiger sind, ist nicht generell zu beantworten. „Die Industrie kalkuliert immer fünf Prozent unter den Preisen für konventionelles Bauen. [31]" Zu viele Faktoren bestimmen den Preis eines Bauwerks. Sie liegen in den örtlichen Verhältnissen, in der Art des Baus und in den Marktverhältnissen, um nur einige zu nennen. Im Jahr 1976 waren in der Fertighausindustrie geringere Steigerungsraten in der Kostenentwicklung als in dem konventionellen Bauen zu verzeichnen. Bauherren ist daher nur zu raten, sich eines neutralen Fachmannes zu bedienen, um anhand eines präzisen Preis-Leistungs-Vergleiches feststellen zu lassen, wer für eine bestimmte Quantität von Bauvolumen einer gewünschten Qualität den günstigeren Preis zu machen in der Lage ist.

Die Gebühr für die Kostenberatung ist relativ gering gegenüber der Sicherheit, ein um viele Tausend DM preisgünstigeres Haus zu bekommen. Diese Kostenvergleichsarbeit muß allerdings unter Einbeziehung aller den Preis bestimmenden Faktoren geschehen. Lassen Sie sich als Bauherr nicht vom „Katalogpreis" täuschen. Aus optischen Gründen wird dieser Preis immer günstiger sein. Bedienen Sie sich daher auch der Übersicht auf Seite 000: Was muß der Festpreis von Fertighäusern enthalten? Zum Grundpreis aus dem Katalog des Produzenten kommen wesentliche Bestandteile hinzu: Keller, Einbauküche, Heizanlage, Elektroinstallation und viele andere Dinge, je nach den Wünschen des Käufers und den Bedingungen des Verkäufers. Der Anteil der Fertigteile am kompletten Gebäude ist außerordentlich verschieden. Bei den einzelnen Herstellern schwankt dieser Anteil zwischen 34 und 85 Prozent. Das heißt also: Der Bauherr muß 15 bis 66 Prozent der Gesamtleistung von anderen Unternehmern kalkulieren und erbringen lassen. Erst dann kann er den Gesamtpreis für das komplette Bauwerk unter Einbeziehung der Kosten für die Außenanlagen und Honorare ermitteln. Bei Fertighäusern spielen Kostenbestandteile eine Rolle, die es beim konventionellen Bauen nicht gibt: Transportkosten, Montagekosten, Unterbringungskosten für die Montagekolonne, Nachbesserungskosten, Änderungsaufwendungen an den Fundamenten und dergleichen mehr. Andererseits sind im Fertighauspreis die Gebühren und Honorare für die Architektenleistungen in einigen Fällen schon enthalten. Das „heiße Eisen" im Fertighausverkauf ist der Kellerbau; die wenigsten Fertighausfirmen übernehmen ihn. Daher muß der Bauherr örtliche Firmen mit dem Bau des Kellers beauftragen. Natürlich gibt es immer wieder Differenzen in der Schuldfrage bei Beanstandungen, wenn die Fertigteile nicht auf den Keller oder die Betonsohle passen. Anzustreben ist daher auf jeden Fall die Übernahme des Gesamtumfanges einschließlich der örtlichen Arbeiten durch den Fertighausfabrikanten. Dabei genießen die Firmen einen Vorrang, die auch Fertigteile für den Keller versetzen können.

Für die Hersteller von Fertighäusern ist die Festpreisgarantie das wichtigste Werbeargument. Ob diese Erwartung auch in der Realität erfüllt wird, ist jedoch mehr als fraglich. Der eigentliche Lieferumfang der Fertigteile ist sicherlich genau zu kalkulieren und als fester Preis zu garantieren. Hinzu kommt aber was zusätzlich erforderlich ist, damit der Käufer letzten Endes auch von einem kompletten Haus sprechen kann. Die Erfahrungen zeigen jedenfalls, daß der Fertighausbau — wie die konventionelle Bauabwicklung — auf eine gewissenhafte Prüfung der Angebotsunterlagen vor der eigentlichen Auftragserteilung angewiesen ist. Da der Bauherr sich meist außerstande sieht, die Angebote im einzelnen auf Vollständigkeit zu prüfen, ist er stets auf einen neutralen und zuverlässigen Fachmann angewiesen.

Zeitfaktor

Hohe Erwartungen hinsichtlich einer Festtermingarantie für den reinen Fertigteilumfang sind für Bauherren ebenso unangebracht wie bei der Festpreisgarantie. Erst bei Einbeziehung aller Fabrik- und Baustellenarbeiten wird die Garantie für einen relativ kurzen Festtermin für den Bauherrn von Bedeutung sein. Entscheidend für die Auftragserteilung kann also nicht die kurze Montagezeit auf der Baustelle sein, sondern die Gesamtzeit — vom ersten Spatenstich bis zur Bezugsfertigstellung. In Zeiten der Hochkonjunktur werden sich mittlere und auch kleinere Firmen nur ungern auf einen verhältnismäßig kleinen Lieferumfang für den örtlich zu erstellenden Keller einlassen. Als Nebenarbeit wird ein derart kleiner Auftrag zum Lückenbüßer zwischen zwei richtigen Einfamilienhäusern. Das sollten Bauherren bedenken, die in kurzer Zeit ein Fertighaus glauben beziehen zu können. Schließlich ist außer dem Keller ein nicht unbedeutender Leistungsumfang von örtlichen Firmen zu bewältigen, der nicht im Lieferungsvolumen des Fertighaushersteller enthalten ist.
Generell vollzieht sich das Bauen von Fertighäusern in der Regel schneller. Von Fall zu Fall müssen die Terminbedingungen frühzeitig geklärt und verbindlich in Schriftform abgesichert werden.
Aus den Erfahrungen der Praxis ist zu sagen, daß es auf beiden Seiten Erfolge gegeben hat. Konventionelles Bauen ist im allgemeinen nicht langsamer als das Bauen mit Fertigteilen. Der Fertighausbau kann andererseits auf viele Erfolge mit dem Ergebnis eines Zeitgewinns von einigen Monaten hinweisen. Dabei sollte allerdings auch die Zeit der Fertigteilherstellung im Werk mit einbezogen werden. Nicht in allen Fällen ist es so, daß alle notwendigen Fertigteile auf Abruf verfügbar sind.

Weitere Faktoren

Positiv bei Fertighäusern aus leichten Wandelementen ist die Trockenheit der Bauelemente, die vielfach gute Wärmedämmung der Außenwände, der geringere Umfang an Beanstandungen für den Fertigteilumfang und die Maßgenauigkeit der gerasterten Elemente.
Negativ ist bei einigen ausländischen Fertighausherstellern der Baustoff Holz, weil dieses Material sich in unterschiedlich klimatischen Verhältnissen ganz anders verhält. Ausländische Fabrikate sind zum Teil aufgrund anderer Vorstellungen in der Nutzung und im Gebrauch von Fenstern, Türen und deren Beschlägen primitiver im Detail.

Individuelle Zugeständnisse, wie im traditionellen Wohnungsbau, sind im Fertighausbau unüblich und in vielen Fällen unmöglich. Dennoch ist festzustellen, daß die
Hersteller in ihren Angeboten über einen großen Variationsreichtum in der Gestaltung
von Grundrissen, Fassaden, Dach- und Fensterformen verfügen. Das gilt auch für die
Materialwahl. Innere und äußere Verkleidungen aus allen möglichen Baustoffen
werden angeboten. Manchem klinkerverkleideten Haus sieht man es nicht an, daß sich
dahinter ein Fertighaus verbirgt. Natürlich kosten die Sonderwünsche — wie beim
Autokauf — unverhältnismäßig viel Geld und erhöhen dadurch wieder den ursprünglich
vielleicht günstigen Kaufpreis.

Es ist ein Irrtum zu glauben, Fertighäuser würden ohne jeden Ärger mit Handwerkern
dem Bauherren übergeben. Nicht zuletzt in Anbetracht des hohen Anteils an örtlichen
Zusatzarbeiten sind Mängel, Restarbeiten oder kleine Beanstandungen ein Teil der
alltäglichen Erfahrungen.

Bauherren sollten sich auf jeden Fall davor hüten, ihre Entscheidung für das Fertighaus aus der Abneigung gegen das konventionelle Bauen zu motivieren. Als kurzlebige
Konsumware wird das Fertighaus für viele Abnehmer grundsätzlich das passende Kaufobjekt darstellen.

Aus der Perspektive des Bauherrn und seiner Wohnvorstellungen liegt eigentlich folgender Gedankengang näher: Die für jedes Handeln unausweichliche Reihenfolge

Problemformulierung
Planung oder Entscheidungsvorbereitung
Entscheidung
Produktion

wird bei der Anwendung von Fertigbausystemen aller Art ins Gegenteil verkehrt:
Damit entfällt die individuelle Planung als Problemlösungsprozeß, ganz abgesehen von
der Planung mit optimaler Zielsetzung und dem Einsatz der entsprechenden Methoden
für die Steuerung. Mit der Übernahme eines fertigen Systems aus den Paletten einer
Fabrik verzichtet der Bauherr auf die *problemgerechte* Abwicklung und wählt stattdessen die *produktionsgerechte* Lösung. Die Systeme und Fertigteile der Industrie
sind die Vorgaben, die der Planung zugrunde gelegt werden. Das Raumprogramm und
die Lebensvorstellungen einer Familie haben sich in das Schema der vorgefertigten
Rasterteile einzufügen. „Es geht hier nicht um die Bewertung oder Abwertung eines
von vielen auf dem Markt befindlichen Bausystemen oder um das Klagelied eines
Primadonna-Architekten über den Verlust der Freiheit für individuelles Entwerfen.
Hier geht es darum zu zeigen, daß durch das Überspringen der objektbezogenen Entwurfsphase zugunsten nur eines festgeschriebenen Katalogsystems die Bandbreite
alternativer Lösungsmöglichkeiten sowohl
► nach den Erkenntnissen der Planungsökonomie als auch
► nach den Kriterien kostenorientierter Produktionsvorgänge der Bauindustrie bewußt
eingeengt wird." [32]

Was muß der Festpreis von Fertighausangeboten enthalten?

- Honorare und Gebühren für den Architekten, den Statiker, den Prüfstatiker und Sonderingenieure (Heizung, Sanitär- und Elektroinstallation usw.)
- Gebühren für die Typengenehmigungen einschließlich der Änderungen, Ergänzungen und Erweiterungen für den speziellen Auftragsumfang
- Honorare und Gebühren für den Keller, die Garage, das Vordach, die Kelleraußentreppe, den Kamin und dergleichen mehr
- Gebühren für die Abnahmen, Prüfungen und Genehmigungen
- Lieferumfang der Fertigteile einschließlich Montage und Mehrwertsteuer. Inbegriffen sein muß auch der gesamte Transportkostenanteil, einschließlich Auf- und Abladen, Sicherung der gelagerten Fertigteile gegen Diebstahl und Beschädigung; Auslösung und Übernachtungskosten der Montagekolonnen
- Leistungen für alle Nacharbeiten, Reparaturen, sowie das Nachbessern etwaiger Risse mit dauerelastischen Materialien
- Leistungen für die Verankerung der Fertigteile an der Kellerdecke bzw. der Betonsohle oder der Fundamente
- Fertigteile für den Keller (Sohle, Wände, Decken, Fenster usw.) bzw. die Ausführungskosten in konventioneller Bauweise mit der Verpflichtung zur Maßgenauigkeit gemäß den Maßen des Fertighausherstellers
- Erdarbeiten und Außenanlagen einschließlich Aushub, Wiederverfüllung, Mutterbodenabtrag und -auftrag
- Sämtliche Innen- und Außentreppen in vorher genau zu beschreibender Ausführung in den einzelnen Geschossen, etwa zur Terrasse und zum Hauseingang
- Alle Installationsarbeiten für Heizung, Sanitär- und Elektroinstallation gemäß einem genauen Leistungsverzeichnis. Grundlage für die Wärmebedarfsberechnung muß die DIN 4108, neueste Fassung, sein. Diese Norm gilt auch für die Qualität der Dämmung der Außenwände, Decken, Fußböden, Verglasungen usw.
- Der gesamte Leistungsumfang an örtlichen Arbeiten. Er gehört zur Komplettierung des Hauses innen und außen gemäß der Verdingungsordnung für Bauleistungen. Hinsichtlich der Vollständigkeit ist auch die DIN 276, Kosten von Hochbauten, zur Erfassung aller Kostenbestandteile heranzuziehen
- Ausschlüsse von Lieferungen oder Leistungen, wie sie in den Allgemeinen oder Besonderen Vertragsbedingungen der Lieferfirmen zu finden sind. Sie sind detailliert bei oder vor Vertragsabschluß im einzelnen zu klären und genau zu bezeichnen. Sie dürfen auf keinen Fall zu unkontrollierten Mehrkosten in Form von Nachträgen führen
- Kosten von Sonderwünschen. Sie sind im Vertrag mit Festbeträgen gesondert mit einer als Anlage beigefügten Leistungsbeschreibung zu erfassen. Spätere Entscheidungen über Art und Qualität von „Extras" führen stets zu unverhältnismäßig hohen Kosten
- Gütesiegel. Die ausgewählten Fertigteile sollten das „Gütesiegel der Gütegemeinschaft für Montagebau und Fertighäuser e. V." tragen.

Stationen auf dem Wege zum richtigen Fertighaus

Möglichst frühzeitig sollte die prinzipielle Wahl zwischen Fertighaus oder konventionell errichtetem Bau nach einem Optimierungsverfahren erfolgen.

Ist die Entscheidung für das Fertighaus gefallen, sollten Sie nacheinander folgende Schritte vollziehen:

1. Schritt

Stellen Sie Ihre Wünsche in Form eines Raum- und Bauprogramms zusammen.

2. Schritt

Beziffern Sie den Kostenrahmen, indem Sie einen Finanzierungsplan aufstellen, und zwar aufgrund einer tragbaren monatlichen Belastung (siehe Ziffer 3.2.3).

3. Schritt

Stimmen Sie das Raumprogramm und die Gesamtkosten aufeinander ab. Das geschieht nach folgendem Beispiel:

Ihre Wünsche addieren sich im Raumprogramm auf eine Wohnfläche von insgesamt 110 m^2. Der tragbare Kostenrahmen liegt bei einer Gesamtsumme von DM 170.000,— Frage: Reicht die genannte Summe für die Erfüllung der Programmwünsche aus? (Wenn nicht, dann müßte entweder das Programm reduziert oder die Gesamtsumme aufgestockt werden.)

Rechnung:

Ein Quadratmeter Wohnfläche kostet je nach Grundstückspreis, Kellerumfang, Hausqualität und anderen preisbestimmenden Faktoren 1.200,— bis 2.200,— DM. Bei 110 m^2 Wohnfläche würde das eine Gesamtsumme von 132.000,— bis 242.000,— DM ausmachen. Da Sie jedoch nur 170.000,— DM finanzieren können, ist zu ermitteln, was Sie für dieses Kostenlimit bekommen können. Tun Sie das auf folgende Weise:

Gesamtkostengrenze	DM 170.000,—
·/. Summe Baugrundstück (angenommen)	DM 19.000,—
·/. Summe Erschließung (angenommen)	DM 8.000,—
Zwischensumme	DM 143.000,—

Setzen Sie diese Summe gleich 130 Prozent, und zwar 30 % für die Kosten der Außenanlagen und Baunebenkosten und 100 % für die Bauwerkskosten. Dann ergeben sich als Kosten für das Bauwerk an sich   DM 110.000,—

4. Schritt

Stellen Sie nunmehr fest, ob Sie für die Summe von 110.000,– DM ein zufriedenstellendes Fertighausangebot erhalten. Lassen Sie sich Festpreisangebote von den Herstellerfirmen machen, die Sie nach eingehender Information und Prüfung in die engere Wahl gezogen haben. Je mehr und je umfassender Sie sich zuvor auf dem Fertighausmarkt umgesehen haben, Kataloge, Fachliteratur und Vergleichsübersichten ausgewertet, Musterhäuser besichtigt und die Programme, Konstruktionen, Baustoffe und Ausstattungen für die Haustypen verglichen haben, desto sicherer werden Sie Ihr Idealhaus finden [33].

Im Rahmen von 110.000,– DM können Sie variieren. Das heißt, Sie können sich mehr Fertighaus und weniger oder gar keinen Keller leisten bzw. umgekehrt. Auf jeden Fall müssen Sie beim Kostenüberschlag einschließlich aller örtlichen und vorgefertigten Bauleistungen ungefähr auf diese Summe kommen.

5. Schritt

Bei der Angebotsauswertung müssen Sie sicherstellen, daß der Gesamtpreis auch alle Lieferungen und Leistungen in kompletter Fertigstellung umfaßt.

Nach DIN 276, Kosten von Hochbauten, Blatt 3, sollten Sie nun eine genaue Kostenermittlung aufstellen. Die erste Kostenschätzung (3. Schritt) hatte nur überschlägliche und abgerundete Beträge ergeben, so z.B. für Baunebenkosten und Außenanlagen. Diese müssen jetzt im einzelnen genau berechnet und eingesetzt werden (siehe Ziffer 6.1.1).

6. Schritt

Wenn der herausgefilterte Fertighaustyp in Größe und Qualität Ihren Vorstellungen entspricht, wenn die Gesamtkosten Ihrem Budget entsprechen, wenn der Endpreis auch Ihre Sonderwünsche und eine kleine Reserve enthält und die Auftragsbedingungen (Bauzeit, Beleihungswürdigkeit, Zahlungsverpflichtungen, Gütenachweise, Garantiezeit, Kundendienst und anderes mehr) stimmen, dann können Sie ruhigen Gewissens den Startschuß für Auftrag und Baubeginn geben.

Bemerkungen zum Kostenvergleich mehrerer Fertighaus-Angebote

Die Fachliteratur kennt leider keinerlei objektive Preisbeurteilung von Fertighausfabrikaten. Sie gibt im allgemeinen nur die Angaben der Hersteller wieder. Auch die objektiv berichtenden Testzeitschriften publizieren ihre Untersuchungen über alle möglichen industrielle Produkte, nicht aber über Fertighausprodukte. Insofern ist es verwunderlich, daß diese Bedarfslücke — eine neutrale, anzeigenunabhängige Testzeitschrift für den konventionellen und vorgefertigten Wohnungsbau zu schaffen — in Anbetracht der enormen Ausgaben auf diesem Sektor noch nicht erkannt worden ist. Jeder Bauherr ist daher darauf angewiesen, sich selbst eine Übersicht zu verschaffen, um die Preise und Qualitäten zu vergleichen. Diesem Zweck dient das folgende Muster.

Kostenvergleich von Fertighaus-Angeboten im Wohnungsbau

	Haus A Firma:	Haus B Firma:	Haus C Firma:
1. Fertighaus ... qm Wohnfläche Festpreis ab Oberkante Kellerdecke incl. MWSt DM			
Kosten der Montage incl. Auslösung, Nebenkosten usw. DM			
Transportkosten ab Werk incl. Abladen, Lagerung DM			
Kosten der Planung, Anträge, Genehmigungen usw. DM			
Zusätzliche Kosten für Verblendung, Selbsthilfe, Schornstein, usw. DM			
„Extras": Einbauküche, Warmwasser, Rolläden, Jalousetten, usw. DM			
Summe			

	Angebot Firma:	Angebot Firma:	Angebot Firma:
2. Keller ... qm Nutzfläche			
Pauschalfestpreis incl. Fundamentierung, Lichtschächte, Sockel, Anker, Schließen aller Schlitze DM			
Kelleraußentreppe DM			
Kellerinnentreppe DM			
Installationen für Heizung, Sanitär, Elektro, Gas, Kessel, Tanks, Zähler, Anschlüsse, Frei- und Erdleitungen usw. DM			
Summe			

	Angebot Firma:	Angebot Firma:	Angebot Firma:
3. Kosten der Garage mit Regenwasserleitungen, komplett incl. MWSt DM			
4. Kosten der Außenanlagen Gartenbau, Pflanzen, Rasen, Platten, Einfriedigungen, Zuwegungen, Zufahrten, Wasserleitung im Garten, usw. DM			
5. Kosten des Grundstücks Kaufpreis, Makler, Notar, Gebühren für Umschreibungen, Eintragungen, Erschließung, Anliegergebühren, usw. DM			
6. Kosten der Finanzierung Beratung, Zinsen, Bereitstellungsgebühren, Zwischenfinanzierungskosten, DM			

2.5.3 Althäuser

Im Prinzip besteht kein Unterschied im Beurteilungsverfahren beim Kauf von Alt- oder Neubauten. Allein die Zusammenstellungen vieler Einzelinformationen und ihre Bewertung können Auskunft über die Angemessenheit des Preises geben.

Jeder Käufer muß sich gerade bei restaurationsbedürftigen Althäusern folgende Fragen stellen:

Welche Renovierungskosten müssen als Minimum aufgewendet werden, damit das Haus ohne weitere Kostenrisiken für die nächsten zehn Jahre bewohnbar ist?

Welche finanziellen Reserven müssen in die Gesamtkostenberechnung einfließen, um beim Kauf die Beseitigung nicht erkennbarer Mängel zu berücksichtigen, wie z.B. die Erneuerung von Rohrleitungen?

Was haben diese Sanierungsarbeiten für Folgen in bezug auf die sie umgebenden Bauteile, wie z.B. die vollständige Erneuerung aller Fliesen?

Wie ändern sich die Berechnungen für die Finanzierung und die Gesamtwirtschaftlichkeit des Gebäudes, wenn infolge zusätzlicher Bauleistungen Nachfinanzierungen vorgenommen werden müssen?

Wie sieht es mit dem Verhältnis von maximalem Wiederverkaufspreis zum Kaufpreis plus Modernisierungskosten aus?

Diese Probleme machen eine genaue Kostenerfassung zwingend erforderlich. Mit Hilfe eines oder mehrerer Baufachleute und unter Aufwendung von Honorarzahlungen ist es jedem Bauherrn anzuraten, diesen Kostenumfang präzise erfassen zu lassen. Anderenfalls kann es durchaus denkbar sein, daß infolge der zu hohen monatlichen Belastung das Haus wieder mit Verlust verkauft werden muß.

Dabei ist es zum Teil sehr schwierig, die Kosten zu erfassen, weil auch den Sonderfachleuten für Heizungs-, Sanitär- und Elektroinstallation der Zugang zum Leitungssystem nicht oder nur stichprobenweise möglich ist. Auch die Prüfung, ob die Balken in den Decken von Schwamm oder Schädlingen befallen sind, bleibt mit einem gewissen Unsicherheitsfaktor behaftet. Somit sollten Bauherrn trotz fachmännischer Beurteilung zehn bis zwanzig Prozent als Reserve auf die Gesamtkosten aufschlagen, um auf der sicheren Seite zu liegen.

Wie folgendes Beispiel zeigt, bietet der Immobilienmarkt durchaus vorteilhafte Angebote.

Ein Reihenalthaus (Baujahr: 1920, Wohnfläche 125 qm) wurde in erstklassiger Lage drei Monate lang angeboten. Der Preis wurde wegen des Zustandes des Hauses von 115.000,— DM immer weiter auf 75.000,— DM reduziert und auch zu diesem letztgenannten Preis verkauft. Der Käufer ließ das Haus für 25.000,— DM instandsetzen, so daß der Gesamtpreis einschl. Nebenkosten DM 109.000,— betrug. Damit hatte der Käufer ein sehr gutes Ergebnis erzielt: ein Quadratmeter Wohnfläche kostete im Jahre 1971 DM 1.150,—.

Vorteile des Althaus-Kaufs

- ► Günstige Lage in einem alten und eingewachsenen Wohnviertel
- ► Keine Anlieger- und Erschließungsbeiträge
- ► Günstige Modernisierungsmittel von Bund oder Ländern
- ► Lange Lebensdauer auf Grund der soliden Bauausführung
- ► Kurzfristige Beziehbarkeit des Hauses
- ► Höhere Räume und Türen, großzügigere Grundrißgestaltung
- ► Günstigerer Gesamtpreis

Nachteile des Althaus-Kaufs

▶ Unsicherheit in der Kostenhöhe bei der Sanierung

▶ Höhere Bewirtschaftungskosten infolge der im allgemeinen geringeren Wärmedämmung bei Außenwänden, Fenstern (kein Isolierglas) und Dächern. Diese Faktoren und die höheren Räume bedingen einen höheren Energieaufwand bei der Heizung des Hauses

▶ Bei Vermietung niedrigere Mieten als in Neubauwohnungen

▶ Risiken von unvorhergesehenen Reparaturen

▶ Für heutige Nutzungen und Ansprüche teilweise unbefriedigende Grundrißlösungen

▶ Geringer technischer Komfort vor Sanierung

Die Bestandsaufnahme muß alle Bauteile innen und außen erfassen, um zu einem brauchbaren Kostenendergebnis zu kommen. Dazu gehört auch die etwaige Verbesserung des Wärmeschutzes zur Herabsetzung der monatlichen Belastung. Um nicht ständig Rohre flicken und die Ursache von Feuchtigkeitsbildung ermitteln zu müssen, sollte entschlossen saniert werden. Mit der Erneuerung der Installationen und Schaffung neuer und größerer Anschlüsse für den Verbrauch von Wasser, Strom und Gas werden von den Versorgungsbetrieben auch neue Anschlußaufwendungen notwendig, die genauestens zu berechnen sind. Eingehende Besprechung mit den Stadtwerken sollten vorangehen, bevor die Kostenberechnung abgeschlossen wird (vgl. Muster).

Althaus-Sanierung und -Modernisierung	Kostenberechnung
Zahlenwerte für die Berechnungen:	
Wohnfläche	... m^2
Nutzfläche	... m^2
Wandflächen	... m^2
Fensterflächen	... m^2
Fassadenflächen	... m^2
Brutto-Rauminhalt	... m^3
Freiflächen der Außenanlagen	... m^2
Baujahr ...	
Alter der Heizanlage	... Jahre
Alter der Sanitäranlage	... Jahre
Alter der Elektroanlage	... Jahre

Erforderliche Leistungen	Minimum	Maximum
	(DM-Werte)	
Maurerarbeiten		
Schornsteinarbeiten		
Kellertreppe innen		
Kellertreppe außen		
Kaminbau		
Garagenwände und -sohle		
Garagentor		
Dachgesimse: Traufen und Giebel		
Dach- und Deckenholzausbesserungen		
Holzschutzarbeiten (Schädlinge/Schwamm)		
Außenverbretterungen		
Bodentreppe		
Dachausbau		
Innentreppen, Treppengeländer		
Überträge:		

Überträge:

Außentreppen mit Geländer
Dachdeckerarbeiten
Dachfenster, Lichtkuppeln
Balkonabdichtungen
Garagendach
Dachrinnen und -fallrohre
Garagendachentwässerung
Fensterbänke außen
Kellerabdichtungsarbeiten
Putzarbeiten
Fliesenarbeiten/Ausbesserungen
Fensterrahmen und -flügel, Beschläge
Außentüren, Beschläge
Fensterbänke innen
Innentüren, Beschläge
Einbauschränke, Kücheneinbau
Rolladenarbeiten, Sonnenschutzjalousien
Verglasungsarbeiten, Isolierglas
Glasdächer
Anstricharbeiten: Außenflächen, Innenwandflächen, Deckenflächen,
     Fenster, Innentüren, Heizkörper, Leitungen, . . .
Bodenbelagsarbeiten: PVC, Teppich, . . .
Heizungsanlage: Kessel, Tanks, Pumpen, Brenner, Heizkörper,
     Rohrleitungen, elektrische Steuerung
Gas-, Wasser-, Abwasser-Installationsarbeiten: Objekte, Zähler,
     Anschlußleitungen, Armaturen, Warmwasserbereitung, . . .
Elektrische Anlagen: Anschlußleitungen, Zähler, Dosen, Schalter,
     Auslässe, Antenne TV, Klingel, Telefonanlage
Blitzschutzanlage
Wärmedämmungsarbeiten
Reservebeträge für Unvorhergesehenes

                 Summe Kosten der Sanierung

Außenanlagen
Erdbewegungen
Rasenflächen
Plattenflächen: Zufahrten, Wege, Terrasse
Einfriedigung
Bepflanzung

                 Summe Kosten der Außenanlage

Zu den Bauleistungen- und lieferungen sind noch folgende Summen hinzuzurechnen, um eine vollständige Kostenübersicht zu erhalten, sofern der Käufer auch der Nutzer ist:

Kaufpreis und Notar
Grunderwerbssteuer
Maklerprovision

Gebühren für die Umschreibung, Eintragung, Schätzung, Finanzierung, Planungs- und Beratungshonorare sowie Gutachten
Neue Einbauten: Schränke, Regale, Garderobe, ...
Beleuchtungskörper, Gardinenschienen, Jalousetten, Rollos
Gartenanlagen, Einfriedigungen
Umzugskosten, Hausreinigung, Renovierung der Altwohnung, Schuttabfuhr

Erst die Summierung dieser Kostenpositionen verschafft dem Käufer die Grundlage für seine Entscheidung und seine Rentabilitätsberechnung. Kostenlenkung beginnt mit der Forderung nach einer kompletten Kostenerfassung. Als zweiter Schritt folgt dann die Planung für die Kostensenkung. Bei den Überlegungen zur Durchführung der Modernisierungsmaßnahmen sollten folgende *kostensparende Tips* berücksichtigt werden:

▶ Keine bauliche Maßnahme sollte ohne vorherige Gesamtplanung, Gesamtkostenberechnung und Gesamtabstimmung erfolgen.

▶ Soweit irgend möglich, sollten alle Lieferungen und Leistungen vorher in den Massen und Qualitäten erfaßt und unter drei bis sechs Firmen ausgeschrieben werden. Dabei sind die Einzelgewerke so weit wie möglich zusammenzufassen, und zwar in wenige Aufträge, die jeweils mehrere Handwerkszweige umfassen. Also so: Eine Ausschreibung und ein Auftrag für alle Rohbauarbeiten einschließlich Dachdecker-, Zimmerer- und Außentreppenarbeiten; eine weitere Ausschreibung für die gesamten Innenausbauarbeiten für Wände, Decken, Fußböden, Türen, Fenster usw; schließlich eine Ausschreibung für die gesamten Installationsarbeiten. Der Bauherr hat so nur mit drei Firmen zu tun. Daraus resultieren weniger Reibungsflächen und weniger Leerlauf, aber mehr Sicherheit. Jede der drei Firmen hat aufgrund des größeren Auftragsumfanges sicherlich mehr Leistungsinteresse. Endlich können die Zeiten und der Ablauf besser koordiniert und überblickt werden. Mit der schnelleren Abwicklung spart der Bauherr einige Monatsmieten für die Altwohnung.

▶ Leisten Sie ganze Arbeit, wenn Sie Leitungen auswechseln lassen. Als negatives Beispiel sind die immer wieder auftretenden Leckstellen an den alten Wasserleitungen zu erwähnen. Die anfangs eingesparten Kosten — indem nur ein Teil dieser Leitungen ausgewechselt wurde — müssen im nachhinein und in einer weit höheren Summe ausgegeben werden, wenn Wände, Fliesen und Verkleidungen erneut aufgeschlagen werden müssen, weil die Lecks nun an anderen Stellen auftreten.

▶ Der größte Unsicherheitsposten ist der Umfang der Lohnarbeiten für das Stemmen von Schlitzen für die neuen Leitungen, für die Beseitigung alter Bestandteile oder die Schuttbeseitigung. Zwei Lösungen bieten sich an. Wenn Sie in der Lage sind, die Lohnarbeiten täglich zu kontrollieren und die Lohnzettel abzuzeichnen, ist die Abrechnung von Lohnarbeiten nach einem fest vereinbarten Stundensatz einschließlich aller Nebenkosten eine für beide Seiten faire Sache. Sind Sie jedoch als Bauherr nicht in der Lage, den Arbeitsumfang zu kontrollieren, so sollten Sie die für jedes Gewerk anfallenden Stunden als Pauschalsatz in die Ausschreibung hineinnehmen — auch auf die Gefahr hin, daß dieser Pauschalsatz zu hoch liegt. Wenn das Gesamtangebot preisgünstig ausfällt, spielen diese Lohnarbeiten keine Rolle. Als Auftraggeber sind Sie jedoch befreit von allem Ärger mit der Abrechnung der Lohnarbeiten.

▶ Aufträge sollten mit allen Nebenleistungen und -lieferungen zu einem Pauschal-Festpreis abgeschlossen werden. Wichtig ist die schriftliche Fassung der Auftragsbedingungen. Das Preis-Leistungs-Verhältnis sollte auch in diesem Falle alleinige Grundlage für die Auftragsentscheidung sein. Wenn die Ausschreibungen auch gleich die entsprechenden Terminangaben enthalten, können Sie auch die Zeitplanung zum Auftragsbestandteil machen. Natürlich gelten auch in diesem Falle die Mindestanforderungen an die Ausschreibungen und die Allgemeinen und Besonderen Vertragsbedingungen, in denen die Haftung, die Gewährleistungsfristen und die qualitativen Ansprüche für Neuanlagen aller Art festgelegt werden müssen (siehe Ziffer 7.1.2).

► Wenn Sie eine qualitativ hohe Gesamtleistung ohne Risiken erhalten möchten, sparen Sie dies nicht am Planungs-, Bauleitungs- oder Beratungshonorar ein. Ob eine alte Wand entfernt werden darf oder eine neue erstellt werden kann, ist allein von einem Statiker zu beurteilen. Ob die ausgeschriebene Qualität auch eingebaut worden ist, ist in vielen Fällen nur vom Fachmann zu überwachen.

3 Wirtschaftlichkeit Finanzierung

3.1 Kosten und Nutzen

3.1.1 Bau-, Betriebs- und Kapitalkosten

Nach DIN 276 „Kosten von Hochbauten" gliedern sich die Gesamtkosten in folgende Kostengruppen:

1. Kosten des Baugrundstücks	DM	
2. Kosten der Erschließung	DM	
3. Kosten des Bauwerks	DM	
4. Kosten des Geräts	DM	
5. Kosten der Außenanlagen	DM	
6. Kosten für zusätzliche Maßnahmen	DM	
7. Baunebenkosten	DM	
Gesamtkosten	DM	

Diese Addition von Kosten sagt dem Auftraggeber, was die Realisierung seiner Bau- und Nutzungswünsche kostet. Sie sagt ihm jedoch nichts über die Kosten *nach* der Fertigstellung des Bauwerkes. Es fehlen ihm die Kosten des Betriebs oder die der sich über Jahrzehnte erstreckenden Nutzung des Gebäudes sowie die Kosten für die Kapitalien der Bau- und Betriebskosten. Erst die Summe aller drei Kostenarten erlaubt die Aufstellung einer Gesamtberechnung über die Wirtschaftlichkeit seiner Bauabsichten. Wenn, wie es meistens geschieht, allein die Kosten nach DIN 276 zur Grundlage einer Rentabilitätsberechnung gemacht werden, muß jeder Bauherr ein völlig falsches Bild erhalten.

Baukosten

Die DIN 276 vom September 1971 erfaßt alle Kostenfaktoren und ersetzt die grobe Kostenschätzung durch eine spezifizierte Kostenberechnung, die schon eine Entwurfsplanung bis zur Durcharbeitung der gesamten Installation durch die Sonderingenieure voraussetzt. Da diese Durcharbeitung aber erst zu einem viel späteren Zeitpunkt erfolgt, als die Kostenberechnung vorgelegt werden muß, stehen Auftraggeber hier vor einem Problem: Entweder sie bestehen auf der intensiv durchgearbeiteten, zuverlässigeren Kostenberechnung und geben diese honorarpflichtig in Auftrag, oder aber sie wollen weder Zeit noch Honorarkosten verlieren und nehmen eine überschlägliche, erheblich ungenauere Kostenberechnung in Kauf. Hat der Zeitfaktor Priorität, wird die überschlägige Berechnung erfolgen müssen. Wird es sich um ein kompliziertes Bauvorhaben handeln, ist der sichere Weg mit einer präzisen Planung und Kostenberechnung zu wählen.

Obwohl hier die Kosten für die Installationen im einzelnen ebenso erfaßt sind wie die Kosten der Außenanlagen, Honorare und der Betriebseinrichtungen, bleibt doch bei der Berechnung ein Kostenansatz mit einem großen Unsicherheitsfaktor behaftet. Das ist der Ansatz, was ein Kubikmeter Brutto-Rauminhalt kosten soll. Hier schwanken die Angaben bis zu 50 % für einen Kubikmeter. Solange die Kostenberechnung nach DIN 276 vorgenommen wird, sollten sich Auftraggeber insbesondere für diesen Kostenfaktor interessieren. Schließlich stellt der Kubikmeterpreis die höchste Summe innerhalb der Baukostenberechnung dar. Für die Bemessung dieses Ansatzes dienen folgende Unterlagen:

die Kostenrichtwerte nach den Gebäudearten,
die Richtwerte oder Erfahrungswerte für Baukostenschätzungen
die Erfahrungen der Planungsbüros.

Zur Information der Auftraggeber sei hinzugefügt, daß es zur Kontrolle der Kosten auch Werte für Quadratmeter Nutzfläche gibt, und zwar aufgegliedert nach normaler Wohn-, Büro- oder Werkstattfläche und nach den Flächen, die besonders teuer ausfallen, wie zum Beispiel Flächen mit hohem Installationsanteil oder besonderer technischer Ausstattung. Die Kostenermittlung über die Flächen, multipliziert mit den unterschiedlichen Kostenanteilen pro Quadratmeter ergeben treffendere Werte und sollten stets vor der Festlegung des Kubikmeterpreises vorgelegt werden. Auf diese Weise erhält der Bauherr ein Kontrollinstrument.

Betriebskosten

Jeder Bauinteressent hat aus den Erfahrungen seines bisherigen Wohn- oder Arbeitsbereiches heraus bestimmte Werte für die laufenden Kosten des Betriebes eines Gebäudes gesammelt und sicher auch eine gewisse Vorstellung über die Höhe der Unterhaltungskosten seines Neubaus. So sehr der Auftraggeber an der Lenkung und Senkung seiner Baukosten interessiert sein muß, so sehr ist er auch an der Steuerung der laufenden Aufwendungen zu beteiligen. *Auch diese Kosten werden im wesentlichen während der Planungsphasen beeinflußt und bestimmt.*
Folgekosten fallen während der gesamten Nutzung des Gebäudes an. Für den Betrieb und die Instandhaltung muß laufend investiert werden. Es ist dabei zu unterscheiden zwischen der wirtschaftlichen, funktionellen und technischen Nutzungsdauer oder Lebenszeit eines Gebäudes. Anzustreben ist die Übereinstimmung aller drei Arten von Zeiträumen. Praktisch bedeutet dies, daß es beispielsweise nicht für alle Gebäudearten richtig ist, nur hochwertige Baustoffe zu verwenden.
Die Bau- und Betriebskosten beeinflussen sich gegenseitig. So kann man zum Beispiel durch höhere Aufwendungen im Wärmeschutz einer Außenwand geringere Heizungskosten erzielen. Umgekehrt steht manch ein Bauherr nach der ersten Heizungsperiode

vor der Situation, daß ihm aufgrund seiner übergroßen Fenster eine unerwartet hohe Rechnung über seinen Energieverbrauch ins Haus flattert.

Die erste Forderung nach der Aufstellung der gesamten Baukosten muß der vollständigen Erfassung der Betriebskosten gelten. Architekten und Fachingenieure besitzen in der Regel wenig oder keine Informationen über die Höhe der laufenden Kosten. Für sie ist mit der Bezugsfertigstellung das Problem gelöst.

Die DIN 18960 (April 1976) — Baunutzungskosten von Hochbauten — nennt die Begriffe und Kostengruppen. Einleitend heißt es: „Diese Norm enthält die Begriffsbestimmung der Baunutzungskosten und ihre Gliederung nach Kostengruppen. Sie soll die Ermittlung der Baunutzungskosten nach einheitlichen Gesichtspunkten und damit Vergleiche ermöglichen. Die Norm ist eine der Grundlagen zur Prüfung der Wirtschaftlichkeit von Hochbauten während der Planung und Nutzung." [34]

Zur Ermittlung der Baunutzungskosten sollte man sich der Formblätter bedienen, und zwar als Ergänzung zur DIN 18960. Zur besseren Beurteilung und Vergleichbarkeit werden in diesen Formblättern die laufenden Kosten eines Hauses auf folgende Einheiten umgelegt:

Baunutzungskosten/Bruttogrundrißfläche (BGF)	DM/m^2
Baunutzungskosten/Hauptnutzfläche (HNF)	DM/m^2
Baunutzungskosten/Wohnfläche (WF)	DM/m^2
Baunutzungskosten/Bruttorauminhalt (BRI)	DM/m^3
Baunutzungskosten/Nutzeinheit	

Die Verknüpfungen mit BGF, HNF, WF, BRI und Nutzeinheit werden auch mit den Gebäudebetriebskosten und den Bauunterhaltungskosten vorgenommen. Unter dem Begriff „Nutzeinheiten" sind zum Beispiel Wohnplätze, Bettplätze, Arbeitsplätze und so weiter zu verstehen.

Merken Sie sich bitte folgendes:

▶ Bei Gebäuden handelt es sich mit wenigen Ausnahmen stets um langfristige Investitionen. Die Lebensdauer eines Hauses ist mit mindestens 20, meist aber mit 40 bis 80 Jahren anzusetzen — je nach Bauweise und Nutzungsart.

▶ Ein Wohnhaus wird sich um so länger nutzen lassen, je solider es konstruiert worden ist und je weniger Unterhaltungsaufwendungen es bedarf. Nur bei kurzlebigen Bauten — beispielsweise Provisorien — kann man sich minderwertige Materialien und hohe Betriebskosten leisten.

▶ Lassen Sie sich möglichst bei jeder Art von Angeboten auf dem Immobiliensektor die Betriebskosten nennen! Kaufen oder bauen Sie als Auftraggeber kein Gebäude, dessen laufende Kosten *nach* der Fertigstellung Sie von den Architekten, Erbauern und Fachingenieuren nicht erfahren. Das kann natürlich nur die Folgekosten betreffen, für deren Planung die Experten verantwortlich sind. In erster Linie sind das die Heizenergiekosten (Öl bzw. Gas oder Kohle), aber auch Strom und Instandhaltungsaufwendungen.

▶ Jede Planungsentscheidung ist eine Kostenentscheidung! Als späterer Eigentümer oder Nutzer sollten Sie sich in den Planungsprozeß einschalten. Die Wahl eines Materials oder einer Konstruktion entscheidet auch über Ihre Nutzungskosten. Ebenso bestimmt die Art des Brennstoffes oder des Heizsystems die Höhe der laufenden Belastung. Pflegelose Materialien vermindern die Aufwendungen.

Sie können die Betriebskosten dadurch beeinflussen und vermindern, daß Sie sich als
Bauherr vor wichtigen Entscheidungen Vergleichs- und Wirtschaftlichkeitsuntersuchun-
gen vorlegen lassen. Das muß nicht immer mit einer aufwendigen Planungs- und
Rechenarbeit verbunden sein. In vielen Fällen genügt die Vorlage von alternativen
Lösungsmöglichkeiten und die Fachberatung eines erfahrenen und qualifizierten
Architekten oder Fachingenieurs. Bereiten Sie diese Gespräche gut vor, und zwar in
Form von Fragelisten. Im Verlauf der Beratung können Sie so die Einzelpunkte ab-
haken und sich weitere Fragen für die kommenden Planungsprobleme notieren.

► Zögern Sie nicht, in gewissem Umfange Honorar-Mehrkosten zu akzeptieren, wenn
es darum geht, die Baukosten mit den Folge- oder Betriebskosten zu optimieren und
die auf lange Sicht günstigsten Gesamtkosten ermitteln zu lassen. Diese Mehrkosten
lohnen sich.

► Prüfen Sie daher, ob und in welchen Abständen Pflegekosten für die einzelnen Bau-
teile und Anlagen erforderlich werden und welche Alternativen sich für den jeweiligen
Fall anbieten. Die Fachplaner werden Ihnen die Entscheidungen erleichtern, wenn
Sie sie zur Vorlage von mehreren Vorschlägen auffordern.

► Ein Wort zur unterschiedlichen Höhe der einzelnen Kostengruppen in der Unterhal-
tung Ihres Hauses. Wenn Sie Ihr Haus zu ca. 60 Prozent mit Fremdgeldern finanzieren,
werden sich die Kapitalkosten in der Höhe monatlich am stärksten bemerkbar machen.
Dabei werden in der Norm nur die verlorenen Zinsen angesetzt. Hinzu sollten Sie jedoch in Anbetracht Ihrer finanziellen Belastbarkeit auch die monatlich anfallenden
Tilgungsraten rechnen, obwohl diese Beträge eine Art „Sparkasse" für Sie darstellen.
Indem Sie die Kredite tilgen, erhöhen Sie Ihr Vermögen.
In zweiter Linie belastet Sie am stärksten die Kostengruppe „Wärme" oder „Energie".
Ihre Bemühungen und die Ihrer Planer um Reduzierung der Kosten sollten hier an-
setzen. Es gilt in dieser Frage der Kostenminimierung drei Kostenfaktoren so aufein-
ander abzustimmen, daß

o die Kosten der Wärmedämmung für alle Außenflächen,

o die Kosten der Heizanlage und

o die Kosten des Energieverbrauches für die Heizung

in der Gesamtbetrachtung optimiert werden. (Unterrichten Sie sich über das Prinzip
der Berechnung des optimalen Wärmeschutzes im Abschnitt „Wirtschaftliche Heizungsplanung.")

► Kostenplanung bedeutet in diesem Sinne nicht nur Minimierung des Aufwandes zur
Erzielung eines Maximums an Leistung, sondern auch die Einbeziehung der Folge-
und Betriebskosten in die Überlegungen bei der Überwachung der Baukosten. In
anderen Industrie- und Produktionsbereichen — wie zum Beispiel im Maschinen- oder
Kraftfahrzeugbau — ist die Optimierung beider Faktoren — der Herstellungs- und Betriebskosten — eine Selbstverständlichkeit. Kein Käufer würde sich für ein industrielles
Produkt interessieren, wenn die Hersteller nicht in der Lage wären, präzise Werte
für dessen Gebrauch anzugeben.

► Bei einer überlegten Planung können Sie mit einer Einsparung bis zu vierzig Prozent
der Betriebskosten rechnen!

3.1.2   Wirtschaftlichkeit (Rentabilität)

„Gewisse kurzsichtige Leute neigen dazu, gerade axiomatisch (unbeweisbar, aber unbestreitbar) anzunehmen, daß ein Werkzeug besser als ein anderes sei, wenn bei vorgegebenen gleichen Leistungen seine Herstellungskosten geringer sind, gleichgültig wie hoch die nachfolgenden Betriebs- und Unterhaltungskosten sowie die Ersatzinvestitionen sein mögen. Von einem solchen Standpunkt aus ist eine Streichholzschachtel einem Feuerzeug überlegen, sind Baracken besser als Steinhäuser und wäre ein klappriger Gebrauchtwagen einem neuen Auto vorzuziehen. Dies ist jedoch eine dem Zustand schlimmster Armut angemessene Theorie, wo die Zukunft der Gegenwart geopfert werden muß." [35]

Für jeden Bauherrn ist die Frage, ob und in welcher Form er Bauinvestitionen vornimmt. direkt abhängig von der Beantwortung der Frage, ob sich bei der Summierung aller Kosten eine Rentabilität (Verzinsung oder wirtschaftliches Endergebnis) erzielen läßt und wie hoch diese sein wird.

Die Betrachtung und Beurteilung der Herstellungskosten allein kann kein Kriterium für die Frage sein, ob ein Auftraggeber investieren sollte oder nicht.

Ebensowenig wird ein Bauherr sich zum Bauen veranlaßt sehen, wenn die Betriebskosten nicht seinen Vorstellungen entsprechen.

Jeder Auftraggeber muß vor dem Bauentschluß eine Rechnung über die Gesamtwirtschaftlichkeit oder den Gesamtnutzen einer Baumaßnahme aufstellen.

Es geht also nicht nur um die Relation von

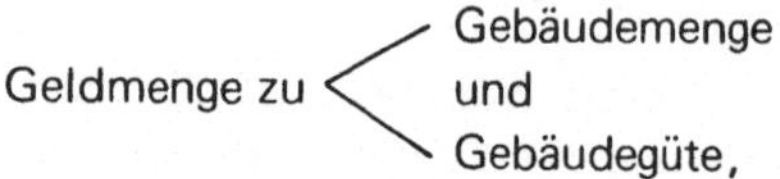

sondern um die Erfassung *aller* Kostenfaktoren bei der Ermittlung des Verhältnisses von

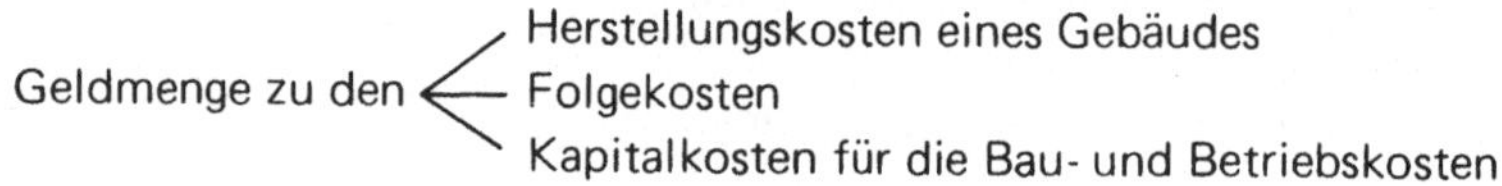

3.2 Finanzierung

3.2.1 Finanzierungsquellen

Ein Gebäude kann aus den vielfältigsten Quellen finanziert werden. Viele Bauherren wissen nicht, wieviel Geldquellen es gibt und welche sie anzapfen können. Deshalb muß jede Finanzierung mit einer Übersicht über die den verschiedenen Gruppen zur Verfügung stehenden Geldquellen beginnen.

Eigenkapital

In einer Normalfinanzierung sollte das Eigenkapital ein Drittel der Gesamtherstellungskosten ausmachen. Bei DM 150.000,— müßte demnach ein Bauherr 50.000,— DM in bar, auf dem Konto oder in Form von Grundstücken oder Wertpapieren haben. Zwei Drittel würden dann durch Fremdgelder zu finanzieren sein.

Eigengeld gibt es in verschiedenen Formen. Da ist einmal das Verwandtendarlehen, was vielfach als Eigenkapital angesetzt wird. Zweitens gibt es Eigenleistungen oder Selbsthilfearbeiten, die die Gesamtkosten eines Baus mindern und insofern zu den Eigengeldern gezählt werden können.

Bauherren übernehmen sich vielfach und sind dann doch nicht in der Lage, Maler- und Fußbodenarbeiten, Garten- und Erdarbeiten auszuführen. Etwas anderes ist es, wenn Bauherren relativ günstig oder gratis Leistungen und Lieferungen von Bekannten oder Freunden bekommen. Auch Architektenleistungen aus dem Freundeskreis gelten als Eigenleistungen, wenn damit die Gesamtkosten sinken, ebenso die übrigen Planungsleistungen (statische Berechnung, Projektierung der Installationen usw.).

Nimmt ein Bauherr öffentliche Mittel in Anspruch, dann muß er ein gewisses Minimum an Eigenkapital nachweisen. Das Eigengeld sollte dem Wert des Baugrundstückes entsprechen.

Als Ersatz für das Eigengeld werden folgende Darlehen anerkannt:
Aufbaudarlehen,
Familienzusatzdarlehen und
Spätheimkehrerdarlehen.

Außerdem können folgende Darlehen als Ersatz anerkannt werden:
Arbeitgeberdarlehen (s. dazu weiter unten),
Mieterdarlehen,
Personaldarlehen („Junge Familie" und „Besser und schöner Wohnen"),
Lastenausgleichszahlungen und andere Gelder je nach den Bestimmungen der Bewilligungsstellen für öffentliche Mittel.

Natürlich gehören auch die Bauspar-Guthaben zu den Eigenmitteln. (s. dazu weiter unten).

Es ist eine Binsenwahrheit, daß bei höheren Eigenmitteln die monatlichen Belastungen sinken. Umgekehrt fallen die monatlichen Kosten für ein Haus höher, wenn der Bauherr wenig Eigenmittel investiert oder investieren kann. Niedrige Eigenmittel und eine geringe monatliche Belastung lassen sich kaum miteinander vereinbaren.

Bei der Berechnung des Eigenkapitals sollten Bauherren klugerweise ca. 7 Prozent der Gesamtkosten des Hauses als Reserve einkalkulieren. Denn um 7 % steigen die Baukosten im Durchschnitt in jedem Jahr. Diese „stille Reserve" wird dann — sofern sie bei guter Baukostenplanung nicht benötigt werden sollte — immer noch für die Inneneinrichtung, einen neuen Teppich, ein größeres Haushaltsgerät usw. Verwendung finden.

Bei der Berechnung der monatlichen Belastung werden die Zinsen für die Eigenmittel des Bauherrn bei Gebäuden angesetzt, die als Anlageobjekte dienen oder für gewerbliche Zwecke gebaut werden. Wenn also ein Wohnobjekt mit Eigentumswohnungen, ein Mietshaus oder ein Bürogebäude errichtet werden soll, wird der Bauherr die Zinsen für sein eigenes Geld bei der Berechnung der Rentabilität ansetzen, nicht aber beim eigenen Wohnhaus oder der Eigentumswohnung für die Familie.

Arbeitgeberdarlehen

Nicht nur Angestellte und Beamten stehen derartige Kredite zur Verfügung, sondern auch Freiberuflern. Die zu der Führungsgruppe und den Inhabern zählenden Personen einer Firma oder eines Büros bekommen im allgemeinen einen kräftigen Zuschuß zu günstigen Bedingungen aus der Kasse ihres Unternehmens. Mit Hilfe dieser zinslosen oder zinsgünstigen Mittel kann die monatliche Belastung gesenkt werden.

Ärzte, Zahnärzte, Apotheker können von den begünstigten Darlehen der Apotheker- und Ärztebank Gebrauch machen. Hier erhalten sie Finanzierungsdarlehen bei einem Zinssatz von 7,5 % und 100 %ige Auszahlung.

Für die Angestellten und Beamten der Kirchen gibt es Baudarlehen, die zu günstigen Konditionen vergeben werden.

Viele Arbeitnehmer bekommen günstige Baugelder von ihrem Arbeitgeber. Die Höhe dieser Summen sind sehr verschieden, ebenso die Höhe der Zinsen und die Laufzeiten. Normalerweise bewegen sich die Kredite zwischen DM 5000,– und 50.000,–. Sie kosten 0 bis 8 Prozent Zinsen und laufen über Zeiten von 5 bis 30 Jahren. Ein weiterer Vorteil besteht darin, daß sie an dritt- oder letztrangiger Stelle stehen dürfen. Beim Ausscheiden eines Arbeitnehmers wird im allgemeinen der gesamte Betrag zur Rückzahlung fällig. Aber auch diese Einschränkung wird, je nach Arbeitgeber, verschieden gehandhabt.

Bergarbeiter sind nach wie vor begünstigt beim Bau oder Kauf von Wohnobjekten, weil ihnen Baugeldzuschüsse sicher sind.

Arbeitnehmer im öffentlichen Dienst erhalten Baukredite in unterschiedlichen Höhen und zu verschiedenen Zinssätzen je nach dem Bundesland, in dem sie tätig sind. Da gibt es Hypotheken zu Zinssätzen, die bei 100 %iger Auszahlung 7 bis 9 Prozent Zinsen kosten. Die Bundesbahn zahlte Kredite zu außerordentlich niedrigen Zinsen im Jahre 1975. Gemeinden und Städte zahlen zum Bauen Beträge in sehr unterschiedlichen Höhen. Vielfach werden 10.000,– DM zinslos gezahlt, und zwar bei einer Tilgung innerhalb von 8 bis 10 Jahren.

Für verdiente und langjährige Arbeitnehmer zahlen die Firmen manchmal auch verlorene Zuschüsse.

Nicht nur Ärzte und Apotheker bekommen Kredite, auch alle anderen freiberuflich Tätigen — wie Ingenieure, Anwälte, Wirtschaftsprüfer — können Kredite zur Beschaffung von Berufsräumen bekommen. Die Bürgschaft wird aus dem ERP-Sondervermögen gedeckt. Kredithöhe: bis 25.000,— DM. Laufzeit: bis zu 10 Jahren. Kredite, Zuschüsse und Bürgschaften werden auch für den gewerblichen Mittelstand gewährt, und zwar vom Bund und von den Ländern. Diese Finanzierungshilfen kommen aus dem ERP-Sondervermögen oder sind Zuschüsse im Rahmen der regionalen Wirtschaftsförderung [36]. Antragsberechtigte sind Nachwuchskräfte aus dem Handel, dem Handwerk, dem Kleingewerbe und dem Gaststätten- und Beherbergungsgewerbe im Alter zwischen 21 und 45 Jahren. Es werden Kredite zur Errichtung von Betrieben oder Betriebsräumen in bestimmten Gebieten gegeben. Konditionen: bis 200.000,— DM, 5 bis 7 % Zinsen.

Auch für Vertriebene, Flüchtlinge und Kriegssachgeschädigte gibt es ERP-Mittel für Auf- und Ausbau, die Modernisierung und Rationalisierung kleiner und mittlerer Firmen, jedoch nicht für den Wohnungsbau. Konditionen: bis 100.000,— bzw. 200.000,— DM, 5 bis 6 % Zinsen.

Hypotheken

Sparkassen und Hypothekenbanken vergeben Darlehen an erster Stelle bis zu 45 und 60 Prozent des Beleihungswertes für die 1 a-Hypotheken, bis zu 70 Prozent für die 1 b-Hypotheken. Letztere müssen durch eine zusätzliche Bürgschaft abgesichert werden. Aber auch Lebensversicherungsgesellschaften oder Geschäftsbanken geben derartige Baukredite.

Sparkassen vereinbaren einen gleitenden Zinssatz. Die Hypothekenbanken legen den Zinssatz für 10 bis 30 Jahre fest. Je nach der Tendenz sollten Bauherren sich für den festen Zinssatz bei steigender, für einen gleitenden bei fallender Tendenz entscheiden. Jeder Bauherr weiß ja, in welcher Zeit er baut — in Zeiten des Baubooms oder der Rezession. Die Zinssätze bei Hypothekenbanken sind um so höher, je länger der Satz festgelegt wird. Hypothekenzinsen lagen 1973 bei 10,39 %, 1974 bei 10,33 % und zogen dann wieder an (Statistik der Deutschen Bundesbank).

Die Darlehen der Lebensversicherer lagen in den Zinssätzen niedriger. Hinzu kommt der Vorteil, daß die Zahlung von Tilgungssätzen entfällt, weil die Hypothek auf einem Male fällig wird. Der Abschluß einer Lebensversicherung ist Voraussetzung. Hinzuzurechnen sind somit auch die Prämien für die Lebensversicherung. Während der Laufzeit der Hypothek hat der Versicherte bis zu seinem Tode den Schutz durch seine Versicherung.

Die Beurteilung von Hypotheken durch einen Bauherren ist nicht leicht. Die Tilgung beträgt im allgemeinen nur 1 Prozent im Jahr. Schwierig wird es beim Zinssatz, der nicht nur von 6 bis 10 Prozent schwankt, sondern auch vom jeweiligen Auszahlungskurs abhängig ist. Je höher der Auszahlungskurs, desto höher auch der Zinssatz. Wenn Sie von der Bank eine 100 %ige Auszahlung verlangen, so wird sie Ihnen etwa 11 Prozent berechnen. Dieser Zinssatz sinkt auf etwa 8 Prozent ab, wenn Sie sich mit einer Auszahlung von 90 % begnügen. Dabei müssen Sie aber 100 Prozent verzinsen und auch zurückzahlen. Wie kann nun ein Bauherr beurteilen, welches Verhältnis von Zinssatz und Auszahlungskurs für ihn am günstigsten ist? Nach den zu diesem Zwecke aufgestellten Tabellen ist der Effektivzins — der Zins, der sich tatsächlich aus dem Auszahlungskurs und dem Nominalzins ergibt — in einer geringeren Höhe und damit einer geringeren Auszahlung günstiger als umgekehrt. Das gilt besonders für alle Eigenheimbauer. Sie können nämlich die fehlenden Prozente am Auszahlungskurs — das sogenannte Disagio oder Damnum [37] — in voller Höhe steuermindernd als Werbungskosten ansetzen. Als Beispiele mögen einige Werte aus der Tabelle dienen:

Festverzinsliche Hypotheken — Laufzeit des Zinssatzes *5 Jahre* [38]:

Auszahlungskurs	Nominalzins	Effektivzins
90 %	7 %	9,80 %
95 %	8 %	9,49 %
99 %	9 %	9,47 %

Festverzinsliche Hypotheken — Laufzeit des Zinssatzes *10 Jahre*:

90 %	7 %	8,69 %
95 %	8 %	8,96 %
99 %	9 %	9,37 %

Zins- und Tilgungsraten müssen bei 1 % Anfangstilgung 27 bis 33 Jahre lang gezahlt werden, bei 2 % 20 bis 23 Jahre. Diese Zeiten nennt man die Kreditlaufzeiten.

Die Höhe dieser Effektivzinsen ist ganz entscheidend für die Kostenplanung. Viele kostensenkende Überlegungen während des Planungsprozesses werden infolge der zu hohen Hypothekenzinsen wieder ins Gegenteil verkehrt. Nur die Gleichzeitigkeit in den Bemühungen während des Planungsablaufs und während der Suche um günstige Kredite kann Kostensenkungen herbeiführen. „Nur um ein Prozent höhere Zinssätze bei Hypothekendarlehen bedeuten nach einer gängigen Faustregel eine Erhöhung der Kosten für den Wohnungsbau um nicht weniger als 8 Prozent" [39].

Bauspardarlehen

Die Konditionen sind bekannt: Der Bausparer muß 40 % angespart haben und die Bewertungszahl erreicht haben, um ein Darlehen in Höhe der restlichen 60 % bekommen zu können. Die Bedingungen: 4,5 bis 5 % Zinsen, 7 % Tilgung, Laufzeit des Darlehens: 10 bis 11 Jahre. Weitere Vorteile neben dem niedrigen Zinssatz sind die Steuervergünstigungen oder die Prämien. Schließlich können Arbeitnehmer noch von den Vergünstigungen des 624,— DM-Gesetzes Gebrauch machen. Die Bausparkassen finanzieren bis zu 2/3 des Kaufpreises oder der Gesamtherstellungskosten und stehen im Grundbuch nachrangig hinter der ersten Hypothek.

Die Wartezeiten werden von den Kassen nicht verbindlich genannt. Doch lassen sich aus der Vergangenheit einige Zahlen nennen. Bei der Annahme, daß ein Bausparer 40 % angespart hat, betrug die Wartezeit vom Zeitpunkt des Vertragsabschlusses bis zur Auszahlung des Vertrages

▶ 1971 18 bis 44 Monate,
▶ 1972 18 bis 39 Monate und
▶ 1973 18 bis 34 Monate [40].

Die durchschnittliche Laufzeit beträgt bei einer sofortigen Einzahlung von 50 % 20 bis 25 Monate.

Hinsichtlich der Kosten und Belastungen ist ein Bausparkredit als weitaus vorteilhafter gegenüber einer Hypothek zu bezeichnen.

Nachteilig sind beim Bausparen nur die zeitlichen Verhältnisse. Um nicht unnötige hohe Zwischenfinanzierungszinsen zahlen zu müssen, sollten Bauherren zwei oder besser drei Jahre vor dem Baubeginn einen Bausparvertrag in ausreichender Höhe abschließen. Einige Bausparkassen sind bekannt für eine längere Abwicklungsdauer. Die meisten Bauherren schließen Verträge mit zu geringen Vertragssummen ab und müssen diese fehlenden Beträge bei Baubeginn durch neue Vertragsabschlüsse mit ebenso langen Laufzeiten ergänzen. In vielen Fällen empfiehlt sich eine Stückelung der Bauspar-Gesamtsumme in Form von mehreren Verträgen mit kleineren Summen. Aufgrund von 5 % Zinsen und 7 % Tilgung beträgt die monatliche Belastung 1 % der Darlehenshöhe. Die Zins- und Tilgungssätze sind als fest zu bezeichnen. Darüber hinaus kann der Sparer aber auch höhere Summen in beliebiger Höhe zurückzahlen.

Im Normalfalle ist der Bauherr nach 11 Jahren von dieser Belastung frei.

Die langen Wartezeiten bis zur Zuteilung des Bauspardarlehens kann man durch eine Vorfinanzierung oder auch Zwischenfinanzierung abkürzen. Die Zinsen für diesen Kredit sind relativ günstig; sie betragen 7 bis 9,5 %.

Nach Bezug eines Hauses kann ein Bauherr das Bauspardarlehen zur „Entschuldung" der ersten Hypothek verwenden. Auf diese Weise kann der hohe Zinssatz der Hypothek von 7 bis 9 % auf 4,5 bis 5 % gesenkt werden. Denn Zinsen sind stets verlorenes Geld. Dabei kommen Bauherren auch wieder in den Genuß der Steuererleichterungen, der Prämien oder der 624,— DM-Vergünstigung. Zwischenkredite von Bausparkassen sind daher durchaus zu empfehlen. Schließlich trifft es selten zu, daß der Zeitpunkt des Baubeginns mit dem der Auszahlung des Darlehens zusammenfällt.

Öffentliche Mittel

Diese Mittel sind keineswegs nur für die Ärmsten vorgesehen. Der Kreis der Anspruchsberechtigten ist größer, als viele Bauherren annehmen. Deshalb sollten Sie sich genau mit den Konditionen und den Einkommensgrenzen beschäftigen, die hier nur angedeutet werden können.

Zum einen werden Baudarlehen zur Finanzierung gegeben, zum anderen werden Hilfen in Form von monatlichen Raten zur Entlastung ausgezahlt. Genaue Informationen vermitteln die Wohnungsbauförderungsämter in den Ländern.

Diese Kredite werden bereits zum Kauf von Bauplätzen gegeben. Dabei müssen die **Objekte allerdings dem öffentlich geförderten**, sozialen oder steuerbegünstigten Wohnungsbau entsprechen. Auskunft erteilt die Deutsche Bau- und Bodenbank in Frankfurt. Die Zinssätze betragen etwa 7 %.

Was die eigentlichen Bauprogramme betrifft, so hat der Bund für den Einsatz dieser Mittel die Bedingungen festgelegt und die Durchführung den Ländern übertragen. Diese haben zum Teil diese Mittel durch weitere Hilfen ergänzt. Gefördert werden nur Ein- und Zweifamilienhäuser, Eigentums- und Mietwohnungen. Die monatliche Belastung muß tragbar sein, und zwar immer im Hinblick auf bestimmte Einkommensgrenzen. Maßgebend ist das Bruttoeinkommen. Abzuziehen sind die Werbungskosten, der Weihnachtsfreibetrag, der Arbeitnehmerfreibetrag und das Kindergeld. So darf zum Beispiel ein junges Ehepaar zur Zeit bis zu DM 3.710,— im Monat verdienen, wenn es Anspruch auf ein Darlehen aus dem Regionalprogramm des Bundes anmelden will. Als Eigenmittel werden 15 bis 25 % vorausgesetzt.

Bauherrn mit mehr als zwei Kindern haben Anspruch auf das Familienzusatzdarlehen. Diese Darlehen werden zinslos gegeben oder zu Niedrigzinsen abgegeben. Die Tilgung beträgt in den ersten 15 Jahren 1 %, danach höchstens 2.

Das sogenannte Regionalprogramm gilt nur für bestimmte regionale Förderungsgebiete — wirtschaftlich schwache Gebiete, Gemeinden mit einem großen Bedarf an Wohnungen und Sanierungs- oder Entwicklungsgebiete. Auskünfte erteilen die Ortsverwaltungen oder die nächste Landesbank. Für diese Finanzierung liegen die Einkommensgrenzen besonders hoch. Wenn Sie eine Sozialwohnung freimachen, gelten keinerlei Einkommensgrenzen.

Aufwendungsdarlehen als monatliche Zuschüsse machen für die Dauer von 3 Jahren 2,70 DM/m^2 aus und reduzieren sich dann auf geringere Beträge. Konditionen: zins- und tilgungsfrei für die Dauer von 14 Jahren, danach 6 % Zinsen und 2 % Tilgung. Diese Aufwendungsdarlehen zählen zu dem sogenannten 2. Förderungsweg. Demgegenüber sind die Baudarlehen Teil des 1. Förderungsweges. Da nur ein Weg beschritten werden darf, sollten Bauherren sich vorher informieren, welche Mittel für sie günstiger sind.

Beim Entwurf des Hauses bzw. der Eigentumswohnung sind die Begrenzungen in der Größe der Wohnfläche zu beachten. Hierbei sind die unterschiedlichen Bedingungen der Länder zu berücksichtigen [41]. Baden-Württemberg gewährt zum Beispiel ein Darlehen bis DM 12.000,—, und zwar zinslos und mit einer Tilgungsrate von 2 %, Bayern bis DM 50.000,—, zinslos, bei einer Tilgung von 1 %; Bremen und Hessen geben nur in Ausnahmefällen Baudarlehen. Nordrhein-Westfalen: bis DM 37.000,—, zinslos, Tilgung 1 %; Rheinland-Pfalz: bis DM 39.200,—, zinslos, 1 % Tilgung.

Die hier aufgeführten Finanzierungswege Ihres Hauses sind bei weitem nicht vollständig. Für jede Gruppe und für den Durchschnittsverdiener gibt es weitere Kredite oder verlorene Zuschüsse zu mehr oder weniger günstigen Konditionen. Wie jeder Bauherr eines Wohnungsbaues die für ihn günstigste Finanzierung ermittelt und aufbaut, ist auf besonders einfache und verständliche Weise in der bereits genannten ([38], [41]) Veröffentlichung von Baentsch-Preuß, „Das Geld für Ihr Haus" zusammengestellt worden.

3.2.2 Finanzierungstips

▶ Bevor Sie sich für eine oder mehrere Finanzierungsberater und Finanzierungsquellen entscheiden, sollten Sie immer wieder vergleichen, sich informieren und die kostengünstigste Gesamtlösung suchen. Die Kosten für Kredite sind in vielen Fällen bei Sparkassen und Banken keine Festpreise. Diese Kreditgeber lassen durchaus mit sich handeln. Unterschreiben Sie also nicht gleich beim Erstbesten oder bei Ihrer Hausbank; lassen Sie sich Alternativangebote machen. Sie werden staunen, wie groß die Unterschiede in den Auszahlungskursen, den Zins- und Tilgungssätzen sind. Mit diesen Alternativen rechnen Sie sich die tatsächlichen Effektivzinsen unter Berücksichtigung aller Gebühren aus. Das Ergebnis zeigt Ihnen das günstigste Angebot. Damit gehen Sie zu den drei Kreditinstitutionen, die die nächsthöheren Angebote gemacht haben und verhandeln. Die Stellen hinter dem Komma sind gar nicht so unwichtig, wie Sie vielleicht meinen. Sie wirken sich entscheidend für Ihre monatliche Belastung aus. Also kämpfen Sie um jedes Zehntel Prozent!

▶ Den Slogan „Alles aus einer Hand" gibt es auch im Bereich der Finanzierung. Die Verbund- oder Gesamtfinanzierung wird von Sparkassen und Banken angeboten und umfaßt dann fast die gesamte Beschaffung des für den Bau benötigten Geldes. Das ist ein organisatorischer Vorteil für Bauherren, die sich entlasten möchten. Jeder Vorteil hat seinen Preis. So sind denn diese kompletten Finanzierungsangebote teurer. Wollen oder müssen Sie Geld sparen, sollten Sie von diesen Angeboten keinen Gebrauch machen.

▶ Infolge einer geringeren Nachfrage nach Wohnbauobjekten und den damit verbundenen Absatzschwierigkeiten in Zeiten der Rezession sind Baugesellschaften zu Preisnachlässen bereit. Ist dies nicht der Fall, bieten einige aber günstige Kredite an, die mehr Vorteile bringen als ein Preisnachlaß.

▶ Wenn Sie zum Bau oder Kauf eines Hauses entschlossen sind, sollten Sie systematisch den Markt nach Häusern, Grundstücken, Musterhäusern, Pauschalangeboten von Seiten der Makler, der Privatleute oder der Architekten und Gesellschaften abtasten. Die Angebote sollten methodisch erfaßt und ausgewertet werden. Nur so können Sie die guten und preisgünstigen Angebote herausfiltern. Nur so können Sie Kosten sparen, und zwar mehr als durch wochenlange Selbsthilfearbeiten auf der Baustelle.

▶ Sie können Ihre Kapitalkosten — wie Zinsen, Tilgungen usw. — reduzieren, wenn die Bereitstellung der Mittel nicht zu früh und nicht zu spät erfolgt, sondern möglichst genau zum Zeitpunkt der Fälligkeit als Zahlung für den Baufortschritt. Stellen Sie also einen realistischen Terminplan auf und helfen Sie mit, diesen Plan einzuhalten. Dieser Ratschlag gilt für alle Arten und Größen von Bauten.

▶ Nach § 21 b des Einkommensteuergesetzes (1.1.1974), der die Einfamilienhausverordnung aus dem Jahr 1937 ablöste, gibt es zwei Arten von Besteuerungen: für diejenigen, die ihr Eigentum selber nutzen und für diejenigen, die es ganz oder teilweise vermieten. Sie werden unterschiedlich in den Abschreibungssätzen veranlagt. Das führt nun zu ganz eigenartigen Ergebnissen. Vergleicht man ein um DM 30.000,— teureres Haus mit einer Einliegerwohnung mit einem Haus ohne Dachausbau — bei sonst gleichen Bedingungen —, so ist das teurere Haus in der monatlichen Belastung DM 70,— billiger als das Einfamilienhaus ohne zusätzliche Mietwohnung.

▶ Wenn Sie nicht mehr als 144 m² Wohnfläche kaufen (Eigentumswohnung) oder 156 m² beim Bau eines Hauses mit einer Wohnung erstellen, sind sie für die Zeit von 10 Jahren von der Grundsteuer befreit. Beachten Sie die für jedes Bundesland ergangenen Vorschriften (zu beziehen bei den Finanzämtern).

▶ **Hier ein Tip für ein zinsgünstiges Sofortdarlehen:** Benötigt der Bauherr einen Kredit von DM 60.000,—, so schließt er einen Bausparvertrag über DM 100.000,— ab. 40 % dieses Vertrages muß der Sparer einzahlen, damit der Kredit eines Tages zugeteilt werden kann. Diese 40 % oder DM 40.000,— nimmt der Bauherr von einer Bank, die diese Summe ohne weitere Sicherheiten auf das Konto der Bausparkasse überweist. Wenn die Zuteilung des Kredites erfolgt ist, zahlt der Bausparer von den ihm zur Verfügung stehenden DM 60.000,— den Bankkredit in Höhe von DM 40.000,— zurück [42].

▶ Bauherren, die überlegen, ob sie noch ein Jahr warten und sparen oder mit Hilfe eines höheren Kredites sofort anfangen sollten, ist folgender Rat zu geben: beispielsweise kostet heute das von Ihnen gewünschte Haus DM 150.000,—. In einem Jahr sind die Baukosten um ca. 7 % und damit um ca. DM 10.500,— gestiegen. Diese DM 10.500,— stellen aber gerade die Summe dar, die das Sparergebnis eines Jahres ausmachen.

Fazit: In diesem einen Jahr ist der Bauherr dem Wunsch, mit dem Bau beginnen zu können, um keinen Schritt näher gekommen. Nur im Falle einer weit höheren Sparleistung gegenüber der allgemeinen Kostensteigerung lohnt sich also das Weitersparen.

▶ Wohngelder werden nicht nur für Mietzuschüsse gezahlt, sondern auch als Lastenzuschuß für Eigentumswohnungen, Eigenheime und landwirtschaftliche Vollerwerbsstellen gewährt. Auch der Eigentümer eines Mehrfamilienhauses erhält für die von ihm selbst genutzte Wohnung einen Zuschuß. Allerdings müssen gewisse Grenzen in den Einkommensverhältnissen beachtet werden. Außerdem ist die Belastung nur bis zu einer bestimmten Höhe zuschußfähig.

▶ Wenn der Bauherr öffentlich geförderte oder steuerbegünstigte Wohnungen im Sinne des Wohnungsbaugesetzes erstellt, kann er neben verschiedenen Steuervergünstigungen von der Gebührenbefreiung Gebrauch machen, und zwar für alle Gebühren des Gerichtes im Zusammenhang mit dem Grundstückserwerb sowie der Sicherstellung bei der Eintragung des Baudarlehens.

▶ Steuern kann man bei Eigentumswohnungen nach dem sogenannten Kölner Modell sparen. Da Bauherren Steuervergünstigungen zustehen, werden die Wohnungskäufer als Bauherren ausgegeben. Eigentumswohnungen als reine Geldanlage kommen auf diese Weise auch in den Genuß der Vorteile, die nur denen zustehen, die ihre Wohnungen auch bewohnen. Allerdings ist dies von zwei Kölner Immobilien- und Steuerexperten ersonnene Verfahren nicht ohne Risiken. Die Finanzämter fordern daher stichhaltige Nachweise über die Bauherrn-Eigenschaften. [43]

▶ Nach der Idee eines Architekten aus Calw wird eine Bauherrengemeinschaft gebildet, die eine ganz auf die individuellen Bedürfnisse der späteren Eigentümer abgestimmte Planung entwickelt. Es entfallen viele Kostenanteile beim Bau dieser Wohnungen, wie z. B. die Kosten für Werbung, Spesen, Verwaltung, Risiken, ebenso die Gewinnspannen. Stattdessen erhöhen sich die Steuervergünstigungen. Daher liegen die Preise dieser Wohnungen unter dem normalen Niveau [44].

▶ Die Nebenkosten der Finanzierung, wie Gebühren, Bereitstellungs- und Verwaltungsgelder müssen erfaßt und in die Gesamtkostenaufstellung aufgenommen werden. Erst dann sollte Baubeginn sein.

3.2.3 Finanzielle Belastungen

Die Aufstellung der finanziellen Belastungen gehört zu den Vorarbeiten eines Bauherrn. Ob er eine Eigentumswohnung kauft oder ein Mammutobjekt baut, die Einzelkosten müssen in einer Addition erfaßt werden. Voraussetzung für die Aufstellung der Belastungen ist die Erfassung aller Baukosten und Baunebenkosten nach DIN 276 (siehe unter Ziffer 3.1.1).

Während die laufenden Kosten aus der Bewirtschaftung und Unterhaltung schon unter Ziffer 3.1.1 erwähnt und aufgezählt worden sind, müssen hier die laufenden Kosten aus der Finanzierung des Gebäudes ermittelt werden.

Die folgende Tabelle ist ein Beispiel aus vielen Möglichkeiten. Der Bauherr kann seine Zahlen selbst einsetzen, wenn er nach diesem Muster verfährt. Annahme: Gesamtbaukosten DM 150.000,—.

Berechnung der Belastungen:

	Betrag DM	Netto-Kredit DM	Zinsen		Tilgungen		Ges. Belastung	
			%	DM	%	DM	%	DM
1. Hypothek	60.000,–	57.000,–	8	4.800,–	1	600,–	9	5.400,–
Bausparvertrag: Darlehen Eigenmittel	48.000,– 32.000,–	48.000,– 32.000,–	5 0	2.400,– –,–	7 0	3.360,– –,–	12 0	5.760,– –,–
Arbeitgeber- Darlehen	10.000,–	10.000,–	0	–,–	10	1.000,–	10	1.000,–
Eigengeld	3.000,–	3.000,–	0	–,–	0	–,–	0	–,–
Summen	153.000,–	150.000,–		7.200,–		4.960,–		12.160,–

Damit erhält der Bauherr die Grundlage der Wirtschaftlichkeitsberechnung, wenn er zu diesen Belastungen die unter Ziffer 3.1.1 erwähnten Beträge ermittelt und addiert. Erst dann kann die Entscheidung darüber getroffen werden, ob das Bauvorhaben tragbar und rentabel ist.

4 Interessenvertretung, Bauablauf

4.1 Auftraggeber-Interessen

Nach der Planungsvorbereitung und der Finanzierung stellt sich das Problem für den Bauherrn so dar: eine Interessenvertretung zu finden, die die Auftraggeberseite stärkt und sie zum bestimmenden Faktor beim Planungs- und Bauablauf macht.
Die Problemlösung ist auf verschiedene Weise möglich.
Hier sollen vier Modelle für die Abwicklung des Gesamtgeschehens dargelegt werden, die mehr oder weniger vorteilhaft für den Auftraggeber sind. Darüber hinaus gibt es weitere Varianten oder weitere Spielarten, die auf diesen vier Grundmodellen aufbauen. Diese vier Modelle für den Ablauf von Planungen und Bauleitungen werden am häufigsten eingesetzt.
In vielen Fällen erkennen Bauherren zu spät, daß sie die falsche Verfahrensabwicklung gewählt haben; sie hatten keine wirklichen Interessenvertretungen. Dabei haben diese Bauherren aus mangelnder Information und fehlender Orientierung nie vor einer echten Wahl gestanden. Mit der Beauftragung eines Baufachmannes, einer Firma, einer Gesellschaft oder eines Betreuers haben sie bereits alle Wahlchancen vergeben — ohne es zu diesem Zeitpunkt schon zu wissen.
Daher der Appell an die Bauherren:
Vor der Beauftragung irgendeines Fachmannes oder einer Firma sollten Sie diese vier Verfahrensmodelle kennenlernen und prüfen. Nach der Entscheidung für eines dieser Modelle sollten Sie, gemäß den Modellvorstellungen, auch Ihre Interessenvertreter aussuchen.

Grundsätzliches für alle vier Modell-Darstellungen

Die senkrechte Linie ist die Front, die die Auftraggeberseite (auf der linken Seite) von der Auftragnehmerhälfte (auf der rechten Seite) trennt. Für den Bauherrn allein wichtig ist die Lage des jeweiligen Anbieters von Planungs- oder Bauleistungen: Auf der einen oder anderen Seite der Frontlinie. Je mehr sich die Kräfte rechtsseitig zusammenballen, desto gefährlicher wird die Situation des Bauherrn.

Hier stehen die die *Auftraggeberseite* (Bauherren) stärkenden *treuhänderischen* Planer, Architekten, Ingenieure, Planungsgesellschaften, Spezialisten und Generalisten, Generalplaner, Generaltreuhänder, betreuenden Gesellschaften und bauenden Ämter.	Hier stehen die die *Auftragnehmerseite* stärkenden *gewinnorientierten* Firmen, Unternehmer, Übernehmer, Generalunternehmer, Baugesellschaften, Handwerksbetriebe, Subunternehmer, Totalunternehmer, Bauträgergesellschaften, nicht treuhänderisch arbeitende Gesellschaften.

Nun zu den Modellen selbst:

4.1.1 Bauherren-Modell (Abb. 9)

Es ist die weitaus *beste Lösung für alle Arten von Projekten.* Ihre Bauherrn-Interessen werden durch *einen Planungspartner* vertreten, der je nach Größe des Bauobjektes

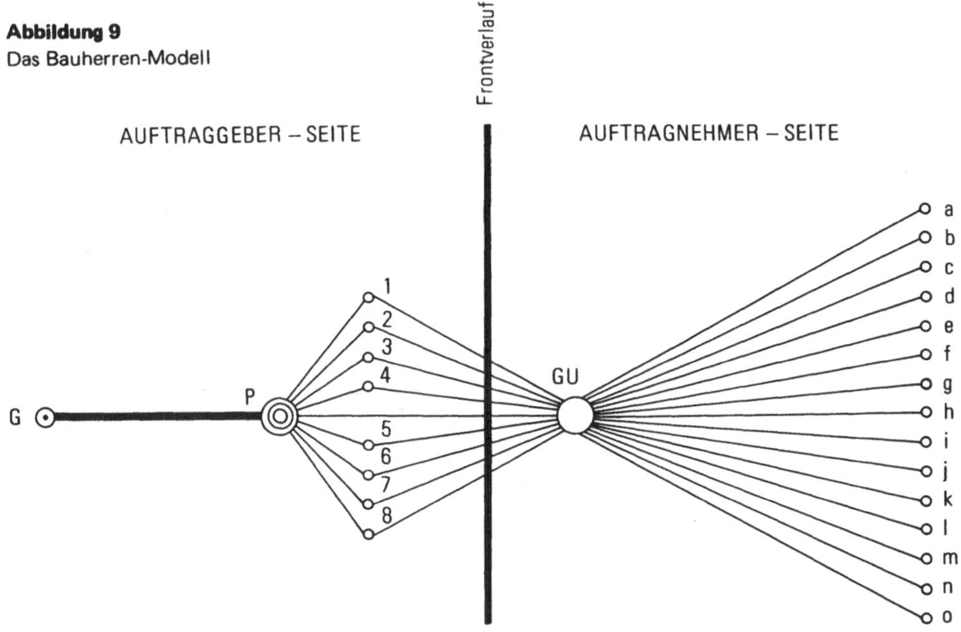

Abbildung 9
Das Bauherren-Modell

AG   Auftraggeber (Bauherr)
P   Planungsbüro, Planungsgesellschaft, Generalplaner, Generaltreuhänder)
1 bis 8 Eigene Fachingenieure (Sonderfachleute) für Statik, Heizung, Lüftung, Klima, Sanitär- und Elektroinstallation, Akustik usw.
a bis o Einzelfirmen als Subunternehmer des GU
GU   Generalunternehmer (verschiedene Formen)
Die Konstruktion mit dem Generaltunternehmer kann auch ersetzt werden durch drei Firmengruppen: Rohbau – Ausbau – Installation = drei Ausführungs-„Kontrahenten" für den Planungspartner.

und nach dem Schwierigkeitsgrad der Bauaufgabe von Ihnen als Auftraggeber ausgewählt werden kann:

▶ als Planungsbüro mit den wichtigsten Fachingenieuren für Statik, Heizungs-, Sanitär- und Elektroinstallation;

▶ als Planungsgesellschaft, die ebenfalls über eigene Sonderfachleute verfügt und darüber hinaus auf bestimmte Gebäudearten spezifiziert ist;

▶ als Generalplaner, der neben dem Leistungsumfang der Planungsgesellschaft auch das Bau-Management anbietet;

▶ als Generaltreuhänder, der zu den schon genannten Leistungsbereichen auch die Garantie von Festpreisen und Festterminen ohne jede Gewinnorientierung bietet.

In allen Fällen haben Sie das gesammelte know-how in Form von Erfahrung und Wissen auf Ihrer Seite. Die optimale Lenkung und Kontrolle der Planung und Ausführung Ihres Bauvorhabens im Sinne Ihrer Zielsetzungen ist sichergestellt.

Durch die Integration aller Fachplaner bei allen Varianten ist eine schnelle und reibungslose Abwicklung gewährleistet. Der Planungsprozeß ist „vollsynchronisiert", so daß keine Zeitverluste und unnötige Mehrkosten entstehen. Sie haben *einen* Partner, der für die gesamte Planung haftet, im Falle des Generaltreuhänders auch für die Ausführung. Infolge der totalen Planung und Kontrolle während der Gesamtabwicklung ist der Spielraum für die Unternehmer-Interessen hinsichtlich der Nachträge, der unkontrollierten Preiserhöhungen und Unklarheiten minimal. Ob der Ausführungsauftrag an einen Generalunternehmer oder an drei Gruppen von Firmen erteilt wird, das Kostenendergebnis wird günstiger sein als bei jedem anderen Modell.

4.1.2   Konventionelles Modell (Abb. 10)

Dieses herkömmliche Abwicklungsverfahren ist die *zweitbeste Lösung*, und zwar *für kleinere und mittlere Projekte*. Ihre Interessen als Bauherr werden hier durch *mehrere Planungspartner* vertreten: Architektenbüro, Statiker, Sonderfachleute aller Art.

Abbildung 10
Das konventionelle Modell

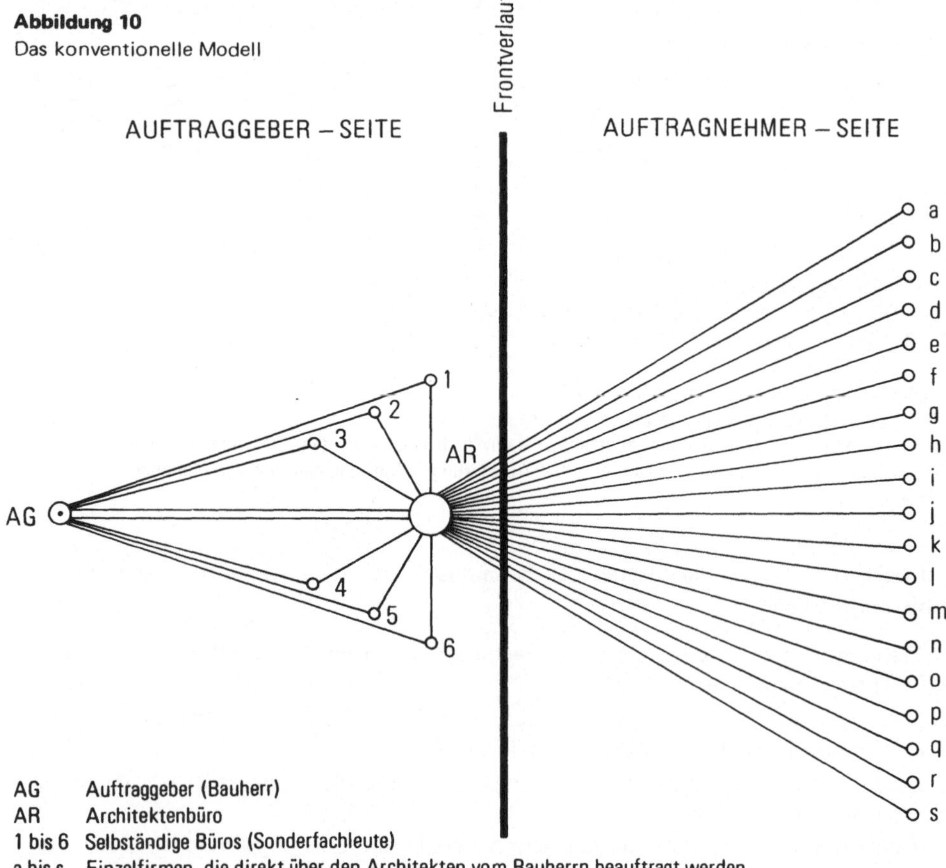

AG   Auftraggeber (Bauherr)
AR   Architektenbüro
1 bis 6   Selbständige Büros (Sonderfachleute)
a bis s   Einzelfirmen, die direkt über den Architekten vom Bauherrn beauftragt werden.

108

Der Architekt übernimmt die Koordinierung zwischen diesen verschiedenen und selbständigen Büros, hat jedoch keinerlei Verfügungsrechte über die Art und Weise, *wie* in den Einzelbüros eine Leistung erbracht wird. Kurze Planungs- und Ausführungstermine können mit dieser Konstellation nicht sicher erzielt werden. Deshalb benötigt der Bauherr mehr Zeit, wenn er sich für diese Art der Durchführung entscheidet.

In den meisten Fällen — bei kleineren und mittleren Bauobjekten — genügen außer dem Architektenbüro vier Büros, und zwar für statische Berechnung, für Heizungs-, Sanitär- und für Elektroinstallation. Diese Büros sind auch in fast allen Klein- und Mittelstädten anzutreffen.

Optimale Planungsergebnisse können auch mit dieser getrennten Vergabe von Planungsleistungen erzielt werden. Eine einwandfreie treuhänderische Gesamtabwicklung ist gewährleistet.

Festpreis und Festtermin können nicht garantiert werden, da kein Garant zur Übernahme dieser Sicherheiten vorhanden ist. Allerdings können Termine mit Hilfe von Netzplantechniken gesteuert werden.

Der Bauherr schließt direkt mit den Einzelfirmen die vom Architekten vorbereiteten Ausführungsverträge ab, nachdem das Ausschreibungs- und Auswahlverfahren abgewickelt worden ist. Das setzt jedoch eine vollständige und exakte Ausschreibung aufgrund einer kompletten Detailplanung voraus. Die Massenberechnungen bei der Ausschreibungsvorbereitung und bei der Abrechnung sind sehr zeitaufwendig, ebenso die gesamte Verwaltungsarbeit, die Qualitätskontrolle, die Rechnungsabwicklung und die Mängelbeseitigung.

4.1.3   Architekten-Modell (Abb. 11)

Dieses Modell bietet sich als Lösung *für kurze Ausführungstermine* und für die gewünschten *Garantien für fest Kosten und Termine* an.

Der Bauherr beauftragt in getrennten Verträgen den Architekten und die Sonderfachleute. Der Architekt koordiniert die Sonderfachleute während der Planung, der Ausführungskontrolle und der Abrechnung.

Nachteilig sind die Risiken für den Bauherrn: Keine integrierte Planungsleistungen, keine konzentrierte zeitliche Planungsabwicklung, Haftungsprobleme bei Konstruktions- und Bauaufsichtsfehlern. Aus der Interessenlage der Planer ist es das Idealmodell, weil sie nur einen Unternehmer als **Partner** in der **Ausschreibung, Beauftragung, Ausführung und Abrechnung** haben. Daher haben sie erheblich weniger Unkosten für diese Teilleistungen und zudem noch geringere Risiken für die Haftung.

Voraussetzungen: Komplette Bauvorbereitung mit Erfassung aller Qualitäten und Quantitäten in Form von Qualitäts-Beschreibungen und Zeichnungen einschließlich der gesamten Detaillierung. Sofern diese Bedingung nicht erfüllt werden kann, sollte besser das Bauherren-Modell oder das konventionelle Modell gewählt werden. Andernfalls muß der Bauherr mit erheblichen Nachträgen rechnen.

Eine treuhänderische Planungsleistung ist dem Bauherrn auch bei diesem Modell sicher. Wenn außerdem eine gute örtliche Bauleitung von Seiten des Architekten und aller Sonderfachleute hinzukommt, ist auch die Qualitätskontrolle gewährleistet.

Der Generalunternehmer übt in der Auswahl, sowie bei Abwicklung und Abrechnung einen in vielen Fällen nicht unerheblichen Druck auf seine Subunternehmer aus. Das muß sich negativ auf die Relation von Qualitäten und Kosten auswirken.

AG   Auftraggeber (Bauherr)
AR   Architekt oder Baubehörde
GU   Generalunternehmer
1 bis 6 Sonderfachleute
a bis q Subunternehmer für diejenigen Ausführungsleistungen, die der Generalunternehmer nicht selbst übernimmt.
Variante statt des Generalunternehmers werden drei Firmengruppen für den Rohbau, den Ausbau und die Installation beauftragt.

4.2 Auftragnehmer-Interessen

4.2.1 Unternehmer-Modell (Abb. 12)

Das Modell im Interesse der großen Baufirmen ist das für den Bauherrn bei weitem *ungeeignetste und unvorteilhafteste* Modell. Dennoch wird es in Zeiten des Baubooms, bei äußerst knappen Terminen und mit dem Wunsch nach festen Preisen gewählt, wissend oder ignorierend, daß der Festpreis ein relativ hoher Preis ist. Die Auftraggeber- (oder Bauherren-)Interessen werden durch nichts und keinen Interessenvertreter wahrgenommen. Der Bauherr steht isoliert auf der einen Seite der Front, der mächtige Generalunternehmer mit der Konzentration von Fachplanern und Subunternehmern auf der anderen. Es ist das Gegenmodell zum Bauherren-Modell.
Jedem Bauherrn ist von diesem Verfahren abzuraten. Es ist zwar nicht auszuschließen, daß bei gutwilligen Unternehmern mit einem langfristigen Interesse an einer guten

Abbildung 12
Das Unternehmer-Modell

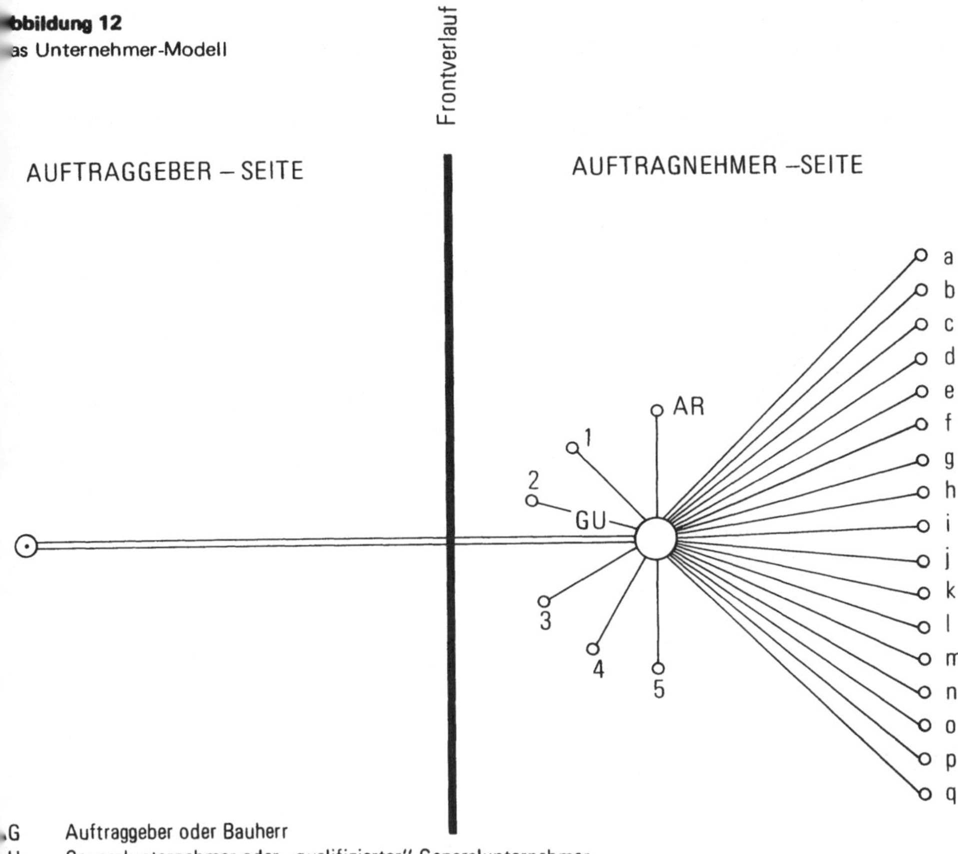

AG   Auftraggeber oder Bauherr
GU   Generalunternehmer oder „qualifizierter" Generalunternehmer
AR   Architekt, im Auftrage des GU tätig
1 bis 5   Eigene oder im Auftrag des Generalunternehmers tätige Sonderfachleute.
a bis q   Subunternehmer für die Gewerke, die der Generalunternehmer nicht selbst ausführt.

Zusammenarbeit auch positive Erfahrungen gemacht werden können. Das wird jedoch die Ausnahme bleiben. Den durchaus legitimen Interessen von potenten Generalunternehmern entspricht es, dem Bauherrn jegliche Fachberatung abzunehmen, ihn zu isolieren mit dem Ziel, seine Bauprobleme auf eine ganz und gar unternehmensgerechte Weise zu lösen.

Auf diese Weise bleibt der Entscheidungsspielraum für den Bauherrn nur so groß, wie er ihn vom Unternehmer zugebilligt bekommt. Die Art der Auftragsabwicklung mit eigenen Fachplanern nennt die Bauwirtschaft das Verfahren mit den sogenannten „qualifizierten" Generalunternehmern (weitere Hinweise dazu unter Ziffer 4.3.4). Es ergibt sich ganz von selbst aus dieser Kombination von Planung und Ausführung, daß der Unternehmer damit auch alle Möglichkeiten zur Baubedarfsbefriedigung in der Hand hat. Ob es sich um kurzfristige und eilige Projekte handelt oder um einen beschränkten Wettbewerb, der gleichzeitig Bauwettbewerb sein soll – immer ist hier der Anbieter in der Lage, den kompletten Entwurf mit einer verbindlichen Kosten- und Terminangabe vorzulegen. Auf der Strecke dabei bleiben das günstige Preis-

Leistungs-Verhältnis und die Kontrolle von Kosten, Qualitäten und Quantitäten. Diese Nachteile sind der Preis für die genannten Vorteile dieses Verfahrens. Auch eine nach dem Auftrag an einen derartigen „qualifizierten" Generalunternehmer im Interesse des Bauherrn tätige Bauleitung kann an den erwähnten Nachteilen nichts ändern.

4.2.2 Unternehmer-Planungen

Der Bauherr wird auch mit einer Angebotsform konfrontiert, die ihm sowohl die Planung als auch die Ausführung aus einer (Unternehmer-)Hand offerieren. Der Unternehmer wirbt für diese totale Beauftragung mit dem Argument einer vollständigen Entlastung des Bauherrn von allen Problemen der Architektenauswahl, der Abwicklung mit mehreren Beteiligten und der vielen Einzelentscheidungen. Wie in allen anderen Wirtschaftszweigen auch — so lautet die Werbung für die Übertragung der Planung auf den Unternehmer —, erhält der Bauherr das Produkt Haus — wie eine Waschmaschine — komplett geliefert. Entscheidet sich der Bauherr für die Zusammenlegung von Planung und Ausführung in der Hand des Auftragnehmers, dann hat er damit die Hauptweichen für Kostenlenkung und Qualitätskontrolle in einem für ihn ungünstigen Sinne gestellt. Das Produkt wird nunmehr in der Herstellung allein von unternehmerischen Interessen bestimmt werden. Die im Abschnitt „Preis-Leistungs-Verhältnis" dargelegten Prinzipien einer Gütesicherung und Kostenkontrolle können nicht mehr verfolgt werden. Der Bauherr kauft oder bestellt ein Werk, ohne das Preis-Leistungs-Verhältnis im einzelnen prüfen und beeinflussen zu können. Die Produkthersteller orientieren die Herstellung des Hauses wie jeder andere Kaufmann auch nach gewinnbringenden Grundsätzen.

Dieser langfristig angelegten Strategie — Planung und Ausführung produktionsgerecht auszurichten — dienen zwei Begriffe, die jeder Bauherr kennen sollte: „qualifizierter Generalunternehmer" und die „Funktionale Leistungsbeschreibung".

Warum — so sagt die Unternehmerschaft — soll die Bauindustrie eine Ausnahme gegenüber der übrigen Industrie bilden? Warum soll eine auf Seiten des Abnehmers oder Käufers stehende Planung die Ausführung weiterhin kontrollieren?

Der *„qualifizierte Generalunternehmer"* erhält das Bau- und Raumprogramm des Auftraggebers und übernimmt die gesamte Planungsarbeit mit der anschließenden Ausführung. Der Preis des Hauses wird in einem Pauschalangebot nach einer Planung und Baubeschreibung ermittelt. Das geschieht durch mehrere Bieter, so daß dem Bauherrn mehrere derartige pauschalierte Festpreise und die dazugehörigen Entwürfe mit Beschreibungen vorliegen.

Damit beginnt für den Bauherrn das Problem:

▶ Eine gerechte Wertung und Ermittlung des günstigsten Bieters ist ausgeschlossen, weil die differierenden *Festpreise* auf Grund unterschiedlicher Entwürfe, Ausführungsqualitäten und Details aufgebaut sind und somit keinen einheitlichen Bemessungsmaßstab bilden.

▶ Der beste *Entwurf* kann nicht Grundlage für die Beauftragung eines Bieters sein, weil die Preise, die Materialien und Konstruktionen bei allen Angeboten unterschiedlich ausfallen.

▶ Auch das beste *Qualitäts*angebot ist keine Auftragsgrundlage, da weder der Entwurf noch der Preis einheitlich ausfallen.

Dem Bauherrn verbleibt kein Entscheidungsspielraum oder eine Einflußmöglichkeit, wenn der Auftrag erteilt worden ist. Der Grundsatz — alle Planungsentscheidungen sind Kostenentscheidungen — wird sich zuungunsten des Bauherrn auswirken. Was in der Planung an Konstruktionen und Materialien Verwendung finden wird, wird sich allein an den Herstellungskosten orientieren. Hunderte von Details werden keine Optimallösungen im Sinne der Erwartungen der Nutzer sein.

Planer sind in einem Unternehmensbereich grundsätzlich „unproduktive Kräfte", die naturgemäß in ihrer Anzahl und Qualität auf das notwendigste Maß reduziert werden und daher nicht die Leistungsergebnisse der treuhänderisch arbeitenden Architekten- und Ingenieurbüros erbringen können. In vielen Fällen bedienen sich Baufirmen für die Anfertigung von Planunterlagen auch nur stundenweise arbeitender Zeichner und Ingenieure.

Die *„Funktionale Leistungsbeschreibung"* (FLB) existiert als Angebot der Unternehmer seit 1974. Einer beschränkten Zahl von Bietern wird es überlassen, auf Grund eines Bauherrn-Programms eigene Entwürfe anzufertigen und die Materialien und Konstruktionen auszuwählen. Auf diesen Unterlagen wird eine Leistungsbeschreibung von jedem Unternehmer erarbeitet, die dann die Grundlage zur Preisermittlung bildet. Eine gerechte Auswahl des günstigsten Angebotes scheitert aber auch in diesem Falle am fehlenden Bewertungsmaßstab. Versuche hat es genug gegeben, um die Bewertungsprobleme zu lösen. Die Verfechter der Funktionalen Leistungsbeschreibung versuchen das Argument, die eingegangenen Angebote ließen sich nicht oder nur unzulänglich bewerten, mit dem Hinweis zu entkräften, die Qualitäten ließen sich doch „abstrakt" und verbal beschreiben, indem man die allgemeinen Anforderungen ohne Bestimmung der Fabrikate und Konstruktionen aufzählt und dies dem Raumprogramm beifügt. Damit ist jedoch schon die Einschaltung eines Architekten notwendig, abgesehen von der Fragwürdigkeit einer lückenhaften Ausschreibung mit einer anschließenden globalen Auftragserteilung und der dann folgenden Detaillierung. Einer der Befürworter der FLB sagt dazu: „Die Entscheidung über Konstruktionsart und Detailfestlegung *nach* der Ausschreibung hat den großen Vorteil, daß ein überlegteres Urteil bezüglich der Konsequenzen möglich ist." [45]
Dieser Auffassung muß entgegengehalten werden, daß nach der Auftragserteilung das Preis-Leistungs-Verhältnis nur noch in ganz geringem Maße gesteuert werden kann. Stets wird dann der Unternehmer seine Detailvorschläge nach den Prinzipien der Produktion und der möglichst preiswerten Herstellung ausrichten. Wünscht der Bauherr eine bessere Ausführung oder ein anderes Material, dann wird nach der Methode verfahren, die jeder Bauleiter jeden Tag auf der Baustelle in der Auseinandersetzung mit der Baufirma erlebt. Für das entfallende Material bekommt der Bauherr eine Gutschrift, die nur einen Teil des wirklichen Wertes ausmacht. Für ein neues Material oder eine andere Konstruktion muß der Bauherr ein Vielfaches des tatsächlichen Wertes bezahlen.
Der Bund Deutscher Architekten (BDA) hat sich zur funktionalen Leistungsbeschreibung folgendermaßen geäußert:
„Die FLB ruiniert das Bauen. Der BDA warnt die Bauherren, die Finger von der FLB zu lassen, weil sie sonst den Treuhänder verlieren. Denn die FLB beendet die Unabhängigkeit der Planung und begünstigt die Großindustrie. Die FLB schaltet den Mittelstand und den Wettbewerb langfristig aus. Die FLB unterbreitet Problemlösungen,

die entweder keine sind oder auch im Rahmen herkömmlicher Verfahren denkbar wären." [46]

Natürlich berufen sich unternehmerische Planungen auf ihre bemerkenswert preisgünstigen Angebote und ihre Fähigkeiten, die Produktion eines Hauses zu rationalisieren. Die dabei erzielten kostengünstigen Ergebnisse sollen hier auch gar nicht bestritten werden. Bauherren sollten sie jedoch so sehen, wie sie von der Unternehmerseite gewertet werden, nämlich ganz aus der Produktionsperspektive. Aus diesem Blickwinkel werden Probleme einer langfristigen Benutzbarkeit oder möglichst geringer Folgekosten nicht gesehen, ebensowenig die eines möglichst günstigen Preis-Leistungs-Verhältnisses.

4.3 Alles aus einer Hand

Auf vielen Messeständen und in zahlreichen Werbeprospekten können Auftraggeber die so leicht eingängigen Schlagworte lesen: „Alles aus einer Hand! Wir lösen mit Ihnen alle Probleme: Individuell, preisgünstig und schnell!", oder: „Wir besitzen das Konzept, das Ihnen alle Planungs- und Bauleistungen aus einer Hand bietet!"

Welcher Bauherr möchte nicht seine gesamten Bausorgen *einem* Partner anvertrauen und ein Stück Gebäude „serviert" bekommen, ohne die fast unabwendbar erscheinenden Querelen und vielfachen Schwierigkeiten bei der Planung und Ausführung? Diese verständlichen Wünsche vieler Bauherren können durchaus erfüllt werden, wenn sie nur den richtigen Partner wählen.

Dem Bauherren bieten sich als solche Partner an:
▶ der Generalplaner auf der treuhänderischen Seite,
▶ der Generaltreuhänder auf der treuhänderischen Seite,
▶ der Generalübernehmer auf der gewinnorientierten Seite und
▶ der Generalunternehmer auf der gewinnorientierten Seite.
Zwischen diesen vier Alternativen müssen Bauherren wählen, wenn sie sich ganz entlasten wollen.

Allerdings ist es bei einer Beauftragung der treuhänderischen „Generäle" vollkommen unnötig und auch unbegründet kostspielig, wenn zusätzlich zu diesem „General" noch eine oder zwei weitere Instanzen mit der Betreuung beauftragt werden, wie es einstweilen im Bereich des öffentlichen Bausektors geschieht. Außer dem Generalplaner oder Generaltreuhänder wird so z.B. eine Betreuungsgesellschaft beauftragt, um die freischaffenden Planer zu beaufsichtigen. Die Gesellschaft wiederum wird von der dritten Planungsinstitution — der bauenden Verwaltungsbehörde kontrolliert.

4.3.1 Generalplaner

Auch die mit wenigen Fachplanern besetzten Planungsbüros können als Generalplaner bezeichnet werden, wenn sie über *eigene* Sonderfachingenieure verfügen. Die Architekten dieser Büros koordinieren die verschiedenen Fachbereiche.

Der Bauherr sollte sich jedoch vor losen Zusammenschlüssen und undurchsichtigen Kooperationsverträgen zwischen mehreren Büros hüten, die getrennt voneinander arbeiten und lediglich zum Zwecke der Akquisition unter einer gemeinsamen Bezeichnung auftreten.

Generalplaner mit eigenen und treuhänderisch arbeitenden Fachingenieuren bieten dem Bauherrn folgende *Vorteile*:

- ► Übernahme der Gesamtverantwortung für alle Planungs- und Bauleitungsaufgaben aller Fachbereiche
- ► Übernahme der Gesamthaftung für alle Streifragen, die infolge fehlerhafter Planungen oder mangelnder Bauaufsicht in oder zwischen den einzelnen Fachbereichen auftreten können
- ► Zeitverkürzende Planungsabwicklung, und zwar infolge eingeübter Kooperation zwischen den Fachplanern innerhalb eines Planungsbüros. Bessere Zeitsteuerung durch die Verfügbarkeit aller an der Planung beteiligten Experten
- ► Geringere Fehlerquote bei der Planung und Abwicklung infolge der organisatorischen Zusammenfassung und Kontrolle aller Einzelplanungen. Erhebliche Verminderung des Risikos von Bau- und Konstruktionsmängeln.
- ► Effektivere Kostenplanung bei den Vorentwurfs-, Entwurfs- und Ausführungsvorbereitungsphasen. Kurzfristige und umfassend durchgeführte Wirtschaftlichkeitsuntersuchungen. Die hier praktizierte Gemeinschaftsarbeit macht sich auch in der besseren Kostensteuerung und Kostenkontrolle bemerkbar
- ► Besseres Management in der Projektsteuerung
- ► Kompakter Einsatz des Fachwissens, reibungslose Infrastruktur, bessere Kontakte zum Bauherrn
- ► Wirtschaftlichere Planungsabwicklung. Durch die Zusammenfassung vieler Fachingenieure in der Organisation, der Informationsbeschaffung, der Informationsauswertung, der Verwaltung und einem trainierten Zusammenspiel von Architekten und Ingenieuren können Bauprojekte erheblich intensiver bearbeitet und geleitet werden.

Zur Information sei hinzugefügt, daß die Größenordnung von Büros, die sich als Generalplaner bezeichnen können, von mindestens acht Ingenieuren bis zu mehreren hundert Fachplanern schwankt. Dementsprechend wird man die Größe eines Büros nach der Größe des Projektes bemessen. Denn größere Planungsbüros oder Planungsgesellschaften arbeiten bei zu kleinen Objekten unwirtschaftlich. Umgekehrt können kleinere Büros nicht die Ansprüche erfüllen, die bei großen Bauaufgaben zu stellen sind. Dabei müssen auch der Schwierigkeitsgrad der jeweiligen Aufgabe und die besonderen Anforderungen, wie z.B. besonders kurze Planungs- und Bauzeiten oder besondere Kenntnisse, beispielsweise in der Planung eines Chemiewerkes berücksichtigt werden. So sollten größere Büros bevorzugt werden, wenn es um schnelle Planungsabwicklungen oder ein spezifisches know-how geht, auch wenn das Bauobjekt nicht so umfangreich ist.

Generalplaner sind in vielen Fällen auch dann vorzuziehen, wenn sie nicht am Bauort ansässig sind. Bauherren schätzen im allgemeinen den Vorteil der Ortsansässigkeit eines Büros ohne eigene Fachingenieure zu hoch ein, weil sie — fälschlicherweise — meinen, die Bauleitung sei die entscheidende Aufgabe der Planer. In Anbetracht der Mobilität und der guten Verkehrsverhältnisse ist die Beauftragung auswärtiger Büros oder Gesellschaften unproblematisch, wenn diese qualifiziert sind. Im Verhältnis zu den Bausummen spielen die höheren Fahrtkosten im Gesamtrahmen keine Rolle. Garantien für Festpreis oder Festtermine geben die Generalplaner im Normalfalle nicht.

4.3.2 Generaltreuhänder (nur für Bauherren von größeren Projekten)

Generaltreuhänder verfügen über größere Planungskapazitäten und darüber hinaus über die sogenannten „Zentralen Dienste": Abteilungen für Projektsteuerung, Rechtsberatung, Netzplantechnik, Entwicklungsarbeit und dergleichen mehr. In ihnen vereinigen sich alle Fachdisziplinen unter einer Führung. Somit stellen sie für den Bauherrn größerer Bauobjekte den geeigneten Planungs- und Abwicklungspartner dar. Das beginnt bei der Erarbeitung von Bau- und Raumprogrammen für den Auftraggeber und endet bei der Übernahme aller Leistungsbereiche in der Planung und Ausführungsüberwachung. Im Rahmen dieser umfassenden Leistungsfähigkeit übernehmen Generaltreuhänder auch die Garantie für feste Kosten und Termine einschließlich der schlüsselfertigen Herstellung des gesamten Werkes. Im Vergleich zum Generalunternehmer stellt sich der Generaltreuhänder als die bessere Alternative dar. Die Garantien für Festpreis und Festtermin werden ohne die bekannten Nachteile von Qualitätsrisiken und unproportionierten Mehrkosten gegeben. Das heißt, der Generaltreuhänder partizipiert nicht am Gewinn, wenn der Herstellungspreis unterschritten wird. Der Generaltreuhänder sichert den Preis nach oben hin ab, und zwar im Zusammenhang mit der vom Bauherrn gewünschten Bauqualität. Da er als Treuhänder grundsätzlich keinerlei eigene Leistungen und Lieferungen für den Bau übernimmt, kann er sich intensiv für die Interessen des Auftraggebers einsetzen. Der Bauherr kann sich vertraglich die Einsicht in alle Vorgänge sowie die Mitwirkung vorbehalten. Sein Entscheidungsspielraum ist damit wesentlich größer als bei einer Beauftragung von Generalunternehmern.

Natürlich kosten diese Garantien des Generaltreuhänders mehr als die üblichen Honorarsätze. Gemessen an dem, was ein Generalunternehmer jedoch an Zuschlägen für die Absicherung seiner Risiken berechnet und dem Bauherrn noch an Risiken bezüglich der qualitativen Ausführung aufbürdet, ist die Mehrbelastung bei einer Beauftragung von Generaltreuhändern akzeptabel.

Die Kosten für die Garantie eines Festpreises bewegen sich etwa zwischen 0,7 bis 3,5 Prozent, für die Garantie eines Festtermins zwischen 1,0 und 1,7 Prozent. Demgegenüber berechnen Generalunternehmer für die Garantien von Festpreis und Festtermin 10 bis 20 Prozent. Zu bemerken ist dabei, daß Generaltreuhänder diese Prozentzahlen offen auswerfen, während sie der Generalunternehmer in die Preise versteckt einarbeitet.

Für einen ganzheitlichen Planungs- und Bauablauf stellen Generaltreuhänder bei größeren Projekten die Ideallösung dar.

4.3.3 Generalübernehmer

Beachten Sie als Auftraggeber die unterschiedliche Benutzung dieser Bezeichnung. Klären Sie im voraus, von wem dieser Begriff beansprucht wird: Von den Beratenden Ingenieuren, die auf der Seite des Auftraggebers stehen, von den Baugesellschaften, die teilweise gemeinnützige und teilweise rein gewinnorientierte Ziele verfolgen oder von Baufirmen, die als Gegenspieler des Bauherrn arbeiten.

Auch ohne Vorkenntnisse können Bauherren leicht unterscheiden, auf welcher Seite der Generalübernehmer steht. Führt der betreffende „General" selbst Bauleistungen aus, steht er auf der Gegenseite. Handelt es sich jedoch um ein Beratungs-, Planungs- oder echtes Treuhandunternehmen, dann können Sie es als Ihren Mitspieler betrachten. Allerdings gibt es auch Generalübernehmer, die selber nichts produzieren und dennoch keine treuhänderischen Leistungen zu erbringen in der Lage sind. Sie übernehmen den Auftrag und vergeben alle Ausführungs- bzw. Planungsleistungen an Subunternehmen oder Planungsbüros weiter. Lediglich die Koordinierungsfunktionen und die Verantwortung gegenüber dem Nachfrager oder Bauherrn bleiben bei diesem Generalübernehmer. Ihr Angebot — das Gebäude „aus einer Hand" zu liefern — erschöpft sich also in einer reinen Vermittlungs- oder Maklertätigkeit. Mit mehr oder weniger Geschicklichkeit fließen dann auch die Gewinne aus den Leistungen der Unter-Unternehmer durch diese „eine Hand". Daher kann von dieser Art von Anbietern nur abgeraten werden. Sie sind die schlechteste aller Lösungen für die Bauprobleme der Bauherren.

Generalübernehmer in Form der Beratenden Ingenieure oder als consultings (siehe Ziffer 5.3) sind als Generalplaner oder Generaltreuhänder anzusehen. Sie sind unter Ziffer 4.3.1 und 4.3.2 beschrieben und sind als gute Lösung bei der Übernahme der treuhänderischen Aufgabenbereiche anzusehen. Ihr Charakter und ihre Leistungsfähigkeit lassen sich bei den in der Referenzliste angegebenen Auftraggebern (Bauherren) in Erfahrung bringen.

Gesellschaften als Generalübernehmer sollten nur dann in die engere Wahl gezogen werden, wenn sie, neben der Gesamtverantwortung, auch die Gesamtplanung mit eigenen Kräften zu übernehmen in der Lage sind und dies auf eine rein treuhänderische Weise tun.

4.3.4 **Generalunternehmer** (nur für Bauherren von Projekten, die pauschal an einen Unternehmer vergeben werden sollen)

Dieser Unternehmenstyp bietet die Gesamtheit aller Ausführungsleistungen aus einer Hand an. Mit seiner Beauftragung sind Vor- und Nachteile verbunden, die der Bauherr kennen sollte.

Ihre Entstehung verdanken die Generalunternehmer dem Verlangen der Bauherren nach garantierten (kurzen) Terminen und Preisen. Planungsbüros können zwar Termine und Kosten planen, jedoch nicht garantieren. In den Zeiten des Baubooms stiegen die Preise enorm an, und die Termine liefen immer mehr davon. Aus dieser Situation erwuchs die starke Position des Generalunternehmers auf dem Baumarkt. Auch die Architekten förderten zeitweise diese Entwicklung, weil der Generalunternehmer ihnen die nicht gerade attraktiven Leistungsbereiche — Bauleitung, Koordination, Zeitplanung und -kontrolle — abnahm.

Generalunternehmer sind überwiegend kapitalkräftige, mittlere und größere Unternehmungen, die im allgemeinen die Rohbauleistungen selbst ausführen und die übrigen Gewerke an sogenannte „Subunternehmer" vergeben. Diese selbständigen Firmen werden unter der Regie des Generalunternehmers organisiert und geführt. Sie haben keinerlei Vertragsbeziehungen zum Bauherrn und sind allein vom Generalunternehmer abhängig.

Prüfen wir die Argumente, die für oder gegen die Beauftragung von Generalunternehmern sprechen.

1. Argument: Bei kurzen und zu garantierenden Terminen ist allein der Generalunternehmer in der Lage, den Bezugstermin einzuhalten.

Prüfung: Dieses Argument ist sicher durch viele Erfahrungen zu beweisen. Allerdings darf man den kurzen und garantierten Termin nicht isoliert von den Faktoren „Kosten" und „Qualität" sehen. Ziel des Bauherrn kann es nicht sein, um jeden Preis einen Mini-Termin zu erzielen, und zwar zu Lasten der Ausführungsqualität und der Kosten. Machen Sie als Bauherr nicht die Terminfrage zum alleinigen Kriterium bei der Vergabe, sondern wägen Sie ab, was ein kurzer Termin mehr kostet und welche Einbußen Sie in der Ausführung hinnehmen müssen (Baumängel). Wenn es auf der Baustelle stets heißt: „Termin ist Termin!", kann ein Bauleiter minderwertiges Material oder schlechte Fenster nicht mehr zurückgehen lassen, weil das mit Zeitverzögerungen verbunden wäre.

Empfehlung: Lassen Sie sich bei einer Ausschreibung die Kosten für verschiedene Termine geben! Zum Beispiel: Normale Bauzeit: 12 Monate — Gesamtkosten ... DM. Kurze Bauzeit: 8 Monate — Gesamtkosten ... DM.

2. Argument: Nur der Generalunternehmer kann die Preise garantieren, und zwar in Form des pauschalierten Festpreises ohne Nachträge.

Prüfung: Erstens kann ein Festpreis nur „fest" sein, wenn Planung, Detaillierung und Leistungsbeschreibung präzise und vollständig vorliegen. Zweitens kostet die Garantie des Generalunternehmers Geld, und zwar für die Abdeckung des Kostenrisikos und die Mehrleistung des Unternehmers für die Koordinationsarbeit mit den Subunternehmern — eine Leistung, die normalerweise die Bauleitung des Architekten übernimmt. Je nach der Markt- und Auftragslage rechnen Generalunternehmer für die Garantien von Festpreis und Festtermin mit 10 bis 20 Prozent Mehrkosten.

Empfehlung: Vor der Entscheidung, ob ein Generalunternehmer zu beauftragen ist oder nicht, lassen Sie sich gründlich von Ihrem Architekten beraten. Wägen Sie dann ab, ob Ihnen die Garantien diese Mehrkosten wert sind.

3. Argument: Der Generalunternehmer befreit den Bauherrn von allen Belastungen bei einer konventionellen Abwicklung mit den vielen Liefer- und Leistungsbetrieben.

Prüfung: Rein rechtlich ist der Bauherr tatsächlich entlastet, vor allem aber der Planer. Auf der Baustelle sieht das dann allerdings ganz anders aus. Die Wahrheit über den angeblich risikolosen Kauf von einem „Stück Wohnhaus" mit Festpreis und Festtermin ist folgende: Baustellen-Alltag: Dem Generalunternehmer werden die Beanstandungen mitgeteilt. Dieser verweist auf das Versagen seiner Subfirmen. Die Subunternehmer geben dem Bauleiter oder Bauherrn jedoch zu verstehen, daß sie mit ihm ja keine Geschäftsbeziehungen hätten und die Mängelbeseitigung solange auf die lange Bank schieben müßten, bis ihnen der Generalunternehmer die noch ausstehende Abschlagszahlung überweist. Auch Änderungswünsche des Bauherrn sind nur über den Generalunternehmer zu veranlassen. Dieser muß die Kostenfolgen bei allen nachfolgenden Gewerken überdenken. Erst dann kann eine Anordnung erfolgen. Einsprüche gegen die Wahl eines Subunternehmens kann der Bauherr kaum geltend machen. Den Wunsch nach einer anderen und qualifizierteren Firma wird der Generalunternehmer stets mit dem Hinweis beantworten, er möge ihm eine bessere und gleich billige Firma nachweisen. Dazu aber wird der Bauherr kaum in der Lage sein.

Empfehlung: Die Ausschreibung muß den Hinweis enthalten, daß nur Bieter in Frage kommen, die eine Liste mit allen Subunternehmen dem Angebot beifügen. Nur so kann der Bauherr vor dem Auftrag über die Auswahl dieser Firmen mit dem Generalunternehmer verhandeln.

4. Argument: Der Generalunternehmer bietet dem Bauherrn mehr Sicherheit in der Abwicklung.

Prüfung: Bis auf die ganz großen Baufirmen sind mittlere Firmen auch von der Pleite bedroht, wie die Erfahrungen der Jahre 1974 bis 1977 zeigen. Im Falle der Zahlungsunfähigkeit verliert der Bauherr die Haftung für alle Gewerke. Nichts ist für den Bauherrn kostspieliger als eine Firmenpleite während der Bauzeit. Das Haftungskapital ist bei einem Generalunternehmer in der Regel nicht höher als bei einem Einzelunternehmer. Verliert der Bauherr seinen Generalunternehmer, muß er außerdem mit einer beträchtlichen Zeitverzögerung rechnen.

Empfehlung: Informieren Sie sich vor dem Auftrag über die wirtschaftliche Gesundheit des in Aussicht genommenen Generalunternehmers.

5. Argument: Durch den Einsatz von fertigungsgerechten Vorschlägen verschaffen die Generalunternehmer dem Bauherrn Preisvorteile.

Prüfung: Diese Vorteile sind auch bei einer Einzelausschreibung gegeben. Wie die Erfahrung zeigt, werden die Erwartungen in derartige Vorschläge nur selten erfüllt.

Empfehlung: Wenn Sie als Bauherr dem Anbieter Gelegenheit für Sondervorschläge geben möchten, sollten Sie auch die Bedingungen dafür nennen. Berücksichtigung können die Vorschläge nur finden, wenn der Vorschlag die Zustimmung des Architekten und der Fachplaner findet und den einschlägigen Bestimmungen nicht widerspricht, die Folgekosten nicht erhöht und nicht weitgehende Änderungskonsequenzen und Merhkosten an anderen Bauteilen zur Folge hat.

6. Argument: Bei einer Ausschreibung mit Generalunternehmer verkürzt sich die Planungszeit.

Prüfung: Das Gegenteil ist der Fall, es sei denn, die Ausschreibung basiert auf einem Vorentwurf und einer groben Beschreibung. Gerade diese Lösung ist für den Bauherrn die teuerste. Vage Unterlagen führen immer zu hohen Nachtragsforderungen. Komplette und genaue Massenberechnungen, Leistungsbeschreibungen und Zeichnungen sind die Voraussetzung für das Vergabeverfahren mit Generalunternehmern. Die Generalunternehmer benötigen für die Einholung von Angeboten bei den Subunternehmern mehr Zeit als bei einer konventionellen Einzelausschreibung.

Empfehlung: Sorgen Sie für genaue Angebotsunterlagen.

5 Architekten, Ingenieure

5.1 Auswahl

5.1.1 Übersicht der Beurteilungskriterien

Eine angemessene Relation von Baupreis zu Gebäudequalität wird nicht erzielt werden, wenn die Methoden zur Steuerung der Bauplanung nicht wesentlich verbessert werden. Da diese Methoden von der Qualifikation und dem Wissenspotential der Architekten und Ingenieure bestimmt werden, müssen Bauherren in erster Linie die Beurteilungskriterien bei der Auswahl der Planer kennenlernen.

Mit der Wahl seiner Architekten, Ingenieure, Berater und deren Organisationsformen entscheidet der Auftraggeber von Bauleistungen ganz wesentlich über die Höhe seiner Baukosten, die Güte seines Gebäudes, die Höhe der Unterhaltungskosten, die Art der Bauabwicklung, sowie über den zeitlichen Ablauf.

Daher muß sich jeder Bauherr für diese Entscheidung mit den besten Informationen versorgen und möglichst umfassend alle Aspekte und Konsequenzen in seine Wahl einbeziehen.

Die bei der überwiegenden Zahl der Bauherren bisher betriebene Praxis bei der Wahl der Architekten, Statiker, Sonderfachleute usw. muß auf jeden Fall geändert werden. Mit den ersten Bauabsichten sollten Auftraggeber sich bereits Vergleichsalternativen beschaffen, damit sie sich so früh wie möglich entscheiden können und nicht in einen gewissen Zugzwang geraten. Völlig ungenügend ist es, sich auf Grund von einigen Empfehlungen für einen Fachplaner zu entscheiden, zumal dann, wenn diese Fürsprachen auch nicht auf einer umfassenden Informationsauswertung beruhen. Gewarnt werden muß daher vor allen Routine-, Gewohnheits- oder Opportunitätsentscheidungen!

Die Leistungsdifferenzen in der praktischen Arbeit der Fachplaner sind viel zu groß, als daß man meinen könnte, eine kritische Auswahl sei für den Erfolg einer baulichen Maßnahme unnötig. Nicht der Bekanntheitsgrad, sondern der Leistungsmaßstab sollte bei der Auswahl jedes Architekten oder Ingenieurs das wichtigste Kriterium sein. Die folgende Liste gibt einen Überblick über den Filterungsprozeß (Kriterien) bei der Planerauswahl.

Übersicht der Kriterien bei der Wahl der Planer

Legende
- ● muß erfüllt werden
- ◆ sollte erfüllt werden
- ○ nicht unbedingt zu erfüllen

Kriterien	Nachweis durch	Bauvorhaben bis 1 Mio. DM	Bauvorhaben 1–3 Mio. DM
Treuhänderische Unabhängigkeit	Inhaberbefragung	●	●
Solvenz/Haftung/Versicherung	Bankauskunft	●	●
Partnerschaftliche Organisationsform	Befragung	○	◆
Interne Organisationsform	Befragung Einblick	○	◆
Gutes Informationsniveau, Produkinformation	Befragung Einblick	◆	●
Dokumentation über Kostenvergleichswerte	Befragung Einblick	◆	●
Dokumentation der erstellten Projekte	Vorlage Einblick	◆	●
Erfahrungen in der Standard-Ausführungsplanung	Vorlage	◆	◆
Erfahrungen mit dem Standard-Leistungsbuch	Vorlage	○	◆
Erfahrung bei der Aufstellung von Raumprogrammen	Vorlage	○	◆
Referenzen über die ausgeführten Projekte	Vorlage Erkundigung	◆	●
Zahl und Qualifikation der Mitarbeiter	Personelle Kapazität	◆	●
Weiterbildung	Befragung	◆	●
Alle notwendigen Spezialisten in einem Büro	Vorlage der Fachgebiete	◆	●
Bau-Management in der Projektplanung	Referenzen	○	◆
Bau-Management in der Ausführungskontrolle	Referenzen	◆	●
Örtliche Präsenz (Baustelle)	Lage des Büros	◆	●
Gute zeitliche Ablaufsteuerung	Referenzen Methoden	○	◆
Erfahrungen bei der Abwicklung unter Zeitnot	Methoden	○	◆
Erfahrungen und know-how in der Kostensteuerung	Referenzen Methoden	◆	●
Geordnete Bearbeitung der Bauherrenwünsche	Referenzen	●	●
Angemessene Honorarhöhe für die einzelnen Leistungsbereiche	Angebot	●	●

Art und Größe jeder Bauaufgabe erfordern jeweils zutreffende Kriterien, so daß diese Übersicht nach dem entsprechenden Bauvorhaben eingeschränkt oder erweitert werden muß. Auf jeden Fall bietet sie eine Grundlage für die Auswahl und Beurteilung der Planer.

Ein Wort zu den „Nachweisen": Es empfiehlt sich, die allgemeinen und auf das jeweilige Bauvorhaben zugeschnittenen Fragen in Form einer Checkliste zusammenzustellen, um nichts zu vergessen. An Hand dieser Liste kann jeder Bauherr die notwendigen Fragen an die in die engere Wahl gezogenen Büroinhaber stellen. Mit Hilfe einer einfachen Klassifizierung lassen sich die Antworten nach „sehr zufriedenstellend", „zufriedenstellend" und „nicht zufriedenstellend" einstufen.

Hinter jede Frage auf der Checkliste lassen sich diese oder andere Abkürzungen leicht eintragen und später mit den Antworten anderer Büros vergleichen. Ergänzend hierzu sollten Bauherren sich nicht scheuen, um Einblick in die Bürounterlagen (Dokumentationen, Informationssysteme, Organisationsprinzipien, ...) zu bitten und sich die Auskünfte durch entsprechende Nachweise belegen zu lassen. Im allgemeinen legen die Büros gerne Auszüge aus der Arbeit der vergangenen Jahre vor, wenn Bauherrn sich dafür interessieren. Auch ein Laie kann durch eine kurze Einsicht in diese Unterlagen — insbesondere beim Vergleichen der Unterlagen in mehreren Büros — Unterschiede in der Qualität der Arbeitshilfen und Arbeitsmittel feststellen.

Referenzen sollten Sie sich in ausreichender Zahl benennen lassen, um anschließend diesen oder jenen früheren Klienten um eine Auskunft und kritische Beurteilung zu bitten. Nutzen Sie diese Gelegenheit, um auch nach der Qualität der Sachbearbeiter zu fragen. Der Büroinhaber wird Ihnen gerne auch die notwendigen Informationen über das Fachwissen und die Erfahrungen (Anzahl und Größe der abgewickelten Bauprojekte) geben. Auch kleinere Wohnbauten sollten verantwortlich von einem ausgebildeten Fachmann geleitet werden.

Ein gutes und leistungsfähiges Büro mit qualifizierten Mitarbeitern und gut funktionierenden Hilfsmitteln für Planung und Ausführung hat keinen Grund, derartige Fragen und Bitten um Auskünfte unbeantwortet zu lassen oder diese Fragen zu umgehen. Werbung durch Transparenz der Arbeitsweise und Infrastruktur ist sicher ein positives Merkmal. Intransparenz oder Auskunftsverweigerung müssen sich dagegen negativ auf den Eindruck des Bauherrn auswirken.

Bauen ohne Architekten?

Bei kleineren, einfachen und unkomplizierten Wohnbauten stellt sich immer wieder die Frage nach der Notwendigkeit eines Architekten und der Fachingenieure für Heizungs-, Sanitär- und Elektroinstalltion. Insbesondere bei negativen Erfahrungen anderer Bauherren beim Umgang mit den Planern ist diese Frage durchaus zu verstehen.

Allgemein ist zu sagen, daß es sicherlich falsch wäre, wenn man beispielsweise aufgrund schlechter Erfahrungen mit einigen Ärzten jede ärztliche Beratung ablehnen würde. Denen, die mit den Leistungen ihrer Architekten unzufrieden gewesen sind, ist entgegenzuhalten, daß sie ja die Wahl ihrer Planer selbst getroffen haben. Ursächlich erhalten einige Bauherren eine weniger befriedigende Architektenleistung, weil sich die

Auswahl des Planungspartners nicht nach leistungsbezogenen Kriterien vollzogen hat. Die Wahl des Planers ist primär entscheidend für den Erfolg des Unternehmens „Hausbau". Vage Empfehlungen aus dem Bekanntenkreis mögen eine Hilfe sein. Sie genügen jedoch nicht als Basis für diese schwerwiegende Entscheidung. Bauherren brauchen Architekten — nicht für die Unterschrift unter den Bauantrag, sondern sie benötigen den auf ihrer Seite stehenden Fachmann für möglichst geringe Baukosten, für kürzere Termine, für eine erfolgssichere Abwicklung und nicht zuletzt, um Schäden von sich abzuwenden.

Nicht vergessen sei, daß nur der Architekt sämtliche Einzelleistungen in einem langlebigen Gebrauchsgegenstand — dem eigenen Haus — zusammenführen kann, der hinsichtlich seiner Benutzbarkeit und seiner Gestalt optimal ist und die Bedürfnisse des Bauherrn repräsentiert.

Wollen oder müssen Bauherren auch in den Honorarausgaben einsparen, sollten sie sich vor der Inanspruchnahme des Planers Gedanken machen, welche Grundleistungen eventuell entfallen oder reduziert werden können. Treffen Bauherren mit den Architekten darüber klare und schriftliche Vereinbarungen, kann man noch einen Rat geben: Seien Sie als Bauherr vor dem Vertrag skeptisch und kritisch; nach dem Vertragsabschluß sollten Sie für ein vertrauensvolles Arbeitsklima sorgen. Mißtrauen gegenüber seinem Berater wirkt sich in den meisten Fällen zum eigenen Nachteil aus.

5.1.2   Auslese oder Ausschreibung

Die Zahl der Ausleseprinzipien kann je nach Art des Bauvorhabens, dem Schwierigkeitsgrad, dem baulichen Umfang, den besonderen Anforderungen und den Zielen der Auftraggeber größer oder kleiner sein. Sicherlich spielen auch nicht rationale Aspekte bei der Auswahl eine Rolle; dazu zählen beispielsweise Sympathie, Zugehörigkeit zu einer Partei, einem Verein oder einer sonstigen Interessengruppe oder auch die persönliche Bekanntschaft. In Geldfragen hört jedoch die Verwandtschaft auf — sagt man. Und Bauen ist für 99 Prozent aller Bauherren vorwiegend eine Finanzierungsfrage. Mehr als alle gesellschaftlichen Bindungen zählt für nüchterne Bauherren die fachliche Begabung, das Leistungs- und Erfahrungsniveau der für ihn arbeitenden Planer. Denn diese Qualitäten entscheiden über Erfolg oder Mißerfolg seines baulichen Vorhabens.

Die Fülle der zu lösenden Bauprobleme vom Entwurf bis hin zum kleinsten Detail macht eine Leistungsauslese notwendig.

Daher liegt der Gedanke einer Leistungsausschreibung auch nahe. Warum nicht die Summe aller erforderlichen Planungsleistungen unter einer begrenzten Zahl von Büros ausschreiben? Der Bauherr hat die Wahl zwischen

▶ der Ausschreibung des planerischen Leistungsumfanges mit dem Ziel, das günstigste Honorarangebot zu erhalten

▶ der Ausschreibung der eigentlichen Entwurfsplanung in Form eines Architektenwettbewerbs mit dem Ziel einen „Idealentwurf" zu erhalten und damit auch den Verfasser dieses Entwurfes- den Architekten oder die Planungsgruppe.

Ausschreibung des planerischen Leistungs- umfanges

Prinzipiell ist die geistige Leistung der Planer von der Güterproduktion der gewerblichen Wirtschaft zu unterscheiden. Daher ist es nur logisch, diese Leistung nicht nach dem Preis auszuschreiben, sondern allein nach der Leistungsqualität zu beurteilen, auszuwählen und zu vergeben.

Abgesehen von standesrechtlichen Bindungen an die Grundsätze von Berufsverbänden und Kammern, sollten Ausschreibungen zur Erzielung des geringsten Honorars vermieden werden.

Das schließt nicht die Einholung von Honorarangeboten guter und leistungsfähiger Büros aus, setzt allerdings eine eindeutige und umfassende Beschreibung der Einzelleistungen durch den Auftraggeber oder seine Fachberater voraus. So kann mit Hilfe einer Vorauswahl und einer fachspezifischen Wertung „demjenigen der Vorzug gegeben werden, der dem Zweck des Bauvorhabens unter technischen und wirtschaftlichen Gesichtspunkten am besten gerecht wird" [47].

Zur Beschreibung einer Planerleistung reichen die Formulierungen einer Honorarordnung allerdings nicht aus. Hier ist es erforderlich, insbesondere bei den ständig mit der Vergabe von Planerleistungen beauftragten Ämtern oder Gesellschaften, detailliert und präzise den gesamten Leistungsumfang zu beschreiben. Je konkreter formuliert und das Planungskompendium in Ablauf und Zeitdisposition dargelegt wird, desto genauer kann das Honorar berechnet werden. Die Darstellung der erwarteten Planerleistungen muß unter anderem enthalten: Den Umfang der Voruntersuchungen und Programmierungen, Koordinierungsaufgaben, Leistungsbereiche, Leistungsumfang, Beschreibung der Teilleistungen, Alternativplanungen, Wirtschaftlichkeitsuntersuchungen, Kosten- und Terminplanungsaufgaben, Kosten- und Termingarantieverpflichtungen, Managementaufgaben, Ingenieurleistungen, Aufgaben der örtlichen Bauaufsicht und Bauabnahmen mit der Aufsicht über die Arbeiten zur Mängelbeseitigung, Leistungseinschränkungen durch Beauftragung von Generalunternehmen (z. B. Wegfall von Massenberechnungen), Übernahme von Teilleistungen durch den Auftraggeber oder dessen Planungsinstitutionen (Bauämter), sowie sämtliche Nebenleistungen, wie Verwaltungsaufgaben, Lichtpausen, Fahrtkosten, Telefonate und Reisekosten usw.

Dem Arbeitsumfang für die Zusammenstellung entsprechend ist jedem Bauherrn zu empfehlen, sich der Hilfe eines guten Planers zu bedienen.

Ausschreibung der Entwurfsplanung (Architekten-Wettbewerb)

In keinem anderen Bereich ist es üblich und möglich, daß sich ... zig Interessenten an einem Wettbewerb — und das sind Planungsleistungen — beteiligen und nur ein kleiner Teil von ihnen Aussicht auf einen Preis hat. Durch diese Form der Leistungsauslese erhält ein Auftraggeber eine große Zahl von Entwurfsplanungen, die ihn nur ein Bruchteil des eigentlichen Honorars kosten. Vom Wohnungsbau- bis zu Städtebauprojekten werden auf diese Weise Ideen gesammelt und verwirklicht. Der Auftraggeber prämiert eine kleine Zahl von Entwürfen mit einem Preis, der für den Entwerfer nur eine Minimalentschädigung darstellt.

Hinsichtlich der Zeitabwicklung muß mit mindestens drei Monaten Laufzeit bei der Einschaltung eines derartigen Wettbewerbsverfahrens gerechnet werden, und zwar mit

einem Monat Vorbereitung für die Erarbeitung der Unterlagen,

einem Monat für die Dauer der Entwurfsplanung (länger arbeiten die Planungsbüros ohnehin nicht an Wettbewerben) und mit

einem weiteren Monat für Auswertung und Beurteilung.

Planungskosten sind für eine derartige Auslese stets gut angelegt. Sie machen sich durch Wahl einer Lösung, die der optimalen sehr viel näher als eine konventionelle Lösung kommt, auf jeden Fall bezahlt.

Für den Ablauf sollten einige Hinweise beachtet werden:

▶ Das Ergebnis eines Wettbewerbs ist so gut wie diejenigen, die ihn vorbereiten und jurieren. Wählen Sie daher qualifizierte Juroren aus, die die Entwurfsvorschläge einer gründlichen Vor- und Hauptprüfung unterziehen!

▶ Koppeln Sie den Wettbewerb mit Wirtschaftlichkeitsforderungen und kostenplanerischen Ansprüchen!

▶ Machen Sie sich die Publikationen zunutze, die über gleichartige Wettbewerbe berichten [48].

Auch für mittlere und kleinere Projekte sollte viel mehr Gebrauch von diesen Möglichkeiten gemacht werden. Aufwand und die Anforderungen sollten dann allerdings geringer ausfallen.

5.2 Vorbedingungen

5.2.1 Treuhänderische Unabhängigkeit

Die wichtigste Voraussetzung für die Planer des Bauherrn ist deren Eigenschaft als unabhängige Treuhänder für die von dem Auftraggeber gestellten Bauaufgaben. Darum müssen Sie als Bauherr vor der Auftragserteilung zu ermitteln versuchen, ob Ihre Architekten und Ingenieure frei von allen Verbindungen und Bindungen für irgendwelche Leistungs-, Lieferungs- und Hersteller-Interessen sind.

Als Auftraggeber können Sie nur Kostenplanung betreiben, wenn auch alle Planer an der Verwirklichung der Kostenziele mitarbeiten. Das ist nicht möglich, wenn

► produktionstechnische Gesichtspunkte vorrangig die Planung bestimmen, wie z. B. vorhandene oder leicht produzierbare Fertigteile,

► wenn Materialien und Konstruktionen gewählt werden, weil sie den Unternehmergewinn erhöhen oder

► wenn absatzorientierte Fakten eine Hauptrolle bei der Planung spielen, wie beispielsweise der Verkauf von bestimmten Geräten oder Systemen bei der Installationsplanung.

Es muß sich daher kostenerhöhend auswirken, wenn — wie es häufig geschieht — für ganz spezielle Aufgaben die Planung den Firmen überlassen wird. In diesem Fall wird nie das Optimum von Qualität und Leistung im Verhältnis zum Preis gewählt werden; das firmenspezifische Interesse wird überwiegen. Daher wird die Planung teils zu teuer, teils zu billig ausfallen — je nach der Art der Aufgabe und den jeweiligen Auftragsverhältnissen.

Bauherren müssen daher wissen, daß nicht alle Planungsbüros unabhängig arbeiten, sondern daß es Büros gibt, die von Firmen mit Herstellungs- und Lieferinteressen gegründet worden sind und unterhalten werden. Sie sind natürlich einseitig orientiert und darauf ausgerichtet, nur die Produkte einer Firmengruppe auszuschreiben und vorzuschlagen.

Als Bauherr sollten Sie daher die Beteiligung von Planern ausschließen, die

► im Dienste von verkaufsorientierten Wohnungsbaugesellschaften arbeiten,

► direkt oder indirekt abhängig sind von Baufirmen aller Art,

► als Konstruktionsbüros für die Einplanung ihrer eigenen Produkte auftreten,

► die Vermittlungstätigkeit von Immobilien und Erzeugnissen aller Art betreiben,

► die Provisionen von Produktionsbetrieben oder Händlern erhalten für den Fall, daß ihre Waren in der Ausschreibung berücksichtigt werden.

Architekten, Ingenieure und Berater, die nicht nur von der Auftraggeberseite honoriert werden, sondern auch von der Gegenseite Zahlungen empfangen, sollten keinesfalls beauftragt werden.

Honorare sind die produktivsten Kosten für jeden Bauherrn. Honorarkürzungen müssen daher zu einer Gefährdung der Unabhängigkeit der Planer führen. Die negativen Folgen für den Bauherrn: Mangelhafte Planungsqualität oder etwaige Abhängigkeit der Planer von anderen Geldquellen.

 Wirtschaftliche Grundlage

Die freiberuflichen Planungsbüros bedienen in ihrer Dienstleistungsfähigkeit den Auftraggeber sicher oft flexibler als öffentliche Planungsträger, müssen sich auf ihre wirtschaftliche Grundlage untersuchen lassen. Die beste wirtschaftliche Grundlage ist jedoch keineswegs ein Zeichen für hohe Leistungsfähigkeit. Büros mit hohem Leistungsstand müssen relativ hohe Gehälter und viel Geld für die Betriebseinrichtung und das Informationswesen zahlen.

Wie sehr ein Büro durch unnötige Mehrleistungen beansprucht wird, liegt unter anderem auch in der Hand des Bauherrn. Bei einzelnen Wohnungsbauvorhaben kommen Überbeanspruchungen häufiger vor. Denn jedes Einfamilienhaus ist für ein mittleres Büro dermaßen planungsaufwendig, daß kaum oder nur ganz geringe Gewinne erzielt werden können. Eine straffe Abwicklung der Planung ist daher vonnöten.

5.3 Generalisten, Manager *

5.3.1 Management-Wissen

Weil es im Bauwesen so wenig und so schlechtes Management gibt, liegt das Kostenniveau um dreißig Prozent zu hoch. Das Management fehlt im Planungs- und im Ausführungssektor. Erst mit Hilfe von Management-Wissen und Managementtechniken werden die guten Spezialisten, die wertvollen Erfahrungen aller Beteiligten und die technischen Hilfsmittel bewußt auf ein Ziel hin gesteuert.

Warum Management?

Zu viele am Planen und Bauen Beteiligten sind gegenüber dem Management voller Skepsis und Vorurteile. Einmal haben sie es nie gelernt und zum anderen sind sie bisher auch so zurechtgekommen. Sie haben organisieren und improvisieren gelernt. Die dabei angeeigneten Fähigkeiten haben bis in die sechziger Jahre für die Bewältigung vieler kleinerer und größerer Projekte ausgereicht. Mit Beginn der siebziger Jahre wurden die finanziellen Mittel knapper und die Ansprüche der Bauherren größer.

Bei den zersplitterten Architekten- und Ingenieurbüros wird vielfach noch heute so verfahren: Der Architekt macht einen Vorentwurf und übersendet diesen dem Statiker. Nach einer ersten Prüfung erhält der Architekt die Zeichnung zurück und ändert, um die korrigierten Zeichnungen dem Statiker erneut vorzulegen. Dieses Verfahren wiederholt sich. In der gleichen Weise wickelt sich die Zusammenarbeit mit den Fachingenieuren ab. Die Zeit vergeht so mit Änderungen, Verbesserungen und Abwarten.

---

* Nur wichtig für Bauherren größerer Objekte

Bei einem gesteuerten Planungsablauf erfolgt eine zielgerichtete Straffung des gesamten Planungsvorganges und der dabei Mitwirkenden durch bestimmte, erlernbare Managementmethoden. Management muß sein, wenn die Optimierung der Mittel zur Zielverwirklichung angestrebt wird. Mit anderen Worten: Weil jeder Bauherr Geld, Zeit, Ideen und Vorstellungen nicht vergeuden möchte, sondern möglichst zweckmäßig, wirtschaftlich und günstig einzusetzen beabsichtigt, muß eine überlegte Organisation ihm bei der Umsetzung seiner Ziele in der praktischen Realisierung helfen. Diese Organisationsprinzipien werden Management genannt. Management ist also nicht nur etwas für die Großindustrie, sondern für den Planungs- und Ausführungsablauf von Bauvorhaben.

Was ist Management?

Erstens die Umsetzung des Raumprogramms in einen Planungsablauf, der sich logisch und mit einer bestimmten Zielrichtung entwickelt, bis er zu der entwurflich günstigsten Lösung kommt.

Zweitens die Weiterentwicklung des Entwurfskonzeptes nach bestimmten Regeln bis zur Ausführungsreife der Planung, und zwar ohne alle Umwege.

Drittens die Realisierung des Planungsergebnisses im baulichen Ablauf nach bestimmten Steuerungsgesetzen.

Viertens das Instrument des Bauherrn für die Leitung und Kostensteuerung seines Bauvorhabens, und zwar mit Hilfe des Vergleichs von Soll- und Ist-Werten. Insofern ist Management das Organ der Bauherrschaft, um die Produktionsmittel (hier die Architekten, Fachingenieure, Bauleiter, Hilfsmittel, usw.) produktiv und ökonomisch einzusetzen.

Welcher Bauherr wollte nun noch sagen, daß er kein Management benötige?

Praktisches Management ist keine Frage der Größe des Projektes. Es ist eine Frage der

5.3.2   Managementtechniken

Der Bauherr entscheidet darüber,

► was er will und wo (Leistung, Qualität, Quantität, Standort);
► wieviel Geld er ausgeben will (Kosten);
► wann das Projekt realisiert werden soll (Termine).

Dem Bauherrn fallen in seiner führenden Funktion folgende Aufgaben zu:

► Bedürfnisermittlung und Erarbeitung der Planungsgrundlagen (Raumprogramm, Einrichtungsvorstellungen)
► Vorgabe der Projektziele (Leistung, Zeiten, Kosten)
► Einsatz der Planer und Ausführenden
► Bestimmung des Verfahrens (Einzelunternehmer, Generalunternehmer, Pauschalabwicklung)
► Einflußnahme auf den Management-Prozeß nach folgendem Schema:

Erkennen der Problemstellung	Planung	Willensbildung
Ermitteln von Alternativen	(Entscheidungsvorbereitung)	
Bewerten von Alternativen		
Entscheiden	Entscheidung	
Durchführen der gewählten Alternative	Ausführung	Willensdurchsetzung
Kontrolle der Durchführung	Kontrolle	

- Unterrichtung bei den treuhänderischen Planungsexperten: Welche Personen haben welche Verantwortungen (Projektleiter, Entwurfsarchitekt, Ausführungsplaner, Bauleiter). Wer ist für die Koordination zu den Sonderingenieuren verantwortlich? Wer ist für die Kostenaufstellung und -kontrolle verantwortlich? Wer überwacht die Einzel- und Endtermine? Welche Hilfsmittel gibt es für den Planungsablauf, soweit diese für die Projektkontrolle für den Bauherrn interessant sind (Kostenentwicklungsaufstellungen, Zeitpläne, Variantenvergleiche, Planungssystem)?

- Klärung der Frage nach den Hilfsmitteln für eine schnelle und gute Entscheidungsvorbereitung (Kosten-Nutzen-Analyse, Nutzwertanalyse, Vermeidung von Fehlentscheidungen in größerem Umfang — siehe Abbildung 13).

- Einwandfreier Informationsfluß zwischen Bauherrn und Planer. Keine „einsamen'' Entschlüsse, sondern Mitbeteiligung und Mitbestimmung.

- Schaffung eines vertrauensvollen Arbeitsklimas. Mischen Sie sich als Laie nicht in alle Einzelheiten ein! Geben Sie den Mitarbeitern mehr Selbständigkeit, als diese es erwarten. (Das spornt mehr an als Geld.) Führen Sie ihr Bauvorhaben konsequent. Nichts tut ihrer Autorität mehr Abbruch als häufiger Meinungswechsel, unüberlegte Änderungen oder Beeinflussung durch Außenseiter. Bereiten Sie sich gut auf die Ent-

Abbild 13

Mögliches finanzielles Ausmaß von Fehlentscheidungen im Planungs- und Realisierungsablauf [49]

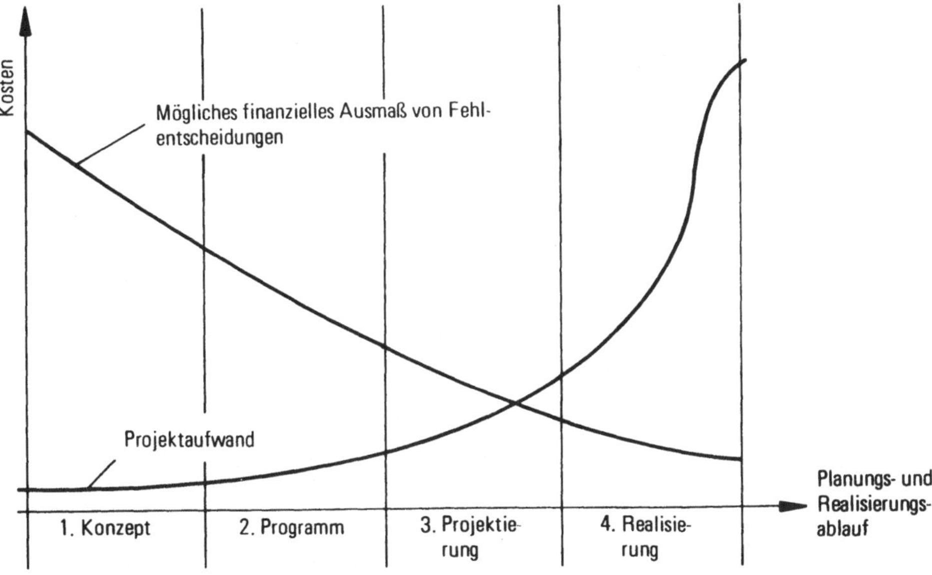

scheidungen vor und bleiben Sie nach der Entscheidung dabei. Das Hinauszögern von Entscheidungen verbreitet Unsicherheit und Resignation.

Mit der Beachtung dieser Tips sind Sie praktisch ein Manager geworden. Denn diese Empfehlungen sind praktisches Management und können jedem Bauherrn die Projektarbeit wesentlich erleichtern. Die Nichtbeachtung dieser einfachen Techniken kostet Sie mehr als Sie ahnen.

5.4 Spezialisten

5.4.1 Einflußfaktoren, Wissensgebiete

Jeder Bauherr sieht sich heute bei seinem Vorhaben, ein Gebäude planen und bauen zu lassen, einer Mannigfaltigkeit von Wissensgebieten im allgemeinen und einer Vielfalt von technischen Leistungsbereichen im besonderen gegenüber.
Mancher Auftraggeber bringt mit seiner Organisation zudem eine Fülle von weiteren Einflüssen in die Bauplanung hinein, die als Faktoren von primärer Bedeutung oder als Randbedingungen in den Planungsprozeß einfließen müssen. Es kann nicht ausbleiben, daß sich diese Faktoren und Bestrebungen widersprechen und entsprechend ihrer Bedeutung im Gesamtrahmen gesehen und geregelt werden müssen.
Nur ein ganzheitliches Problemlösungssystem kann Abneigungen des Laien gegenüber Experten und umgekehrt abbauen. Jeder Bauherr muß an einer möglichst umfassenden Einbeziehung des gesamten Spezialwissens ebenso interessiert sein wie an der Einordnung jedes Spezialisten entsprechend seinem Stellenwert im Planungspuzzle. Nostalgie in Form einer technisch-wissenschaftlichen Unschuld können wir uns nicht leisten, ebensowenig eine modische Abwertung des Expertenwissens.

5.4.2 Leistungsbereiche

Aus den mehr als 200 Leistungsbereichen des gesamten Bauwesens sind für den Bauherrn nur etwa zwei Dutzend von Interesse.

HOCHBAU
Stadtplanung, Grundstückserwerb und -nutzung
Stadtsanierung
Verkehrsplanung
Grünplanung
Hochbauplanung (Entwurf)
Ausführungsplanung, Ausschreibung, örtliche Bauleitung } Architekt
Integrierte Gesamtplanung
Statik, Beratung, Berechnung, Ausführungsplanung und -überwachung

GEBÄUDETECHNIK
Gebäudebeheizung
Sanitärinstallation, Wasserversorgung, Abwasserbeseitigung
Elektroinstallation, Fernsehen, Fernsprechanlagen
Blitzschutzanlagen

TIEFBAU
Baugrunduntersuchung
Vermessungstechnik
Kläranlagen, Kanalnetzberechnung

AKUSTIK und BAUPHYSIK
Bauakustische Beratung
Schallschutz
Wärme- und Feuchtigkeitsschutz
Sonnenschutz
Vorbeugender Schutz gegen Bauschäden

KOSTEN
Kostenberatung, Investitionskostenermittlung und Kostenkontrolle
Finanzierung, Gesamtwirtschaftlichkeit
Anlageberatung, Vermietung und Verkauf

BAU-MANAGEMENT
Gesamtabwicklung der Planung unter voller Termin- und Kostengarantie
Gesamtabwicklung der Ausführung

Von diesen Bereichen benötigt der Bauherr im Normalfalle die

► Hochbauplanung
► Statik
► Heizungsplanung
► Sanitärplanung
► Elektroplanung

Der Bauherr hat die Wahl, für jedes Fachgebiet je ein Büro oder für alle fünf Bereiche
ein integriert arbeitendes Büro zu beauftragen. Zu empfehlen ist *ein* Büro, das *alle*
Leistungen anbietet. Findet sich im Umkreis von 50 Kilometern kein Büro dieser
Art, sollte sich der Bauherr auf Büros stützen, die wenigstens zwei oder drei Leistungsbereiche übernehmen können.
Bauherrn sollten auch wissen, daß Architekten- und Ingenieurbüros auch Leistungsbereiche übernehmen, für die sie selbst keine Experten haben. Diese Leistungen werden
von ihnen jedoch weiter vergeben, und zwar an Büros, mit denen sie zusammenzuarbeiten gewohnt sind. Gegenüber dem Bauherrn trägt nur das Hauptbüro die Verantwortung für alle Leistungsbereiche. Mit diesem Büro arbeitet der Bauherr zusammen,
wickelt das Bauvorhaben ab und rechnet auch die Honorare ab. Mehrkosten treten
bei dieser Vergabeart nicht auf. Der im Normalfall die Einzelleistungen koordinierende
Architekt kann in diesem Fall zusätzlich die Verantwortung für die übrigen Leistungsbereiche übernehmen. Verhandlungen sollten in diesem Sinne geführt werden.
Bei der engeren Auswahl der in Frage kommenden Büros sollten die Referenzlisten
schriftlich vorgelegt werden, und zwar mit Nennung der Namen und Anschriften der
Bauherren, für die in den vergangenen 5 Jahren Bauten abgewickelt worden sind.
Beachten Sie als Laie jedoch folgendes: Es gibt Projekte, Wettbewerbe oder Bewer-
bungsentwürfe, die Papier geblieben sind oder nicht über die ersten Planungsphasen
hinweggekommen sind. Die Referenzlisten sollten daher die Grundleistungen im
Detail kurz erwähnen. Es kann keinem Bauherrn zugemutet werden, mit einem Büro
zu planen und zu bauen, das nur über Erfahrungen in der Entwurfsplanung verfügt.

Welche weiteren Leistungsbereiche ein Bauherr in Auftrag geben sollte, ist allgemein nicht zu sagen. Je nach Größe und Art des Projektes werden beispielsweise Beratungen oder Berechnungen für die Gartenplanung, die Sanierungsplanung, die Baugrunduntersuchungen oder die Bauphysik erforderlich. Das können im Bedarfsfalle auch Einzelpersonen sein. Ein größeres Büro ist für derartige Leistungen nicht erforderlich. Doch sollte auch von diesen Fachleuten der Abschluß einer Berufs-Haftpflichtversicherung gefordert werden. Schließlich ist die Wahl weiterer Fachleute auch eine Frage der Angemessenheit. Es würde sich in diesem Sinne nicht lohnen, zum Beispiel einen Schwachstromtechniker mit der Planung der Fernsprechanlage zu beauftragen.

Anders ist es mit der Beauftragung eines guten Kostenplaners. Jedes für ihn ausgegebene Honorar rentiert sich, wenn es unter der von ihm erzielten Einsparung liegt. Dem Kostenplaner und -berater sollte auf Grund einer bestimmten Qualitätsvorstellung in der Bauausführung ein darauf abgestimmter Baupreis genannt werden. Bezogen auf die Höhe der Einsparung wäre dann ein Prozentsatz als (Erfolgs-)Honorar zu vereinbaren.

5.4.3 Spezialisten-Organisationen

Bauherren müssen wissen, welche Berufsverbände die Interessen der an ihrem Bau beteiligten Planer wahrnehmen, so daß Sie sich an diese gegebenenfalls wenden können. Diese Organisationen geben gerne Auskunft und sind dem Bauherrn in vielen Fragen bei der Wahl der geeigneten Planer behilflich. Aber auch im Falle von Schwierigkeiten geben sie manchen guten Rat. Aus den Mitgliedslisten lassen sich die speziellen Arbeitsbereiche und die Schwerpunkte in der Arbeit der Architekten und Ingenieure erkennen.

Zählen wir hier die wichtigsten Verbände auf, dann ergibt sich folgendes Bild:
Architektenkammern gibt es in jedem Bundesland. In ihnen sind alle erfaßt, die den Titel „Architekt" führen und als solche Bauanträge einreichen dürfen. Die Kammern haben mehr als sieben Ausschüsse, die sich mit Spezialfragen ständig beschäftigen. Alle Länder-Architektenkammern werden durch die Bundesarchitektenkammer mit Sitz in Bonn zusammengefaßt.
Ein Hinweis: Ein in der gewerblichen Wirtschaft oder der Bauindustrie tätiger Architekt z. B. kann nicht partnerschaftlich und treuhänderisch die Interessen des Bauherrn gegenüber der Ausführungsseite wahrnehmen, da er selbst auf dieser Seite steht. Nicht immer ist diese Differenzierung der Bezeichnung „Architekt" auf den Briefbögen oder den Werbeschriften für Laien erkenntlich. Im Zweifel sollten sich Bauherrn daher an die Architektenkammer wenden.
Während die Architektenkammern eine gesetzliche Institution darstellen, sind die Berufsverbände oder -vereinigungen Organe zur Wahrnehmung der berufsständischen Interessen ihrer Mitglieder.
Dazu zählen unter anderem
der Bund Deutscher Architekten (BDA),
der Bund Deutscher Baumeister, Architekten und Ingenieure e. V. (BDB),
die Vereinigung freischaffender Architekten Deutschlands e. V. (VFA)

Die Fachingenieure haben sich unter anderem in folgenden Vereinigungen und Verbänden konstituiert:
Verband Beratender Ingenieure (VBI),
Bund Deutscher Baumeister, Architekten und Ingenieure e. V. (BDB),
Verein Deutscher Ingenieure (VDI),
Verband unabhängiger beratender Ingenieurfirmen (VUBI),
German Consults — Deutsche Planung- und Beratungs-AG (GC),
eine Gemeinschaftsgründung von über 400 Büros.

5.5 Kooperationsformen

Bei der Suche nach dem geeigneten Planungspartner begegnen dem Bauherrn die unterschiedlichsten Bezeichnungen. Neben den mit einem Namen benannten Architekten- und Ingenieurbüros treten Bezeichnungen auf, wie zum Beispiel „Planungsgruppe", „Team" oder „Arbeitsgemeinschaft". Sie alle nehmen für sich in Anspruch, an „Teamarbeit" gewöhnt zu sein und „interdisziplinär" zusammenzuarbeiten. Dem Bauherrn ist die Mühe nicht zu ersparen, diese Ansprüche auf ihren Wirklichkeits- und Wahrheitsgehalt zu prüfen. Das ist für ihn auch nicht schwierig.

Über die Notwendigkeit einer möglichst engen Kooperation zwischen den verschiedenen Fachdisziplinen kann es keine Diskussion geben. Abweichende Auffassungen gibt es aber über die Frage, wie eng diese Zusammenarbeit in den einzelnen Bereichen organisiert sein muß. Für den Bauherrn ist es ein großer Unterschied, ob er mit einer „Gruppe" zusammenarbeitet, die doch aus mehreren selbständigen Büros besteht oder ob er einem „Team" den Auftrag erteilt, das unter einer einheitlichen Führung die Ingenieure für Statik, Heizung, Sanitär und Elektro mit den Architekten vereint. Die Planung wird schneller und besser mit dem letztgenannten Prinzip ablaufen.

Welche Begriffe muß der Bauherr kennen, um an ihrem Inhalt die Angebote beurteilen zu können?

„Interdisziplinär" arbeiten Architekten- oder Ingenieurbüros, die über *eigene* Fachingenieure für den Entwurf, die Ausführungsplanung, die Ausschreibung, die Bauleitung, die Statik, die Heizungs-, Sanitär- und Elektroinstallation verfügen. Diese Konstellation ist für die Bauherren die effektivste. Diese ganzheitliche Behandlung der Planungs- und Überwachungsarbeit bietet dem Bauherrn auch ein Maximum an know-how. Die Projektleitung steuert die Vorplanung, Planung, Ausführungsvorbereitung und -überwachung und ist verantwortlich für die Entscheidungsvorbereitung, -durchführung und -kontrolle. In unmittelbarem und direktem Kontakt arbeiten Architekten und Sonderfachleute zusammen. Die Abstimmung untereinander erfolgt zum frühesten Zeitpunkt, so daß Fehlentwicklungen und Zeitversäumnisse kaum vorkommen können. Vor der Verwirklichung einer Entscheidung wird diese von allen Beteiligten geprüft. Der Informationsfluß von einem zum anderen Kollegen ist optimal. Jeder Fachexperte sieht nicht nur die Kostenentwicklung in seinem Fachbereich, sondern die gegenseitigen Abhängigkeiten unter dem Gesamtaspekt.

So erkennt er — um dies an einem Beispiel zu erläutern —, daß eine Preisreduzierung in seinem Bereich auch manchmal zu einer Verteuerung in den Gesamtkosten führen kann. Interdisziplinäres Arbeiten bringt auch Vorteile in der zeitlichen Abwicklung mit sich, da alle Einzelmaßnahmen sich auf die Zeitdisposition auswirken. Sie können von der zentralen Projektleitung besser beurteilt und gesteuert werden. Die Vorteile der interdisziplinären Zusammenarbeit wirken sich erst bei der organisatorischen Zusammenfassung innerhalb eines Büros — in Form der sogenannten *„Integration"* — voll aus.

Im kleineren Maßstab des Wohnungsbaus ist das das Büro mit eigenen Architekten und Ingenieuren. Hier kommen dem Bauherrn folgende Vorteile zugute:

▶ Beweglichkeit im Realisierungsprozeß seines Bauvorhabens
▶ Sicherheit in Haftungsfragen
▶ Verminderung der Reibungen zwischen Bauherrn und den Planungspartnern, sowie zwischen den verschiedenen Büros
▶ Zeitgewinn in der Planungsabwicklung
▶ Kostenvorteile infolge einer besseren Übersicht der Kostenentwicklung und Kostensteuerung
▶ Qualität des Planungsinstrumentariums: Kostenvergleichswerte, Dokumentationen, Planungsmethodik, Informationswesen usw.
▶ Sicherheit gegen personelle Ausfälle

Im Grad der Integration gibt es Unterschiede. Die einfachste Form ist die eines Büros, welches über einen Architekten und einen Statiker verfügt. Eine höhere Stufe ist die eines zusätzlichen Mitarbeiters, für einen oder mehrere der Installationsleistungen. In diesem Sinne ist die Vereinigung von drei Leistungsbereichen besser als die von zwei.

Gefahren und Nachteile liegen in der noch immer weitverbreiteten konventionellen Vergabe von Planungsleistungen an mehrere Planungsbüros, die völlig getrennt voneinander organisiert sind. Worin bestehen nun die Nachteile der Addition von Leistungsbereichen?

▶ Im Nebeneinander der Planungsvorgänge unter getrennt operierenden Führungen. Das bedeutet mehr Personal, mehr Zeit, weniger Beweglichkeit, mehr Baukosten, mehr Unsicherheit, mehr Arbeit für den Bauherrn und eine kompliziertere Bauleitung.
▶ Im Risiko, bei Schadensfällen in rechtlich schwierige und langdauernde Haftungsfragen verwickelt zu werden. Infolge der getrennten Berufs-Haftpflichtversicherungen kann es dem Bauherrn durchaus passieren, daß er „zwischen zwei Stühlen sitzt", weil zum Beispiel weder das Architektenbüro noch das Ingenieurbüro für den Schaden aufzukommen bereit ist.
▶ In der fehlenden Zusammenfassung der einzelnen Planungsvorgänge. Kostenüberlegungen und Planungsentscheidungen werden oft isoliert getroffen und nicht übergreifend auf die übrigen Planungsbereiche. Infolgedessen kann eine Kostensteuerung nicht so konzentriert erfolgen.
▶ In Form von mehreren Verträgen mit den Einzelbüros. Damit treten Schwierigkeiten in der Haftungsabgrenzung, in der Frage der Verantwortlichkeit und der Koordination auf. Da es dem Bauherrn nicht zugemutet werden kann, die Büros zu koordinieren, wird dies in den meisten Fällen der Architekt tun. Das kann er jedoch nur in ganz bescheidenem Maße, weil die Büros autonom sind und er keine Verfügungsgewalt über sie

besitzt. Damit müssen Leistungsminderungen und Zeitverluste in Kauf genommen
werden. Differenzen zwischen den Büros gehen zu Lasten des Bauherrn. Der Bauherr
hat ein Mehrfaches an Verwaltungsarbeit zu leisten.

Als Bauherr sollten Sie sich merken:
Schließen Sie bei der Vergabe der Planungsleistungen nur *einen* Vertrag mit *einem*
Planungspartner, der sowohl die Architekten- als auch die Ingenieurleistungen voll
verantwortlich übernimmt.
Vor Ihrer Entscheidung sollten Sie die verschiedenen Büros befragen, über welche
eigenen Fachingenieure sie verfügen und welche Leistungsbereiche sie im Falle einer
Übernahme aller Bereiche zu vergeben beabsichtigen. Die zweite Frage sollte dann die
der Art der Vergabe betreffen. Werden die im Büro nicht zu bearbeitenden Bereiche
an freie Mitarbeiter oder an andere Büros vergeben? Büros sind gegenüber freien Mitarbeitern vorzuziehen.
Lassen Sie sich Referenzen über die bisherige Kooperationsarbeit geben, damit Sie
weitere Informationen sammeln können.
Prüfen Sie den Vertrag darauf, ob *eine* Versicherungsgesellschaft die Haftung für alle
Bereiche übernimmt. Anderenfalls könnte das für Sie von Nachteil sein.
Vereinbaren Sie mit dem einen Planungspartner nur pauschalierte Honorar-Abschlags-
zahlungen für alle Planungsbereiche.

Bevorzugen Sie die Büros, die von mehreren Partnern geführt werden! Sie haben bei
einer Sozietät mehr Sicherheit in der Abwicklung.
Zur Erläuterung:
In dem *hierarchischen* Prinzip ist der Büroinhaber
der Alleinverantwortliche,
der Akquisitionschef zur Sicherung des Auftragsbestandes,
der alleinige Vertragspartner für den Bauherrn,
der Personalchef und Vertragspartner für die Mitarbeiter,
der Cheforganisator,
der technische Leiter
und in vielen Fällen auch der Projektleiter. Ihm obliegt daneben die Oberleitung für
die Planung und Durchführung der Bauaufgaben nach wirtschaftlichen Zielsetzungen.
Im Falle seines zeitweiligen oder gänzlichen Ausscheidens stockt die Planungsabwicklung, die Honorarzahlungen werden zurückhaltend eingehen; Unsicherheit für die Bauherren, Mitarbeiter und die Baufirmen wird sich einstellen. Im Falle seines Todes
wird allen Verträgen die Grundlage entzogen. Es werden in vielen Fällen Konsequenzen
eintreten, wie zum Beispiel Abwanderung von tüchtigen Fachplanern, Verlust an
Liquidität oder Bauzeitverzögerungen bis zur Regelung der Nachfolge. Die Erben
brauchen nicht für die abgelaufenen Verträge einzutreten. [50]
Die *partnerschaftliche* Führung hat ohne jeden Zweifel Vorteile, wie
die Erhaltung der Gesamtfunktion des Büros gegenüber allen Dritten,
die kontinuierliche Weiterbearbeitung des Bauvorhabens,
die höhere Leistungsfähigkeit und Leistungsbereitschaft,
die Entlastung der Führungskräfte von berufsfremden Tätigkeiten und
die einer der Sache dienenden Arbeitsteilung.

5.6 Planungsqualität

Die Qualität der Planung bestimmt die Güte eines Bauwerks.
Die Gebäudegüte aber wird auch gemessen an den erzielten Baukosten. Deshalb wirkt sich die Qualität der Planer auch auf die Kosten aus. Damit der Bauherr die Planer auf ihre Qualität hin testen kann, seien in den folgenden Ausführungen einige Informationen gegeben.

5.6.1 Planungsbüros

Die planerischen Fähigkeiten und Hilfsmittel sind es, die sich entscheidend auf die Qualität eines Gebäudes auswirken.
Planungsfähigkeiten sollten bei den Führungskräften hauptsächlich in ihrem Kombinations- und Koordinationsvermögen bestehen. Bei den Spezialisten werden demgegenüber mehr Spezialwissen und die Fähigkeit, Probleme zu lösen, verlangt. Siehe Abbildung 14 [51].

Abbildung 14
Zusammenfassung der notwendigen Fähigkeiten von Spezialist und Manager [51]

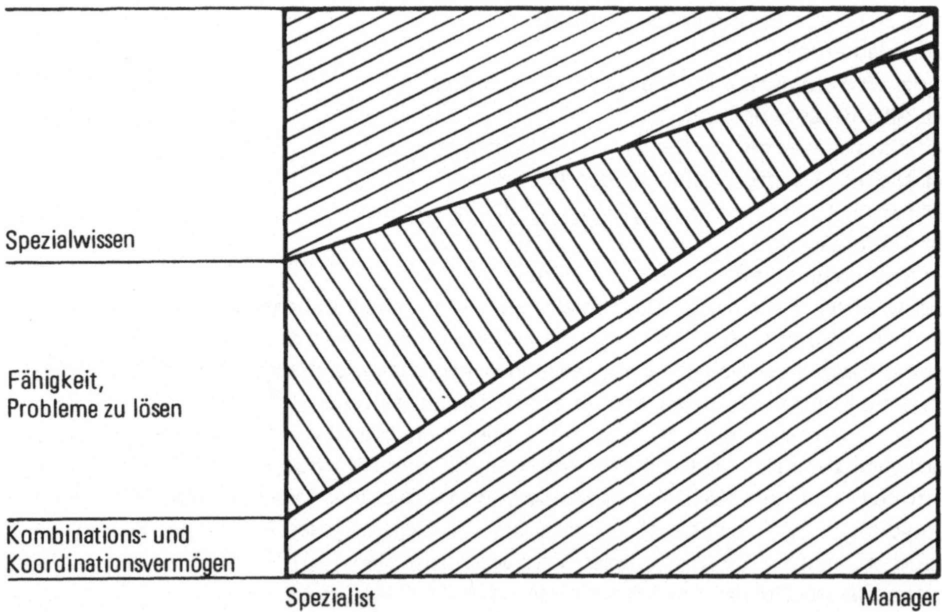

Im Normalfall zeigt sich folgendes Bild: Nach der Fachausbildung steigt das Fachwissen weiter an, fällt dann aber wieder etwas ab. Das Kombinationsvermögen und die Fähigkeit zur Problemlösung nehmen parallel zur Erfahrung zu. Für den Bauherrn und seine Interessen wäre es also wünschenswert, wenn ein Büro auch für die fachliche Weiterbildung sorgt. Ist das nicht der Fall, treten bei den Planern erfahrungsgemäß fünf Jahre nach Abschluß der Berufsausbildung Lücken auf, die sich nachteilig auf die Planung auswirken werden. Planer, die im wirtschaftlichen Wettbewerb vorne bleiben möchten, wissen, daß sich das Wissen alle fünf Jahre verdoppelt und sind deshalb um die Erweiterung ihres Wissenspotentials bemüht. [51] Siehe Abbildung 15.

Planungshilfsmittel tragen zur Verbesserung der Qualität in der Planung bei, wenn sie ständig ausgebaut und auf dem neuesten Stand gehalten werden. In diesem Zusammenhang sollten nur wenige Punkte angesprochen werden, um diesen Begriff zu verdeutlichen.

Abbildung 15
Zusammensetzung der technischen Fähigkeit in Abhängigkeit von der Zeit [51]

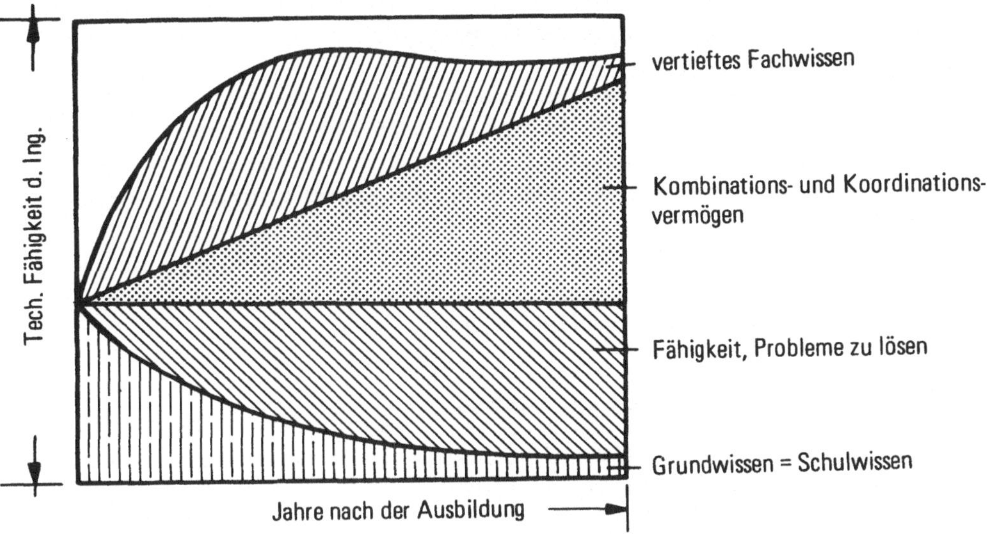

In guten Büros gibt es sogenannte „Ablaufschemata", mit deren Hilfe ein Planungsvorgang in seiner stufenweise Abfolge schematisch aufgezeichnet ist. So kann sich auch ein Neuling in der Planung schnell orientieren. Als Beispiel sei auf das Schema unter Ziffer „Bauherren-Wünsche" — Ablauf der Vorentwurfsplanung — verwiesen. In der gleichen Weise werden die Bearbeitung des Bauantrages, die Koordination und Kooperation sowie viele andere Vorgänge erleichtert.

Für ein Büro ist eine gut organisierte Informationsbeschaffung und eine überlegte Informationsverteilung Voraussetzung für einen reibungslosen Ablauf. Nur bei gleichem Informationsstand kann die Planung auf dem kürzesten Wege die Planziele erreichen. Für den Informationsfluß gibt es bestimmte Systeme, wie die Mitteilungen, Notizen, Protokolle und andere Mittel (vertikal und horizontal), intern und extern (in Kontakt zum Bauherrn), die alle Beteiligten erreichen sollten.

Auch Bauherren werden heute überschwemmt mit einer Fülle von Prospekten und Werbematerial, die Baustoffe und Bauteile anbieten. Für ein Büro ist es wichtig, daß dieses Informationsmaterial geordnet ist, damit ein schneller Zugriff gesichert ist. Weiterhin ist die Erhaltung der Aktualität wichtig. Sammlungen, die älter als ein Jahr sind, sind weitgehend überholt. Das „Deutsche Architektenblatt" hat neben anderen

Publikationen einen Code veröffentlicht, der die Suche nach den Bauprodukten erleichtert und dem Planer einen guten Überblick bietet. Als Alternative existieren auch Firmen-Codes, die ebenfalls eine schnelle Produktinformation ermöglichen. Hersteller, Anschrift, Anwendungsmöglichkeiten und Richtpreise müssen aus diesen Codes ersichtlich sein. Vor einem Büro ohne ein Klassifikationssystem für die Bauprodukt-Beschreibungen sei gewarnt.

Die Bundesregierung beabsichtigt gegenwärtig die Einrichtung eines bundesweiten Fachzentrums, das Informationen über den Baumarkt, über Baumethoden, Baustoffe, technische Daten, über Baupreise, über Literatur zum Fach sowie über Forschungsergebnisse und Entwicklungen sammelt und Interessierten, also auch Bauherren, zur Verfügung stellen soll.

Zu den Hilfsmitteln in der Planung gehört auch die Dokumentation der Projekte. Einmal erarbeitetes Wissen muß so gespeichert werden, daß ein schneller Zugriff gewährleistet ist.

Für die Leistungsverzeichnisse der Ausschreibung arbeiten größere Büros mit dem sogenannten „Standardleistungsbuch", das eine programmierte Textverarbeitung für die immer wiederkehrenden Leistungsbeschreibungen darstellt. Dieses Hilfsmittel erleichtert die Arbeit, setzt sich in mittleren und kleineren Büros jedoch nur langsam durch.

Der Arbeitsvereinfachung dient ein weiteres Instrument, die Standard-Ausführungsplanung. Die immer wiederkehrenden Details für Türen, Fenster usw. werden hier standardisiert und nur für den jeweiligen Fall ergänzt.

5.6.2 Planungsumfang, Leistungsbild

Keine Gebühren- oder Honorarodnung weist den Umfang an Leistungen aus, die ein Architekt zu erbringen hat. Wieviel Vorentwürfe, Entwürfe, Ausführungszeichnungen und Details in welcher Ausführlichkeit ein planender Architekt vorzulegen hat, ist weitgehend in das Belieben des beauftragten Planers gestellt. Das ist stets auch eine Frage des jeweiligen Bauobjektes. Schwierige Entwurfsaufgaben verlangen eingehendere Darstellungen als einfache Wohnungsbauten. Ein Architekt, der sehr viel planerische Arbeit vorlegt, erhält ein gleich hohes Honorar wie einer, der es bei den notwendigsten Zeichnungen bewenden läßt und die übrigen Angaben auf der Baustelle macht bzw. sich weitgehend auf die ausführenden Firmen verläßt. Beides kann nicht im Interesse des Bauherrn sein.

Dieser Ermessensspielraum bezieht sich auch auf die Bauleitung. Wie oft, wann und wie intensiv ein Bauleiter seine Aufgaben erfüllt, ist ihm oder seinem Bürochef überlassen.

Aus der Perspektive eines Auftraggebers sollte die Qualität einer Planung ebenso gut sein wie die einer Bauleitung. Der Bauherr erhält mit der folgenden Zusammenstellung eine Übersicht über den Leistungsumfang eines Architekten. Nach dieser Liste ist eine Orientierung möglich, nicht jedoch eine Verallgemeinerung. Eines soll hier noch einmal erwähnt werden. Je sparsamer ein Planer im Umfang seiner Leistungen ist, desto uneffektiver wird die kostenplanerische Kontrolle sein. Je mehr ein Architekt zu Improvisationen auf der Baustelle neigt — weil keine präzis überlegten zeichnerischen oder schriftlichen Angaben vorliegen —, desto weniger kann die Kostenentwicklung nach einer Zielplanung ablaufen. Und schließlich: Je weniger der Architekt die Bedingungen im einzelnen für eine Ausführungsart selber festlegt, desto mehr wird dieses Vakuum von den Gewinninteressen der Ausführungsfirma ausgefüllt werden. Hier sind nun die Einzelleistungen, die ein Architekt normalerweise bei der Bearbeitung eines Auftrages erbringen sollte.

Leistungsbild entsprechend der Honorarordnung für Architekten und Ingenieure (HOAI), gültig ab 1.1.77.

Grundleistungen:

1. Klärung der Aufgabenstellung
Beraten zum gesamten Leistungsumfang
Formulieren von Entscheidungshilfen für die Auswahl anderer an der Planung fachlich Beteiligter
Zusammenfassen der Ergebnisse

2. Abstimmen der Zielvorstellungen
Aufstellen der Programmziele
Erarbeiten eines Planungskonzepts einschließlich der Untersuchung alternativer Lösungsmöglichkeiten nach gleichen Anforderungen mit zeichnerischer Darstellung und Bewertung
Integrieren der Leistungen anderer an der Planung fachlich Beteiligter
Klären und Erläutern der wesentlichen städtebaulichen, gestalterischen, funktionalen, technischen, bauphysikalischen, wirtschaftlichen, energiewirtschaftlichen Zusammenhänge, Vorgänge und Bedingungen
Vorverhandlung mit Behörden und anderen an der Planung fachlich Beteiligten über die Genehmigungsfähigkeit

3. Entwurfsplanung
Durcharbeiten des Planungskonzepts unter Berücksichtigung der vorherigen Bedingungen und unter Beteiligung der an der Planung fachlich Beteiligten einschließlich deren Integration
Objektbeschreibung nach DIN 276
Zeichnerische Darstellung des Gesamtentwurfs; durchgearbeitete, vollständige Vorentwurfs- und/oder Entwurfszeichnungen; dieser Leistungsbereich umfaßt im allgemeinen 4 bis 6 alternative Vorentwürfe, 1 bis 2 Entwürfe im Maßstab 1:100 mit der Eintragung aller Maße, Möblierungen, Fenster, Türen, Schornsteine, Treppensteigungen usw. in Form aller Grundrisse, Schnitte und Ansichten.
Kostenberechnung nach DIN 276

4. Genehmigungsplanung
Erarbeiten der Vorlagen für alle erforderlichen Genehmigungen einschließlich der Anträge auf Ausnahmen und Befreiungen unter Verwendung der Beiträge anderer an der Planung fachlich Beteiligter
Einreichen dieser Unterlagen
Vervollständigen und Anpassen der Planungsunterlagen, Beschreibungen und Berechnungen
Hierzu gehört auch der Entwässerungsantrag und die Beschaffung einer prüfungsfähigen statischen Berechnung.

5. Ausführungsplanung

Durcharbeiten des Entwurfs und der Genehmigungsplanung unter Berücksichtigung der schon genannten Bedingungen

Zeichnerische Darstellung des Objekts mit allen für die Ausführung notwendigen Einzelangaben, z. B. endgültige, vollständige Ausführungs-, Detail- und Konstruktionszeichnungen in den Maßstäben 1:50 bis 1:1, mit den erforderlichen textlichen Ausführungen

Erarbeiten der Grundlagen für die anderen an der Planung fachlich Beteiligten und Integrierung ihrer Beiträge bis zur ausführungsreifen Lösung

Neben den Ausführungszeichnungen für die Installationen und den Schal- und Bewehrungsplänen für die Stahlbetonarbeiten, die von den betreffenden Sonderingenieuren zu erbringen sind, sind vom Architekten normalerweise vorzulegen: Alle notwendigen Grundrisse und Schnitte sowie alle Ansichten im Maßstab 1:50; Fenster- und Fassadenschnitte (vertikal und horizontal), seitliche, obere und untere Anschlüsse mit Darstellung aller Maße für die Fensterprofile; Angaben über die Verglasung, Verkittung, Sonnenschutz, Fensterbänke, Solbänke, Heizkörperaufstellung, Fensterabdichtung innen und außen, Öffnungsarten in den Maßstäben 1:10 bis 1:1.

Dachbeschreibung, Dachanschlüsse an Traufe, Giebel und Attika, Dachrinnendetails, Dacheinläufe, Lichtkuppeln im Maßstab 1:5. Innen- und Außentreppen mit der zeichnerischen und textlichen Darstellung aller Details, Anschlüsse der Geländer und Podeste in den Maßstäben 1:10 bis 1:1. Haustürentwurf mit Einplanung der Verglasung, Klingel, Briefkästen, Sprechanlage usw. Beschlagsfestlegung für alle Türen und Fenster einschließlich der gesamten Schließanlage. Innentüren mit Darstellung der Türblätter, Zargen, Schwellen und der Abdichtung gegen Schall. Zeichnungen über den Fußbodenaufbau im einzelnen, insbesondere im Bad und in der Küche, im Treppenhaus und auf dem Boden. Zeichnerische Darstellungen über Pflanzbecken, Kamin, Decken- und Wandverkleidungen, Dachfenster, Schornsteinkopf, Lüftungshauben und dergleichen.

Die Ausführungszeichnungen müssen enthalten Wandbehandlungen, Fußbodenaufbauten, Deckenbehandlungen, Fußleistenarten, Angaben über Fußbodenschienen, Heizkörperanordnung und -aufstellung (Stand- oder Wandkonsolen), Beleuchtungskörper, Schalter, Steckdosen, Aussparungen und Durchbrüche für Leitungen aller Arten.

6. Vorbereitung der Vergabe

Ermitteln und Zusammenstellen der Massen

Aufstellen von Leistungsbeschreibungen mit Leistungsverzeichnissen, Koordinierungsaufgaben unter den an der Planung fachlich Beteiligten

7. Mitwirkung bei der Vergabe

Zusammenstellen der Verdingungsunterlagen für alle Leistungsbereiche

Einholen von Angeboten, Prüfen und Werten der Angebote, Aufstellen eines Preisspiegels nach Teilleistungen

Verhandlung mit Bietern

Kostenanschlag nach DIN 276 aus den Preisen der Angebote

Mitwirken bei der Auftragserteilung

8. Bauüberwachung
Überwachen der Ausführung auf Übereinstimmung mit der Baugenehmigung, den Ausführungsplänen und den Leistungsbeschreibungen
Koordinierung aller Beteiligten
Aufstellen und Überwachen eines Zeitplanes (Balkendiagramm)
Führen eines Bautagebuches
Gemeinsames Aufmaß mit den bauausführenden Unternehmen
Abnahme der Bauleistungen
Rechnungsprüfung
Kostenfeststellung nach DIN 276
Antrag auf behördliche Abnahmen und Teilnahme daran
Übergabe des Objekts
Auflisten der Gewährleistungsfristen
Überwachen der Beseitigung der bei der Abnahme der Bauleistungen festgestellten Mängel
Kostenkontrolle

9. Objektbetreuung
Objektbegehung zur Mängelfeststellung vor Ablauf der Gewährleistungsfristen
Überwachen der Beseitigung der innerhalb der Verjährungsfrist der Gewährleistungsansprüche auftretenden Mängel
Mitwirken bei der Freigabe von Sicherheitsleistungen
Systematische Zusammenstellung der zeichnerischen Darstellungen und rechnerischen Ergebnisse des Objekts.

Diese Aufstellung enthält nicht die Besonderen Leistungen. Sie sind von Fall zu Fall zusammenzustellen und gemäß der Honorarordnung für Architekten und Ingenieure (HOAI) zu bewerten. Zu ihnen gehören zum Beispiel die Aufstellung eines Raumprogramms, das Untersuchen von entwurflichen Lösungsmöglichkeiten nach grundsätzlich verschiedenen Anforderungen, die Aufstellung eines Finanzierungsplanes oder einer Bauwerks- und Betriebs-Kosten-Nutzen-Analyse. Ebenso gehören dazu die Durchführung einer Voranfrage, die Analyse der Alternativen oder Varianten und deren Wertung mit Kostenuntersuchung (Optimierung) sowie die Wirtschaftlichkeitsberechnung.

5.7 Honorare und Verträge

5.7.1 Honorarordnung (HOAI)

Bis zum 31.12.76 galt die „Gebührenordnung für Architekten" (GOA) vom Januar 1950 bzw. die „Gebührenordnung für Ingenieure" (GOI).
Seit dem 1.1.77 hat die Bundesregierung mit Zustimmung des Bundesrates die „Honorarordnung für Architekten und Ingenieure" (HOAI) von 1976 verordnet.

Vor dem 31.12.76 durchgeführte Architekten- oder Ingenieurleistungen sind nach der alten GOA abzurechnen, während nach dem 1.1.77 erbrachte Leistungen nach der neuen HOAI berechnet werden können, wenn dies vor dem Inkrafttreten vereinbart worden ist.

Grundsätzliche Informationen zur HOAI

Bei der Festlegung der anrechenbaren Kosten genügt als Grundlage die Kostenschätzung nach DIN 276. (Fassung vom September 1971, § 10). ,,Anrechenbare Kosten sind (. . .)
1. für die Leistungsphasen 1 bis 4 die Kosten nach der Kostenberechnung; solange diese nicht vorliegt, sind die Kosten nach der Kostenschätzung anzusetzen;
2. für die Leistungsphasen 5 bis 9 die Kosten nach der Kostenfeststellung; solange diese nicht vorliegt, sind die Kosten nach dem Kostenanschlag anzusetzen.
(3) Als *anrechenbare Kosten* nach Absatz 2 gelten die ortsüblichen Preise, wenn der Auftraggeber
1. selbst Lieferungen oder Leistungen übernimmt,
2. von bauausführenden Unternehmen oder von Lieferern sonst nicht übliche Vergünstigungen erhält,
3. Lieferungen oder Leistungen in Gegenrechnung ausführt oder
4. vorhandene oder vorbeschaffte Baustoffe oder Bauteile mitverarbeiten läßt.''
(3a) Anrechenbar sind für Grundleistungen bei Gebäuden und Innenräumen die Kosten für Installationen, betriebstechnische Anlagen und betriebliche Einbauten (DIN 276, Kostengruppen 3.2.0.0 bis 3.4.0.0 und 3.5.2.0 bis 3.5.4.0), die der Auftragnehmer nicht plant und auch nicht überwacht,
1. vollständig bis zu 25 % der sonstigen anrechenbaren Kosten,
2. zur Hälfte mit dem 25 % der sonstigen anrechenbaren Kosten übersteigenden Betrag.
Nicht anrechenbar sind zum Beispiel die auf die Kosten des Objekts anfallende Umsatzsteuer und die Kosten für das Baugrundstück, die Erschließung, die Außenanlagen, die Baunebenkosten usw.
Nach § 12 ist das Objekt in der *Objektliste* aufzusuchen und einzuordnen in die zugehörige *Honorarzone*. Für den Wohnungsbau kommen in Frage
Honorarzone II: Gebäude mit geringen Planungsanforderungen;
Honorarzone III: Gebäude mit durchschnittlichen Planungsanforderungen;
Honorarzone IV: Gebäude mit überdurchschnittlichen Planungsanforderungen.
Nach der Objektliste der HOAI gehören
zur Honorarzone II: Einfache Wohnbauten mit gemeinschaftlichen Sanitär- und Kücheneinrichtungen;
zur Honorarzone III: Wohnhäuser, Wohnheime und Heime mit durchschnittlicher Ausstattung;
zur Honorarzone IV: Wohnhäuser mit überdurchschnittlichen Anforderungen.
Nach § 15 werden im Normalfall die *Leistungsphasen* 1 bis 9 übertragen. Das ,,Leistungsbild Objektplanung für Gebäude und Freianlagen'' nennt die Phasen
1 – Grundlagenermittlung
2 – Vorplanung
3 – Entwurfsplanung

4 — Genehmigungsplanung
5 — Ausführungsplanung
6 — Vorbereitung der Vergabe
7 — Mitwirkung bei der Vergabe
8 — Objektüberwachung
9 — Objektbetreuung

Diese *Grundleistungen* werden erweitert, wenn „besondere Anforderungen an die Ausführung des Auftrages gestellt werden". Für diese *Besonderen Leistungen* „darf ein Honorar nur berechnet werden, wenn die Leistungen im Verhältnis zu den Grundleistungen einen nicht unwesentlichen Arbeits- und Zeitaufwand verursachen und das Honorar zuvor schriftlich vereinbart worden ist. Das Honorar ist in angemessenem Verhältnis zu dem Honorar für die Grundleistung zu berechnen, mit der die Besondere Leistung nach Art und Umfang vergleichbar ist. Ist die Besondere Leistung nicht mit einer Grundleistung vergleichbar, so ist das Honorar als Zeithonorar nach § 6 zu berechnen" (§ 5).
Werden Leistungen des Architekten oder Ingenieurs nach *Zeitaufwand* berechnet, so kann für jede Stunde ein Betrag von 45 bis 70 DM und für jede Stunde seines Mitarbeiters ein Betrag von 35 bis 60 DM in Ansatz gebracht werden.

Besondere Leistungen sind unter anderem (§ 15):
Untersuchen von Lösungsmöglichkeiten nach grundsätzlich verschiedenen Anforderungen — bezogen auf die Leistungsphase 2 (Vorplanung); Aufstellen einer Bauwerks- und Betriebs-Kosten-Nutzen-Analyse — bezogen auf die Leistungsphase 2 (Vorplanung);
Analyse der Alternativen/Varianten und deren Wertung mit Kostenuntersuchung (Optimierung) — bezogen auf die Leistungsphase 3 (Entwurfsplanung);
Wirtschaftlichkeitsberechnung — bezogen auf die Leistungsphase 3 (Entwurfsplanung).

Zusätzliche Leistungen (§ 28 bis 32):
Entwicklung und Herstellung von Fertigteilen,
Rationalisierungswirksame besondere Leistungen,
Rationalisierungsfachmann im Wohnungsbau,
Projektsteuerung,
Winterbau.

Die *rationalisierungswirksamen* besonderen Leistungen (§ 29) sind von besonderem Interesse. Sie sind „zum ersten Mal erbrachte Leistungen, die durch herausragende technisch-wirtschaftliche Lösungen über den Rahmen einer wirtschaftlichen Planung wesentlich hinausgehen und dadurch zu einer Senkung der Bau- und Nutzungskosten des Objektes führen". Honorare müssen vorher schriftlich vereinbart werden.
„Leistungen des *Rationalisierungsfachmannes* sind Leistungen, die die Arbeitsergebnisse anderer Architekten und Ingenieure beurteilen können." Dazu gehören zum Beispiel die Begutachtung des Grundrisses, der Statik, der Ausbaukonzeption usw. Auch die Honorare für diese Leistungen sind vorher zu vereinbaren (§ 30).
Sind die Grundleistungen, die Besonderen und Zusätzlichen Leistungen ermittelt worden, wird die Honorarzone nach der Objektliste festgelegt. Die anrechenbaren Kosten ergeben dann die Nettokosten für das Gebäude. Bei der nun folgenden eigentlichen Honorarberechnung ist in der *Honorartafel* zwischen den *Mindest- und Höchstsätzen*

zu wählen (§ 16). Ist bei Auftragserteilung nichts schriftlich vereinbart worden, gelten die Mindestsätze. Durch eine schriftliche Vereinbarung können die Mindestsätze in Ausnahmefällen unterschritten werden. Die Höchstsätze dürfen ebenfalls nur bei außergewöhnlichen oder ungewöhnlich lange dauernden Leistungen durch schriftliche Vereinbarungen überschritten werden (§ 4). Für eine angemessene Honorarfindung gelten die in der HOAI zu findenden Bewertungsmaßstäbe, wie zum Beispiel der Schwierigkeitsgrad einer Aufgabe, der notwendige Leistungsaufwand sowie sonstige fachliche oder wirtschaftliche Faktoren.
Neu bei der HOAI ist, daß die *Mehrwertsteuer* gesondert berechnet werden kann.

Für den Bauherrn fallen außer dem eigentlichen Honorar folgende *Nebenkosten* an (§ 7):

▶ Post- und Fernsprechgebühren, außer Fernsprechgebühren im Ortsnetz des Geschäftssitzes des Architekten.

▶ Kosten für Vervielfältigungen von Zeichnungen und von schriftlichen Unterlagen, sowie Anfertigung von Filmen, Fotos und Pausen.

▶ Kosten für das Baustellenbüro, einschließlich Einrichtung, Beleuchtung und Beheizung.

▶ Fahrtkosten für Reisen, die über den Umkreis von mehr als 15 km vom Geschäftssitz des Architekten hinausgehen.

▶ Trennungsentschädigungen und Kosten für Familienheimfahrten.

▶ Entschädigungen für den sonstigen Aufwand bei längeren Reisen.

Der Umfang und die Abrechnungsart dieser vom Bauherrn zu tragenden Nebenkosten sollte bei Vertragsabschluß schriftlich vereinbart werden. Die Parteien können auch vereinbaren, daß die Erstattung dieser Kosten zum Teil ausgeschlossen ist. Üblich ist es, die Kosten für die Pausen, die Ferngespräche und etwaige Reisen auf jeden Fall zu bezahlen. Die übrigen Nebenkosten fallen beim Wohnungsbau nur in Ausnahmefällen an.

Zahlungen (§ 8) werden fällig, wenn die Leistung vertragsgemäß erbracht und eine prüffähige Rechnung überreicht worden ist. Abschlagszahlungen können in angemessenen zeitlichen Abständen für nachgewiesene Leistungen gefordert werden. Nebenkosten sind auf Nachweis fällig. Andere Zahlungsweisen können schriftlich vereinbart werden.
Leistungen für die Planung der *Außenanlagen* sind nicht im Planungshonorar inbegriffen. Nach § 18 ist das Honorar nach dem Leistungsbild der Honorartafel für Freianlagen gesondert zu vereinbaren und zu berechnen.

Zuschläge auf die Honorarermittlung können vorher schriftlich vereinbart werden, wenn nur ein Teil der Leistungsphasen in Auftrag gegeben wird (§ 19) oder wenn Leistungen für Umbauten, Modernisierungen oder Instandsetzungen erbracht werden sollen (§§ 24, 27).

Vergleichsbeispiel einer Honorarberechnung
A — nach der alten Gebührenordnung für Architekten (GOA) und
B — nach der neuen Honorarordnung für Architekten und Ingenieure (HOAI)
Projekt Wohnhaus, Bauwerkskosten DM 150.000,— ohne Außenanlagen und ohne Bauneben- und Grundstückskosten.

A — Berechnung nach der überholten GOA; gültig bis zum 31.12.76:

Bauklasse IV: Wohnbauten mit besserem Ausbau

6,4 % von 150.000,— DM = 9.600,— DM

zuzüglich örtliche Bau-

aufsicht: 25 % von 9.600,— DM = 2.400,— DM

12.000,— DM einschließlich Mehrwertsteuer

B — Berechnung nach der neuen HOAI; gültig ab 1.1.77.: [52]

1. Vertragsvereinbarungen:	Bewertung der Grundleistungen	
Grundleistungen (1—9):	in Prozent	
Grundlagenermittlung	3 %	
Vorplanung	7 %	
Entwurfsplanung	11 %	
Genehmigungsplanung	6 %	27 %
Ausführungsplanung	25 %	
Vorbereitung der Vergabe, Massenberechnungen und Leistungsverzeichnisse	10 %	
Mitwirkung bei der Vergabe	4 %	
Objektüberwachung	31 %	
Objektbetreuung	3 %	73 %
Summe der Leistungsphasen	100 %	

Besondere Leistungen: keine (angenommen)

Zusätzliche Leistungen: keine (angenommenen)

Honorarzone: IV — Wohnhäuser mit überdurchschnittlichen Anforderungen

Mindestsatz nach der Honorartafel § 16

Freianlagen: ohne Ansatz

2. Anrechenbare Kosten:

für alle Leistungsphasen 1—9

Nettokosten Gebäude DM 150.000,—

3. Honorarberechnung:

Mindestansatz gemäß Honorartafel § 16:

bei 150.000,— DM und Honorarzone IV (laut Zoneneinteilung)

1/2 (24.610 — 12.700) + 12.700 = 18.655,— DM

zuzüglich 5,5 % Mehrwertsteuer = 1.026,— DM

Gesamthonorar 19.681,— DM

Resultat:

Honorar nach der GOA von 1950 = 12.000,— DM

Honorar nach der HOAI von 1976 = 19.681,— DM

Das heißt, die HOAI ergibt in diesem Fall eine um 64 % höhere Summe.

Bemerkungen zum Beispiel:

Bei diesem vereinfachten Berechnungsbeispiel ist von der Annahme ausgegangen worden, daß Kostenschätzung, Kostenberechnung und Kostenanschlag die gleichen Endsummen ausweisen. Normalerweise weichen diese Beträge ja voneinander ab. Daher müssen die gruppenweise zusammengefaßten Leistungsphasen auf der Basis von unterschiedlichen Beträgen ermittelt werden.

Fallen Besondere oder Zusätzliche Leistungen an, müssen hierfür gesonderte Ansätze bei der Honorarberechnung gemacht werden. Das gilt auch für die weiteren Leistungsbereiche „Freianlagen", „Städtebauliche Leistungen" oder „Ingenieurleistungen".

5.7.2 Honorar und Leistung

Die Berufsverbände und Kammern der Architekten und Ingenieure schreiben grundsätzlich die zur Zeit gültigen Honorarordnungen für Architekten bzw. für Ingenieure bei der Honorarabrechnung vor. Dessen ungeachtet werden zum Teil erhebliche Nachlässe zwischen Architekten und Ingenieuren einerseits und Bauherren andererseits vereinbart. Dabei spielen die Auftragslage und das Alternativangebot eines anderen Planers eine Rolle. Aber es werden auch über die Honorarordnungen hinaus Zusatzhonorare vereinbart und gezahlt, die auf echte Mehrleistungen der Fachplaner zurückzuführen sind.

Aus der Perspektive des Bauherrn eines einfachen Wohnhauses, der sich bereits für den Entwurf seines Hauses aus einer Zeitschrift entschieden hat, gibt es oft nur das eine Kriterium der Honorarhöhe. Wenn es lediglich um die Zeichenarbeit für einen vorliegenden Entwurf ohne jede Denkarbeit geht, ist die Honorarbemessung nach der Gebührenordnung zu hoch. Zu einem Mini-Honorar wird die Zeichnung für den Bauantrag an einen Planer vergeben, und der Bauherr mag sich die Einsparung ausrechnen. Dennoch muß er sich sagen lassen, daß er ein reines Verlustgeschäft gemacht hat! Mit seinem Verzicht auf alle Rationalisierungsüberlegungen in der kostenentscheidensten Planungsphase — dem Entwurf — hat er praktisch über 90 Prozent seiner Kostenendsumme entschieden (siehe Ziffer 1.4.3–1. Information). Für den Rest der Planungs- und Bauzeit kann der Bauherr die Kosten nur noch geringfügig beeinflussen! Wie sich aus den Darlegungen unter Ziffer 6 nachlesen läßt, verspielt ein Bauherr die vielen Chancen, seine Baukosten wesentlich — bis zu 30 Prozent — zu senken, wenn er der Meinung ist, Einsparungen ließen sich nicht beim Entwurf erzielen, sondern bei der Beauftragung eines billigen Planers, eines billigen Unternehmers oder durch Selbsteinkauf von Materialien und Selbsthifearbeiten. Es gibt genügend Beispiele für den Nachweis dieser Tatsache.

1. Rat für den Bauherrn

Wählen Sie Ihren Architekten nicht nach dem billigsten Honorarangebot aus, sondern zahlen Sie ein angemessenes Leistungs-Honorar!

Die Leistung eines Planungsbüros ist an Hand der schon beschriebenen Kriterien in der fachlichen Qualifikation meßbar und auch für einen Laien-Bauherrn einschätzbar. Zur Beurteilung kommen die Faktoren hinzu, die unter Ziffer 6, Kostenplanung, beschrieben sind. Die Gesamtbeurteilung zeigt dem Bauherrn das Büro mit dem höchsten Leistungsstand. Natürlich wird die besondere Leistungsfähigkeit eines Büros hinsichtlich der kostenplanerischen Kenntnisse und Erfahrungen den Ausschlag bei der Auswahl geben.

Gehen Sie als Auftraggeber von dem vollen Honoraransatz gemäß der Gebührenordnung aus und suchen Sie sich das Büro aus, das Ihnen die beste Gewähr für die Erzielung eines optimalen Preis-Leistungs-Verhältnisses bietet!

Ihr Ziel ist die Minimierung der Gesamtherstellungskosten, nicht die eines Teilbetrages, wie der Honorarkosten.

Liegt Ihnen das Angebot eines Planungsbüros vor, das bei einem Spitzenhonorar ein besonders gutes Kostenendergebnis für die gesamten Kosten Ihres Gebäudes zu erzielen verspricht, dann greifen Sie zu, insbesondere dann, wenn dieses Büro glaubwürdige Referenzunterlagen und eine Methodik zur Kostenlenkung vorlegt. Investieren Sie mehr in das richtige Büro, um ein günstigeres Endergebnis zu erreichen.

Die Auswahl von Planungsbüros allein nach dem Maßstab der Honorarhöhe ist falsch und kurzsichtig. Alle Auftraggeber sollten daher für die Wahl der Planungspartner leistungsbezogene Kriterien aufstellen, die sich besonders auf die Fähigkeiten zur Kostenlenkung und -senkung beziehen.

Für eine Architektenleistung ohne kostenbewußte Überlegungen ist jedes Honorar nach der Honorarordnung zu hoch. In diesen Fällen erhalten die Auftraggeber eine Ware, die entweder im Verhältnis zur Qualität zu teuer oder deren Qualität im Verhältnis zum Preis zu gering ist. Ein dritter Faktor kommt hinzu: Entweder sind die Baukosten in Relation zu den laufenden Unterhaltungskosten oder die Unterhaltungskosten in Relation zu den Baukosten zu hoch.

Jede Honorarüberlegung ohne den Bezug zur Leistungsfähigkeit des Planungsbüros und zur Gesamtabrechnung der Baukosten ist sinnlos. Wenn ein Bauherr verstanden hat, daß die Höhe der Herstellungssumme einer Bau- oder Installationsanlage gleich welcher Art vor allem von den Fähigkeiten der Planer bestimmt wird, wird er jedes Honorarangebot mit dem Leistungsmaßstab messen. Das bedeutet, daß ein Honorar für rationalisierungswirksame Planungsleistungen mehr oder weniger über den geltenden Sätzen der Honorarordnung liegen kann (und liegen sollte). Denn der Gegenwert wird ja in einer wesentlich höheren Baukosteneinsparung bestehen. Dieser Gedanke sollte mehr und mehr ausschlaggebend bei den Überlegungen zur Auswahl von Planern sein.) Gemäß § 29 der Honorarordnung (HOAI) können Honorare für kostensenkende Leistungen vereinbart werden. [53]

2. Rat für den Bauherrn

Wählen Sie Ihr Planungsbüro nach der besten kostenplanerischen Leistungsfähigkeit aus! Planungsökonomische Erfolge lassen sich nur bei gewissen Voraussetzungen erzielen. Zum Beispiel müssen qualifizierte Planer höher honoriert werden, sie benötigen für die Wirtschaftlichkeitsuntersuchungen und Kostenvergleiche mehr Zeit und damit mehr Honorar und sie sind mehr auf den Einsatz von zum Teil teuren Planungshilfsmitteln angewiesen. In dem heute immer noch allgemein üblichen Honorarsystem wird die besondere Anstrengung eines Büros mit dem Resultat einer Kostenminderung in der Abrechnungssumme mit einer entsprechenden Honorareinbuße „bestraft". Denn die Honorarhöhe wird nach der Höhe der Baukosten bemessen und nach der Fertigstellung und Leistungsbeendigung korrigiert. Umgekehrt erhalten diejenigen Planungsbüros eine „Belohnung" für eine Baukostenabrechnung, die höher ausfällt als die Kostenanschlagssumme. Denn das ursprünglich angesetzte Honorar wird gemäß allen gängigen Honorarordnungen aufgestockt, wenn die Kostenendabrechnung eine höhere Bausumme ausweist. Dabei spielt die Ursache für die Baukostenerhöhung keine Rolle. Wenn Lohn- und Materialkostenerhöhungen die Begründung für die gestiegenen Kosten sind, dürfte an sich kein Planer daran partizipieren. Denn diese Steigerungen verursachten keine planerischen Mehraufwendungen. Honorarerhöhungen sind durchaus gerechtfertigt bei zusätzlichen Wünschen oder Änderungen, die durch den Bauherrn veranlaßt werden.

3. Rat für den Bauherrn

Pauschalieren Sie das Honorar! Die Berechnung des Honorars sollte anfangs bei Vorlage der Baukosten nach DIN 276 erfolgen. Das Festpreis-Honorar sollte vertraglich vereinbart werden. Nur in dem Falle, daß sich die Abrechnungssumme gegenüber der ersten Summe nach DIN 276 um mehr als 10 Prozent erhöht oder vermindert, sollte eine Neuberechnung des Honorars erfolgen. Das ist für beide Seiten eine faire Abmachung.

4. Rat für den Bauherrn

Bringen Sie als Auftraggeber die besonderen kostenplanerischen Anforderungen gleich bei den ersten Kontakten mit dem Planungspartner zur Sprache! Schaffen Sie eine gute, die ökonomische Bauplanung günstig beeinflussende Honorarbasis!
Nach der Honorarordnung ist — streng genommen — jeder Alternativentwurf zusätzlich zu honorieren, obwohl kaum ein Architekt davon Gebrauch macht. Wenn der Planer Ihnen stillschweigend entgegenkommt, sollten Sie nicht noch zusätzlich und ohne Mehrhonorar auch noch Wirtschaftlichkeitsuntersuchungen, Nutzen-Kosten-Analysen oder Optimierungsvergleiche verlangen. Denn alle diese Leistungen sind laut Honorarordnung extra honorarpflichtig. Erwarten oder fordern Sie also derartige Zusatzleistungen, sollten Sie auch von vorneherein eine ehrliche Grundlage für diese sich für Sie lohnenden planungsökonomischen Leistungen in dem Architektenvertrag schaffen. Das gleiche bezieht sich auch auf die Ingenieurverträge bzw. auf den Planungspartner, der mit Ihnen die Honorare für alle Planungsleistungen vereinbart. Natürlich müssen diese Leistungen und ihre Ergebnisse in wirtschaftlicher Hinsicht nachgewiesen werden, so daß Sie sich von der Effektivität überzeugen können.
Es geht also nicht nur um ein baukostensparendes, sondern auch um ein die Planungsleistungen kostendeckendes Honorar. Ein Planungsbüro, das durch die Leistungskontrolle feststellt, daß die Honorarsumme schon zu frühzeitig verbraucht worden ist, wird sich nicht mehr in dem Maße für Ihr Bauvorhaben einsetzen können, wie dies eigentlich bis zum Schluß notwendig wäre.

5.7.3   Verträge mit Planern

Angenommen, der Auftraggeber eines Wohnhauses mit Berufsräumen hat sich nach gewissenhafter Beurteilung einen Planungspartner ausgesucht und steht nun vor der Frage, ob es nicht besser sei, keinen Vertrag mit dem Architekten zu schließen. Unstimmigkeiten kann es bei vertraglichen und vertragslosen Verhältnissen geben. Infolge von fehlenden Verträgen können jedoch zu viele Punkte im Verlauf der gegenseitigen geschäftlichen Beziehungen zu erheblichen, den Bau und die Baukosten schwer belastenden Differenzen führen, weil jeder Partner sich ganz andere Vorstellungen gemacht hat. Jede zeichnerische Lösung mit einer Kostenschätzung kann sich ein Architekt bezahlen lassen — auch ohne die Existenz eines schriftlichen Vertrages. Denn der Vertrag gilt als abgeschlossen, wenn ein Bauherr den Architekten mündlich um einen Entwurfsvorschlag bittet. Um diesen unnötigen Kostenfolgen aus dem Wege zu gehen und die Bausummen mit einem Maximum an Sicherheit zu verbauen, sollte auch für den kleinsten Bau eine vertragliche Vereinbarung in Schriftform geschlossen werden.

Tips für die vertraglichen Regelungen

▶ Vor der Unterschrift unter einen Vertrag sollten alle Pflichten und Rechte auf beiden Seiten erörtert und abgegrenzt werden. Das verhindert viele spätere Mißverständnisse. Unterschreiben Sie als Bauherr nicht vor dem Vertrag schon irgendwelche Zusagen, Vollmachten oder Anerkennungen der Gebührenordnung. Der Vertragsabschluß sollte am Ende aller Informationen stehen.

▶ Die Vertragsform und der Vertragsinhalt ist nicht vorgeschrieben. Der von der Architektenseite vorgelegte „Einheits-Architektenvertrag" oder ein anderes Vertragsformular ist lediglich ein Vorschlag oder eine Verhandlungsgrundlage. Der Vertrag ist also eine Sache der freien Vereinbarung.

▶ Alle Planungsteilleistungen sind genau abzugrenzen und zu beschreiben. Nehmen Sie in einem Vertrag möglichst viele fachplanerische Leistungen auf, damit Sie die Vorteile der Abwicklung mit nur einem Vertragspartner für alle Architekten- und Ingenieurleistungen haben.

▶ Angaben der Planer über die Kosten sind unverbindlich, es sei denn, die Kosten werden durch eine Garantie abgesichert — mit oder ohne eine Toleranz von 5 bis 10 Prozent.

▶ Vergeben Sie möglichst alle Teilleistungen an den Planer. Liegt die Planung in einer anderen Hand als die Bauleitung, kann es bei Fehlern zu Differenzen kommen.

▶ Honorare sollten pauschaliert eingesetzt und nach Abschluß der einzelnen Teilleistungen auch zu Festbeträgen ausbezahlt werden (Zahlungsplan).

▶ Die Haftung der Architekten und Ingenieure für Fehler in der Planung und Mängel wegen ungenügender Bauaufsicht sollte sich über fünf Jahre erstrecken. Sie sollte nicht auf die ausführenden Unternehmer abgewälzt werden dürfen. Die Planer sollten somit für den gesamten, von ihnen verursachten Schaden haften. Haftungsbeginn und -ende sollten zeitlich präzisiert werden.

▶ Ein Vertrag sollte die Höhe der Baukosten und die Dauer der Planungs- und Bauzeiten enthalten.

▶ Honorar-Zusatzzahlungen für Wirtschaftlichkeitsuntersuchungen müssen im Vertrag enthalten sein und genau aufgegliedert werden. Gegebenenfalls ist auch die Vereinbarung eines Erfolgshonorars bei guten Abrechnungsergebnissen ratsam.

▶ Auf jeden Fall ist der Abschluß einer Berufs-Haftpflichtversicherung in genügender Höhe für die Dauer der Planungs- und Bauzeit in den Vertrag aufzunehmen und die Police vor der Unterzeichnung des Vertrages vorzulegen. Einzubeziehen sind alle übernommenen Leistungsbereiche und alle im Büro und für den Bauherrn tätigen Büromitglieder einschließlich derjenigen, die von dem Büro in freier Mitarbeit oder als Gutachter verpflichtet werden.

▶ Der Vertrag sollte auch Angaben über die Fachkräfte enthalten, die das Bauvorhaben als Projektleiter oder Sachbearbeiter für die verschiedenen Fachbereiche abwickeln. Die Art der Qualifikation dieser Mitarbeiter sollte kurz erwähnt werden.

▶ Bei Partnerschaften sind die rechtlichen Beziehungen unter den Partnern so zu beschreiben, daß keine Zweifel über den Grad der Gemeinsamkeiten bestehen (Integration).

▶ Gegebenenfalls ist die Beratung durch einen Juristen zu empfehlen, wenn es um schwierigere oder größere Bauprojekte geht.

⑥ Kostenplanung

6.1 Grundlagen

Auf dem Wege zu einem preisgünstigen Eigenheim, Mehrfamilienhaus oder Anlageobjekt haben Sie im Laufe des Studiums dieses Buches gelernt, wie Sie Ihr Verhalten als Bauherr auf die Spielregeln des Baumarktes so einstellen können, daß es sich preisdämpfend auswirken muß. Sie sind jetzt an der entscheidenden Station angelangt, nämlich *der Planung der Kosten während der einzelnen Entwurfsvorgänge*. Sie haben einen bestimmten Bedarf formuliert — das sogenannte Raumprogramm —, Sie haben sich einen Planer ausgesucht und verfügen über einen Bauplatz als wichtigste Voraussetzungen für die Realisierung Ihrer Bauabsichten.

Sie sind sich des Abenteuers und des Risikos bewußt, das darin liegt, eine so hohe Summe aus Eigengeld und Fremdkapital einzusetzen. Wenn Sie sich bis zum Planungsbeginn weitgehend richtig verhalten haben, haben Sie bereits ganz wesentliche Akzente für die Verringerung Ihrer Kosten gesetzt. Denn Sie wissen (s. Ziffer 1.4.3 (1. Information)), daß die Kosten in den ersten Vorbereitungs- und Planungsphasen am wirkungsvollsten zu beeinflussen sind. Die teuersten Fehlentscheidungen haben Sie somit vermieden. Die folgenden kostensparenden Planungstips geben Ihnen eine Richtschnur, wie Sie auf praktische Weise durch Alternativen, Vergleiche und Untersuchungen beim Ablauf der Einzelplanungen erhebliche Kostenreduzierungen erreichen können. Wenn Sie das konventionelle Verfahren kennen, das in der Vergangenheit nur geringe kostensenkende Wirkungen bewirkt hat, sollten Sie sich über die Möglichkeiten neuer Kostenplanungstechniken informieren. Dabei erhalten Sie hier nur das für einen privaten Bauherrn *notwendige Wissen*. Die *Durchführung* dieser kostenplanerischen Untersuchungen überlassen Sie getrost Ihren Planungspartnern.

„Bauen kann um 30 bis 50 Prozent billiger sein", sagt Lenz [54], langjähriger Topmanager einer der größten Planungsgesellschaften der BRD. Erste Voraussetzung ist die Forderung nach Kostentransparenz: Die Kostenzusammenstellungen müssen so durchsichtig gemacht werden, daß alle zu hoch ausfallenden Kostenanteile in der vergleichenden Beurteilung verdeutlicht werden. Wenn relativ hohe Kostenbestandteile auf das angemessene Niveau reduziert werden, kann entscheidend auf die Kosten eingewirkt werden.

6.1.1 Kostentransparenz, Kostengliederung, Kostenerfassung

In vielen Branchen können die Produkte einem Preis-Leistungs-Test unterworfen werden. Haushaltsgeräte, Kameras, Sportartikel und Nahrungsmittel werden verglichen und bewertet, mit Hilfe von Tabellen und Beurteilungskriterien werden dem Käufer

Orientierungs- und Entscheidungshilfen gegeben. Der Verbraucher soll auf diese Weise zum kritischen Käufer werden, *Kostentransparenz*.

Im Bauwesen gibt es diese aufklärenden Publikationen leider nicht. Dennoch gibt es Möglichkeiten, die Baupreise im Vergleich der Angebote zu beurteilen. Bauherren sollten darauf achten, daß diese Preisbeurteilung in der richtigen Form vorgenommen wird. Zum besseren Verständnis der weitgehend verbreiteten, jedoch völlig ungenügenden Kosteneinschätzung soll zunächst der *Normalablauf* geschildert werden.

Die Größe eines Gebäudes wird nach Quadratmetern errechnet. Der Preis eines Gebäudes wird nach den Kubikmetern ermittelt. Die Qualität eines Gebäudes bleibt einer kurzen Baubeschreibung überlassen, die wenig aussagt.

Jeder, der einmal gebaut hat, kennt das Unbehagen bei der Vorlage von Angeboten. Es fehlen Vergleichszahlen und Kontrollmöglichkeiten bei der Durchsicht der Angebote. Aufgrund dieser fehlenden Transparenz können auch keine treffsicheren Korrekturen im Sinne einer Steuerung vorgenommen werden. Bei Pauschalangeboten ist die Einschätzung von Preis und Leistung nur bei gleichen und präzise ausgearbeiteten Ausschreibungsunterlagen möglich. Aus Zeitgründen verzichten Auftraggeber und Planer daher oft auf Ausarbeitung und Vorlage weiterer Vergleichsangebote. Man kann in der Phase, in der die Entscheidungen die größten Kostenauswirkungen haben, kaum Einfluß auf die Preise nehmen.

Das Messen der Kosten von Gebäuden nach dem *Preis für 1 m³ Brutto-Rauminhalt* — wie es allgemein üblich ist — kann zu irrigen Schlußfolgerungen führen. Das folgende Beispiel soll dies zeigen.

Gebäude: 200 qm Nutzfläche, 1.000 Kubikmeter Brutto-Rauminhalt.

1. Entwurf: *Ohne* Keller- und *ohne* Bodenräume.

2. Entwurf: 2.000 Kubikmeter Brutto-Rauminhalt, wenn das Gebäude *mit* Keller- und Bodenräumen errichtet wird.

Frage: Höhe der Baukosten bei gleicher Qualität?

Antwort: Bei der Berechnung beider Entwürfe ergibt sich folgendes Bild:

1. Entwurf *ohne* Keller und Boden:

Nur vollwertige Nutzfläche über Terrain:

$$1.000 \ m^3 \times DM\ 250{,}- \qquad = DM\ 250.000{,}-$$

2. Entwurf *mit* Keller und Boden (geneigtes Dach):

Vollwertige Nutzfläche über Terrain:	850 m³ X DM 250,–	= DM 212.500,–
Keller	550 m³ X DM 100,–	= DM 55.000,–
Boden	600 m³ X DM 80,–	= DM 48.000,–
	Summe	DM 315.000,–

Ein m³ Brutto-Rauminhalt kostet demnach im Durchschnitt

$$\frac{DM\ 315.000}{2.000\ m^3} = DM\ 157{,}-/m^3 .$$

Der 2. Entwurf kostet somit im Durchschnitt 157 DM pro m³. Werden dem Bauherren beide Entwürfe vorgelegt, so bieten sich ihm folgende Zahlen:
1. Entwurf: DM 250,– je m³, insgesamt also DM 250.000,–
2. Entwurf: DM 157,– je m³, insgesamt also DM 315.000,–
Bei gleicher Nutzfläche ist der 2. Entwurf gegenüber dem 1. Entwurf im Kubikmeter-Preis um 37 Prozent billiger, im Gesamtpreis jedoch 26 Prozent teurer.

Der Nutzflächenvergleich kann somit nicht auf der Basis des Kubikmeter-Preises erfolgen, sondern nur auf der Grundlage der Ermittlung des tatsächlichen Endpreises. Dieser Kubikmeterpreis ist also keine Kostenvergleichsgröße.
Ebenso ist der Vergleich aufgrund der *Kostenzusammenstellung nach den Gewerken* ohne Aussagekraft. Eine derartige Aufstellung beginnt mit den Erdarbeiten und endet mit den Malerarbeiten. Sie sagt nichts über die Frage, **wo** zu hohe Kostenanteile oder ein zu hoher Aufwand im Verhältnis zum Raumanspruch verborgen ist. Denn die Kostenteilung oder -aufgliederung nach Gewerken analysiert die Bauteile nach den einzelnen Arbeitsvorgängen. So wird, als ein Beispiel, das Dach eines Hauses in mindestens drei verschiedenen Gewerken teilweise erfaßt: In den Zimmererarbeiten werden die Lieferungen und Leistungen für das Dachholz, die Schalung und die Verankerung erfaßt. In den Dachdeckerarbeiten werden allein die Dacheindeckungsarbeiten erfaßt. In den Putzarbeiten werden die Arbeiten aufgenommen, die für die Putzarbeiten innerhalb des Dachraumes erforderlich sind.
Ob in dem jeweiligen Fall ein zu teures, zu billiges oder eine durchschnittliche Dach-Gesamtkonstruktion vorliegt, kann nach der Kostenzusammenstellung der Einzelgewerke nicht beurteilt werden. Damit können auch keinerlei Rückschlüsse auf Planungsarbeit und Planungsentscheidungen gezogen werden. Erst die Kosten für einen Quadratmeter Dachaufbau, bestehend aus allen einzelnen Schichten, Materialien und Leistungen, führen, im Vergleich zu anderen Konstruktionen, zu einer Bewertung. Erst dann läßt sich feststellen, ob nicht eine um 30 Prozent billigere Dachausführung den gleichen Zweck erfüllen würde.

Kostengliederung (Siehe auch S. 157–167)

Die *Baukostengliederung nach Leistungsgruppen und Gebäudeelementen* verschafft dem Planer und dem Bauherren Kostentransparenz. Jetzt können Kurskorrekturen mit Blick auf bestimmte Kostenziele vorgenommen werden.

Als Argumente gegen die Einführung einer konsequenten Kostenplanung werden immer wieder folgende Gründe genannt:
► Kostenplanung sei hierzulande nicht möglich, weil es an Fachkräften fehle;
► die Einführung konsequenter Kostenplanungs-Methoden setze eine jahrelange Vorbereitung und Umstellung auf diese neue Methoden voraus.
Diese Argumente sind nicht stichhaltig. Denn
► Es gibt genügend Spezialisten und Rationalisierungsfachleute;
► die Erfolge in der Kostenplanung müssen eigentlich jeden Bauherren (insbesondere die öffentliche Hand) ermuntern, Anstrengungen und Mehrkosten bei der Umstellung in Kauf zu nehmen.

Schließlich ist jeder Architekt und jedes Planungs- und Ingenieurbüro in der Lage, eine Kostengliederung nach Bauteilen während des Planungsprozesses vorzunehmen. Jeder Bauherr muß wissen, daß bereits bei den ersten Planungsfestlegungen die Rohbaukonstruktion, die Gründung, die Kellerwände usw. in den möglichen Alternativen von Konstruktion und Preis überprüft werden sollten. Bevor Sie sich für eine Wand, eine Decke oder einen bestimmten Konstruktionsaufbau entscheiden müssen, sollten Sie sich sechs bis zehn naheliegende Varianten mit der dazugehörenden Kostenberechnung vorlegen lassen. Beispielhaft wird auf diese Art der Aufstellung noch eingegangen werden. Eine Kostengliederung nach Bauteilen sieht in der einfachsten Form so aus [55]:

Rohbau	01 Baustelleneinrichtung
	02 Baugrube
	03 Fundamente
	04 Bodenplatten
	05 Traggerippe
	06 Deckenplatten
	07 Dachaufbau
	08 Treppen
	09 Fassade
Ausbau	10 Innenwände
	11 Bodenbeläge
	12 Wandverkleidungen
	13 Deckenverkleidungen
Haustechnik	14 Sanitär und Gas
	15 Elektroanlagen
	16 Heizung, Lüftung, Klima
	17 Transportanlagen
Diverses	18 Betriebliche Einbauten
	19 Besondere Bauausführungen
	20 Allgemeine Arbeiten zur Technik
	21 Reserven

Jede der vier Gruppen kann auch zusammengefaßt werden. Jedes der 21 Funktionselemente kann weiter so aufgegliedert werden, daß auch ganz unterschiedliche Ausführungsarten gegenübergestellt werden können. So läßt sich etwa das Element 09 Fassade in Fenster, Außentüren, Sonnenschutz, Fassadenelemente, Ausfachungen, tragende Wände usw. weiter untergliedern.

Vorteile der Kostengliederung nach Bauteilen:

▶ Aufteilung der Gesamtkosten auf die wichtigsten Gebäudeteile oder -elemente

▶ Möglichkeiten, durch Entwurfsänderungen oder Entwurfsalternativen eine andere Kostenaufteilung mit dem Ziel eines besseren Gesamtergebnisses zu erreichen

▶ Frühzeitige Erkennung von zu teuren Ausführungsarten bei einzelnen Bauteilen

- Ausgeglichene Kostensteuerung aller Elemente im richtigen Verhältnis zueinander
- Möglichkeiten, im vorhinein Kostenziele für alle Elemente festzulegen
- Möglichkeit, die Kosten eines Gebäudeelementes bei mehreren Bauten zu vergleichen
- Bessere Vergleichbarkeit bei Ausschreibungsresultaten
- Bessere Kostenkontrolle beim Ausführungsablauf
- Bessere Auswertung nach der Abrechnung beim Vergleich mit der ersten Kostenschätzung. Neue Daten für die neuen Bauten können damit gewonnen werden.

Diese Vorteile weist das konventionelle Verfahren mit der Gliederung nach Konstruktionen und Materialien nicht auf.

Kostenerfassung

Um zu einem Bauentschluß zu kommen, ist jeder Bauherr auf die vollständige Erfassung aller einzelnen Kostenbestandteile angewiesen. Nur auf diese Weise sind die zu erwartenden Gesamtkosten zu ermitteln und ist die Frage der Finanzierbarkeit zu beantworten. Nicht erfaßte Kosten summieren sich erst im Laufe der Planungs- und Bauzeit und verunsichern den gesamten Ablauf ebenso wie ein wirtschaftlich tragbares Endziel. Die DIN-Norm 276, Ausgabe September 1971, bietet dem Bauherrn eine Übersicht aller detailliert aufgeführten Kostenfaktoren. Manch ein Bauherr ahnt gar nicht, wie groß die Zahl der Posten ist, die vor den Überlegungen zur Finanzierung erfaßt werden müssen.

DIN 276 kennt drei Arten von Kostenerfassungen

Blatt 1, Kosten von Hochbauten; Begriffe

Blatt 2, Kosten von Hochbauten; Kostengliederung

Blatt 3, Kosten von Hochbauten; Kostenermittlungen

Blatt 3 enthält Formblätter für die Erfassung aller Kosten, um eine Kostenschätzung, eine Kostenberechnung und einen Kostenanschlag vornehmen zu können.

Mit zunehmendem Planungsfortschritt wird eine Verfeinerung in der Kostenaufschlüsselung durch diese drei Arten der Kostenzusammenstellungen vorgenommen. So stellt die *Kostenschätzung* eine ziemlich grobe Zusammenfassung der Kosten dar. Sie dient einem ersten Kostenüberblick. Die *Kostenberechnung* ist eine Ermittlung von Kosten und bildet die Grundlage für die Entscheidung, ob eine Planung realisiert werden soll. Zugrunde liegen die Entwurfszeichnungen, die Berechnung der Flächen und der Kubikmeter sowie die Baubeschreibung. Der Kostenanschlag bietet dem Bauherrn eine genauere Übersicht auf der Basis der Firmenangebote. Ihm liegen die endgültigen Planunterlagen, die Statik, die Massenberechnungen, die Leistungsverzeichnisse bzw. die mit den Preisen der Anbieter versehenen Qualitäts-Beschreibungen zugrunde.

Bei der *Kostenfeststellung* zum Nachweis der tatsächlich entstandenen Kosten werden alle Kosten in der Kostengliederung gemäß der DIN 276 Blatt 2 zusammengefaßt.

6.1.2   Kostensteuerungs-Fachleute

Die neue Honorarordnung (HOAI) bezeichnet die Leistungen eines Rationalisierungsfachmannes unter § 30 als Zusätzliche Leistungen, die besonders zu honorieren sind.

Gewiß bedeutet dieses Mehrhonorar zunächst eine Mehrausgabe für den Bauherrn. Manch einem mag das gegen den Strich gehen. Dies ist jedoch der Punkt, an dem der Bauherr sich in die Rolle eines Unternehmers hineindenken sollte. Denn der Einsatz derart hoher Beträge, wie es beim Bauen nun einmal der Fall ist, ist auf jeden Fall mit unternehmerischen Risiken verbunden. Allerdings ist das Maß des hier angesprochenen Risikos relativ gering. Es geht um wenige Tausend Deutsche Mark. Dafür besteht die konkrete Aussicht, die Baukosten in der Endabrechnung um eine fünfstellige Summe zu reduzieren.

Die Honorarbemessung oder konkrete Leistungsbewertung für diese zusätzliche Leistung eines Rationalisierungsfachmannes sieht die HOAI nicht vor. In der Regel wird das Honorar frei vereinbart und schriftlich als Pauschalhonorar festgelegt.

Beispiel

Die Bauwerkskosten für ein Wohnhaus betragen	DM 150.000,–
Honorar nach dem Mindestsatz der HOAI	DM 19.681,–
Zusätzliche Leistung des Architekten für rationalisierungswirksame Planungsalternativen	DM 2.798,–

Das sind 15 Prozent vom Netto-Gesamthonorar.

Bezogen auf die Bauwerkskosten sind das gleichzeitig Mehrkosten in Höhe von 1,86 Prozent, vor denen ein Bauherr verständlicherweise zurückschreckt. Mit dem Einsatz dieses Mehrhonorars besteht jedoch die aussichtsreiche Chance, DM 10.000,– bis DM 20.000,– oder 6,6 bis 13,3 Prozent der Bauwerkskosten einzusparen.

Auch bei einer skeptischen Einstellung zu diesen Einsparungsgelegenheiten hat jeder Bauherr die Aussicht, wenigstens das Dreifache seines Einsatzes wieder in Form von Kostenminderungen hereinzuholen. In diesem Zusammenhang ist an das aus der Praxis übernommene Beispiel zu erinnern (Ziffer 1.1.3 – Beispiel 2). Hier wurden 30 Prozent Baukosten oder das Vierzehnfache des Einsatzes eingespart.

Umgekehrt kann es zu Kostenerhöhungen oder unnötigen Bauaufwendungen kommen, wenn statt des angemessenen Honorars nur ein Minimalhonorar aus falsch verstandener Sparsamkeit gezahlt wird. Im allgemeinen kontrollieren Planer ihren Zeitaufwand für jedes Projekt. So sehen sie auf der einen Seite die zur Verfügung stehende Honorarsumme, während die Stundenzahl im Laufe der Bearbeitung immer mehr anwächst. Aus der Honorarsumme geteilt durch den Stundensatz eines Planers läßt sich die Zahl der Stunden errechnen, die maximal für ein Projekt aufgewendet werden dürfen. Fällt das Honorar gering aus, wird ein Planer versuchen, den Zeitaufwand und nicht die Baukosten zu minimieren. Unwirtschaftliche Entwürfe aufgrund einer schnellen Bearbeitung werden die Folge sein. Ebenso wird z. B. eine statische Bearbeitung in einer allzu kurzen Zeit nicht die rationellen Möglichkeiten ausschöpfen können, die ein Bauherr sich wünscht.

Zusatzhonorare für kostensenkende Planungsuntersuchungen bedeuten, daß die Ware „Haus" zuerst einmal verteuert werden muß, um sie im Gesamtresultat billiger zu machen.

In Hessen werden seit 1973 Sozialwohnungen nur dann vom Staat bezuschußt, wenn Rationalisierungsfachleute die Planung, die Baudurchführung und die Bauvorbereitung geprüft haben. Nach den veröffentlichten Empfehlungen zur Honorargestaltung darf dieser Spezialist Gebühren in Höhe von DM 16,50 je Quadratmeter Wohnfläche in Rechnung stellen. Diese Honorare gelten als Baunebenkosten; sie sind gegen die Einsparungen aufzurechnen. ,,Ziel der Rationalisierung ist: Bauten von bestimmten Wert mit geringerem Aufwand und geringeren Kosten herstellen oder: mit bestimmten Aufwand mehr oder besser bauen. Mehr bauen durch Rationalisierung ist meßbar, und zwar an Hand der Orientierungsdaten wie zum Beispiel die Relation von Wohnfläche zu umbautem Raum, zur Brutto-Grundrißfläche, zur allgemeinen Verkehrsfläche, Außenwandfläche und so weiter." [56]

6.1.3   Kostensteuerungs-Instrumente, Optimierungsmethoden, Nutzen-Kosten-Untersuchungen

Von Instrumenten im herkömmlichen und immer noch weit verbreiteten Verfahren eines normalen Planungsprozesses bezüglich der Kostenlenkung kann überhaupt keine Rede sein. Der Architekt beschränkt sich in der Regel auf wenige Kostenangaben, die im allgemeinen völlig unverbindlich sind. Während des Vorentwurfs- und Entwurfsverfahrens wird über den Preis für den Kubikmeter Brutto-Rauminhalt eine Kostenschätzung oder ein Kostenvoranschlag aufgestellt. Diese Schätzung wird nach der Entwurfsfestlegung in Form einer Kostenvorberechnung korrigiert. Darauf fußt dann die Finanzierung des Bauvorhabens. Erst die Ausschreibung ergibt präzisere Kostenangaben, die in vielen Fällen über denen der Kostenschätzung liegen. Da zum Zeitpunkt der Submission die gesamte Ausführungsplanung vorliegt, ist eine Korrektur oder Lenkung der Kosten dann nicht mehr möglich. Kostenreduzierungen sind in diesem Stadium nur durch Abstriche am Leistungsumfang vorzunehmen. Da dies aber rückwirkend die Entwurfs- und Ausführungsplanung sowie den Auftragsumfang ändert, ergeben sich zwangsläufig viele Differenzen und Ärgernisse, schon bevor der Bau begonnen worden ist.

Nachteilig bei dem geschilderten Ablauf ist auch die mangelhafte Beeinflussung der Folge- und Betriebskosten. Die Höhe dieses Kostenfaktors wird dann erst im Laufe der Nutzung selbst festgestellt werden können.
Ein solches Berechnungsverfahren vollzieht sich ohne jede ökonomische Kontrolle. Die meist ungesicherten Erfahrungswerte und stark schwankenden Kubikmeterpreise stellen in den Normen DIN 276 und 277 eine schwache Grundlage für die Investitionslenkung dar. Bau- und Betriebskosten müssen in den meisten Fällen später korrigiert werden.
Während bisher eine Kostenbeeinflussung vor dem Ausschreibungsergebnis kaum oder nicht möglich war, gibt die neue Kostenplanung jedem Bauherrn und Architekten eine reale Chance zur frühzeitigen Einflußnahme auf die Kostenhöhe. Bevor Festlegungen im Entwurf getroffen werden, sind Kostenalternativen vorzubereiten und in die Beurteilung einzubeziehen. So kann der Bauherr kostenkorrigierend eingreifen.
In der folgenden Aufstellung ist das neue Verfahren dem Ablauf des alten gegenübergestellt.

Vergleich von Kostenberechnung (alt) und Kostenplanung (neu)

Kostenberechnungen nach **altem** Muster (DIN 276)	Normaler Ablauf eines Bauvorhabens	Kostenminimierung mit Hilfe der **neuen** Kostenplanung
	Bauentschluß	**Kostenlimit** oder **Kostenziel**.
	Bedarfserfassung	Kostenkontrolle-Überlegungen.
	Raumprogrammierung	Kostenkontroll-Überlegungen.
	Bauplatzsuche	Kostenbeeinflussende Überlegungen nach
	Bauplatzwahl	Standort-Checkliste.
	Wahl der Architekten und Ingenieure	gemäß kostenbewußter Auswahlkriterien. **Kostensteuerung:**
1. Kostenschätzung	Vorentwurfsplanung Entwurfsplanung	Kostenvergleiche. Einsatz von Kosten-Fachleuten und Kosten-Steuerungsinstrumenten. **Kostenziel-Kontrolle**
2. Kostenschätzung Investitionskostenberechnung Finanzierung	Bauantrag Bauerlaubnis	Kostengliederung nach Bauteilen Ermittlung und Optimierung von Bau- und Betriebskosten. Ermittlung der Gesamtwirtschaftlichkeit.
	Statische Berechnung und Bemessung	Wirtschaftlichkeitsuntersuchungen. **Kosteneinteilung**.
	Installationsplanung	Rationelle Systemwahl **Kostenziel-Kontrolle**
	Ausbauplanung	Vergleichsuntersuchungen **Kostenanalysen**
	Firmenauswahl	Kostenbestimmende Wahl
	Massenberechnungen	Genau und vollständig.
	Leistungsverzeichnisse oder Qualitäts-Beschreibungen	Präzise, vollständig und kostenminimierend.
Kostenberechnung	Allgemeine Vertragsbedingungen	Eindeutig, vollständig und absichernd.
	Laufzeit der Ausschreibung	
	Submission	
Genaue Kostenermittlung durch das Ausschreibungsergebnis	Auswertung	**Kostenzusammenstellung** ggfs. Kostenkorrekturen
	Auftragserteilung	
	Baubeginn	Ermittlung des laufenden **Kostenstandes**.
	Ausführungszeit	Kostenüberwachung der Kostenentwicklung.
	Fertigstellung	
Kostenabrechnung	Abrechnungen	**Kostenabrechnung** und **Kostenkontrolle**
Feststellung der Betriebskosten. (Kostenfeststellung)	Nutzung	Kontrolle der Betriebskosten.

Diese Übersicht läßt mit einem Blick erkennen, wie gering die Einflußmöglichkeiten der Kostensteuerung nach altem Muster auf den normalen Planungs- und Bauablauf sind. Denn dem Auftraggeber bleibt bei seinem Bauobjekt nur eine vage Kostenschätzung und die Überraschung bei der Zusammenstellung der Angebotspreise. Demgegenüber bieten sich dem Bauherrn bei dem neuen System der Kostenplanung eine Fülle von Einwirkungsmöglichkeiten. Jeder Bauherr kann Kostenziele oder ein bestimmtes Kostenlimit setzen und die Planung danach steuern lassen oder das Raum- und Bauprogramm wird nach den Methoden einer Kostenminimierung in allen Planungsstufen durchgesetzt. Zur Realisierung dieser Absichten können sich Bauherr und Planer bestimmter Methoden und Steuerungsinstrumente bedienen. Bevor sie vorgestellt werden, sollen hier die die Planung begleitenden planungsökonomischen Fragen und Arbeitsvorgänge genauer behandelt werden (vgl. Küsgen, ,,Planungsökonomie — Was kosten Planungsentscheidungen?'').

Planungsphase	Begleitende Planungsökonomische Fragen und Arbeitsvorgänge
1. Vorplanung Bewertung alternativer Bauaufgaben Bedarfsbemessung, Aufstellung von Raumprogrammen Planung des Betriebsablaufes Lay-out-Planung Grundstücksbewertung, Grundstückskauf Beauftragung des Architekten, einer Planungsgruppe	**Planung des Investitionsvolumens** Berechnung der Investitionskosten durch Kostenmittelwerte oder Kostenrichtwerte der Dimension DM/qm Nutzfläche oder DM/Arbeitsplatz ... Berechnung der Betriebs-(Folge-)kosten, wie oben Kosten-Nutzen-Bewertung von Grundstücken anhand ihrer Bebaubarkeit Kosten-Ertrags-Rechnungen 1. Finanzierungsplan als Grundlage der Investitionsentscheidung mit Einnahmen-Ausgabenverläufen Verpflichtung der Bauplaner (Architekt) auf den Finanzierungsplan
2. Planung Qualitative Bedarfsplanung Standardisierung Vorentwurf **Entwurf** Ausführungsplanung Ausschreibung, Vergabe	**Einhaltung des geplanten Investitionsvolumens** Kosteneinfluß der qualitativen Anforderungen Kostenberechnung von Lay-out-Varianten Berechnung des Kosteneinflusses verschiedener Gebäudegeometrien **Kostenvoranschlag (Basis: Kubikmeter Brutto-Rauminhalt)** Aufstellung von Kostenzielen für Einzelleistungen Laufende Kontrolle zur Einhaltung der Kostenziele (Kostenplanung) Kostenanschlag (Basis: Massen, Einheitspreise) Investitionsmodelle aufstellen und berechnen als Grundlage von Planungsentscheidungen Voraussichtliche Baupreisentwicklung beobachten Voraussichtliche Betriebskostenentwicklung schätzen Bestimmung geeigneter Ausschreibungs- und Vergabemethoden zur Erzielung günstiger Angebote

Diese Aufstellung ist nicht zu verallgemeinern.

Auf jeden Fall zeigt der Überblick, wie die Baukosten geplant und während der Planung kontrolliert werden.

Eine ganze Reihe von Steuerungstechniken steht dem Planenden heute zur Verfügung. Im Rahmen dieser Publikation können die einzelnen Methoden nur kurz skizziert werden, zumal die Durchführung im konkreten Falle nicht dem Auftraggeber obliegt.

Kostenminimierung

Ein aufwendiges und auch zum Teil zeitraubendes Verfahren ist die Methode, aus allen oder vielen möglichen Alternativen die kostengünstigste auszusieben. Auf diese Weise wird aufgrund der Bedarfsanforderungen ein minimierter Mitteleinsatz erzielt, der als optimal bezeichnet werden kann. Indem die Zahl der Alternativen begrenzt wird, läßt sich ein weniger aufwendiges System der Optimierung durchführen.

Kostenrichtwerte

Ausgehend von Kostenrichtwerten als Kostenrahmen zielt diese Methode darauf ab, mit gegebenem Kostenlimit ein optimales Ergebnis zu erreichen.

Kostenrichtwerte sind objektive Meßgrößen, die entweder die verschiedenen Institutionen privater oder öffentlicher Art liefern oder sich aus der Kostenanalyse nach einem ökonomischen Bewertungsverfahren ergeben haben. Es handelt sich um Orientierungsdaten für den Planer.

Anwendungsbereiche für Kostenrichtwerte:

Investitionsplanung, Bauplanung, Kostenkontrolle, Bauabrechnung.

Kostenrichtwerte sind mit folgenden Angaben zu versehen: Was beinhalten die Kosten und was nicht? Woran werden die Kosten gemessen (m^3 Brutto-Rauminhalt oder m^2 Nutzfläche oder Baukosten je Arbeitsplatz ...)? Stellen die Kostenangaben Höchst-, Mittel- oder Mindestwerte dar? Regionaler Geltungsbereich? Zeitlicher Geltungsbereich? Unterschieden werden muß außerdem nach der Geschoßzahl, der Unterkellerung, der Dachform, der Gebäudegeometrie (kompakt oder gestreckt), dem Bausystem, der Geschoßhöhe, der Bauart (Mauerwerk, Stahlbeton, Stahl usw.).

Als Meßgröße ungeeignet ist der „Preis je Kubikmeter Brutto-Rauminhalt. Besser zu verwenden ist die Meßgröße" Kosten je Quadratmeter Hauptnutzfläche (HNF). Schon bei Planungsbeginn ist die HNF schnell zu schätzen und mit dem Einsatz der entsprechenden Kostenrichtwerte die gesamte Bausumme zu ermitteln. Diese Art der Kostenkontrolle kann den gesamten Planungsprozeß begleiten.

Bei Wohnbauten genügt ein Durchschnittswert als Richtgröße. Bei umfangreicheren Planungen sollten die Richtwerte differenziert eingesetzt werden.

Mit diesen Werten ist es im konkreten Falle leicht möglich, die Flächenarten laut Raumprogramm zu addieren, mit dem Kostenrichtwert zu multiplizieren und mit allen übrigen Additionen zusammenzustellen. So kann einem Auftraggeber schon bei der Aufstellung des Raumprogramms die erste Kostenermittlung vorgelegt werden; diese ist hinsichtlich des Genauigkeitsgrades jeder konventionellen Berechnung nach einem Entwurf mit Hilfe des Kubikmeterpreises überlegen. Auf diese Art lassen sich auch langfristige Bedarfs- oder Investitionsplanungen mit einem hohen Maß an Treffsicherheit aufstellen — ein Argument, das für viele Investoren von entscheidender Bedeutung ist.

Die Methode der Kostenplanung mit Hilfe der Kostenrichtwerte beschränkt sich nicht nur auf die Entwurfsphase, sondern bezieht den Gesamtablauf mit ein:

1. Stufe: Aufgrund des Raumprogramms oder des Vorentwurfes werden die Kosten nach den Richtwerten miteinander verglichen.

2. Stufe: Es folgt die Aufgliederung der Kostenschätzung nach Bauelementen, denen jeweils ein Kostenziel zugeordnet wird. Auch dies geschieht durch · die analytische Kostenkontrolle der submittierten Preise ähnlicher Gebäudetypen.

3. Stufe: Der Kostenplaner entwickelt verschiedene Entwurfsvarianten (mit unterschiedlichen Baukörpern, Geschoßzahlen usw.) und prüft deren Kostenkonsequenzen.

4. Stufe: Nachdem die beste Entwurfslösung gefunden worden ist, entwickelt der Kostenplaner einen Kostenplan, und zwar auf folgende Weise: Die Mengenberechnung jedes Bauelementes wird zur Grundlage der Kostenermittlung. Indem die Mengen mit den entsprechenden Preisen multipliziert werden, gewinnt der Planer die Endpreise. Die Summe dieser Beträge bildet dann das Kostenziel.

5. Stufe: Die Submission des Ausschreibungsergebnisses wird in der überwiegenden Mehrzahl der Fälle dieses Kostenziel bestätigen. Eine absolute Garantie ist nicht möglich.

6. Stufe: Decken sich Kostenziel und Submissionspreis, dann wird diese Summe zur pauschalierten Auftragssumme. Genehmigte Abweichungen vom Pauschalbetrag werden nach dem Leistungsverzeichnis errechnet. Solange der Ablauf ein Jahr nicht übersteigt, bleibt es bei der Pauschalierung. Darüber hinaus müssen Vereinbarungen über Lohn- und Materialkostensteigerungen getroffen werden (Gleitklauseln).

7. Stufe: Während der Bauausführung übernimmt der Kostenplaner die Anfertigung von regelmäßigen Berichten über die Kostenentwicklung und prüft Mehr- oder Minderkosten. Der Planer gibt dazu seine Stellungnahme ab.

8. Stufe: Mit der abschließenden Kostenkontrolle beendet der Kostenplaner seine Leistungen.

Kostenplanung durch Vollständigkeit der Auftragsunterlagen

Eine ganz simple und dennoch selten beachtete — aber von jedem Architekten zu bestätigende — Methode zur Kostenlenkung ist die der totalen Leistungserfassung. Fast alle Bauvorhaben werden mit unvollständigen Zeichnungen, Leistungsverzeichnissen und sonstigen Angaben in Auftrag gegeben. Aus dieser Tatsache haben viele Unternehmungen die Konsequenzen gezogen, indem sie sich erst einmal — auch bei minimalsten Preisen — den Auftrag sichern, weil sie wissen, daß es fast nie bei der Auftragssumme bleibt. Infolge der vergessenen Leistungsbestandteile, der vielen

Änderungswünsche, der Nachträge oder infolge sonstiger Unvollständigkeiten erzielen die meisten Unternehmer ihre Gewinne in diesen nachträglichen Leistungen und Lieferungen. Denn hier werden unproportional hohe Kosten berechnet, weil keine gemeinsame Angebotsgrundlage vorhanden ist. Die totale Erfassung aller Teil- und Einzelleistungen ist ein erstklassiges Instrument zur Planung der Baukosten.

Kostengliederung nach Gebäudeelementen

Das schon unter Ziffer 6.1.1 einführend behandelte Thema soll hier konkretisiert werden, weil es ein wirksames Instrument zur Kostensteuerung darstellt und sich aus den Darlegungen zum Thema „Kostenrichtwerte'' ergibt.

Die Fachpresse hat in den Jahren ab 1975 zunehmend dieses relativ neue Verfahren aufgegriffen und darüber berichtet. Während der Programm- und Vorentwurfsphase ist man weitgehend auf Kostenschätzungen angewiesen. Während der Entwurfs- und Ausführungsplanung müssen Kostenziele ermittelt werden, die am übersichtlichsten in Form einer Gliederung nach Gebäudeelementen oder Bauteilen aufgestellt werden. Wie sieht nun in der Praxis ein Beispiel dieser Art aus?

Die Elemente oder Kostengruppen werden nach zwei Hauptgruppen aufgeteilt: Baukonstruktionen und Installationen.

Beispiel

Kostengruppen	DM	%	Hauptnutzfläche DM/m^2	Bruttogrundrißfläche DM/m^2
Baukonstruktionen:				
Baustelleneinrichtung				
Gründung				
Rohbau Keller				
Rohbau Decke über Keller				
Außenwände Erdgeschoß				
Innenwände Erdgeschoß				
Decke = Dach über Erdgeschoß				
Fenster/Außentüren incl. Verglasung				
Innentreppen				
Fußbodenaufbau Erdgeschoß				
Einbauten				
Installationen:				
Abwasserinstallation				
Wasserinstallation				
Sanitäre Objekte				
Heizungsinstallation				
Warmwasserinstallation				
Elektroinstallation				
Summen				

Zu dieser Aufstellung ist ergänzend zu sagen, daß alle Kostengruppen den Gesamtaufbau enthalten. Das Denken in m² Mauerwerk und m² Putzflächen und m² Außenwanddämmung wird ersetzt durch die Gliederung in Bauteile. Die Außenwand wird in dem Zustand gesehen, in dem sie fertig ist: Vom verfugten fertigen Außenmauerwerk (Verblender) über die verschiedenen Schalen aus Mauerwerk und Dämmung bis zum Innenputz mit fertigem Anstrich. Auf diese Weise werden alle Materialien einschließlich der Anschlüsse, Fugen und dem gesamten Ausbau zusammengesehen, es sei denn, man trennt — wie im vorangegangenen Beispiel — einzelne Bauteile und möchte nur die Rohbaukosten der Decken vergleichen. Selbstverständlich kann man auch die Gesamtdecke einsetzen: Deckenputz, Rohdecke, Trittschalldämmung, Estrich, Bodenbelag.

Auf diesem Wege gewinnen Architekt, Ingenieur und Bauherr in einer einfachen Übersicht mit etwa 15 bis 25 Kostengruppen einzelne Kostenziele, die sich auf die zwei wichtigsten Flächenarten beziehen und auch gleichzeitig in Einzelsummen und Prozentsätzen die anzusteuernden Gesamt-Bauwerkskosten aufsplitten.

Die Ausschreibungsergebnisse bzw. Kostenvorberechnungen zeigen dann, ob die Kosten sich innerhalb dieses Rahmens bewegen oder nicht. Minus-Beträge lassen sich leicht durch Plus-Summen ausgleichen. Vergleichswerte von ähnlichen Bauten zeigen die Angemessenheit der Aufwendungen für die Gebäudeelemente.

Optimierungsmethoden

Drei Handlungsalternativen sind möglich:

▶ Mit gegebenen Mitteln wird ein maximales Ergebnis angestrebt oder: Ausgehend von einem Kostenlimit versucht man möglichst „viel Haus" zu bauen oder zu kaufen.

▶ Ein bestimmtes, vorgegebenes Ziel sucht man mit einem minimalen Mitteleinsatz zu erreichen. Man versucht also eine bestimmte Menge und Güte von Gebäude möglichst billig zu bekommen.

▶ Zwischen Ergebnis und Mitteleinsatz versucht man ein optimales (günstigstes) Verhältnis herzustellen. Die Kunst der Planungsarbeit nach ökonomischen Prinzipien liegt in der optimalen Wahl der zu lösenden Aufgabe und der einzusetzenden Mittel und Methoden.

Anhand des folgenden Beispiels läßt sich am besten diese letzte Alternative in ihrer praktischen Brauchbarkeit erläutern. Auf welche Weise filtert man nun das Optimum heraus?

Beispiel: Optimierung der Bauzeit bei minimalen Baukosten [57].

Problem: Für ein Bauvorhaben ist der günstigste Preis im Verhältnis zu einer sehr kurz- oder langfristigen Ausführungsdauer zu ermitteln.

Lösung: Durch starke Reduzierung der Bauzeit würde die Angebotssumme für ein Gebäude beinahe gleich hoch liegen wie bei einer relativ langen Bauzeit. Der Bauunternehmer kennt zwei Kostenfaktoren, die dabei eine Rolle spielen. Das sind einmal die sogenannten direkten Kosten (Lohn- und Gerätevorhaltungskosten), die bei kurzen Bauzeiten sehr hoch liegen, bei längeren Bauzeiten jedoch geringer ausfallen.

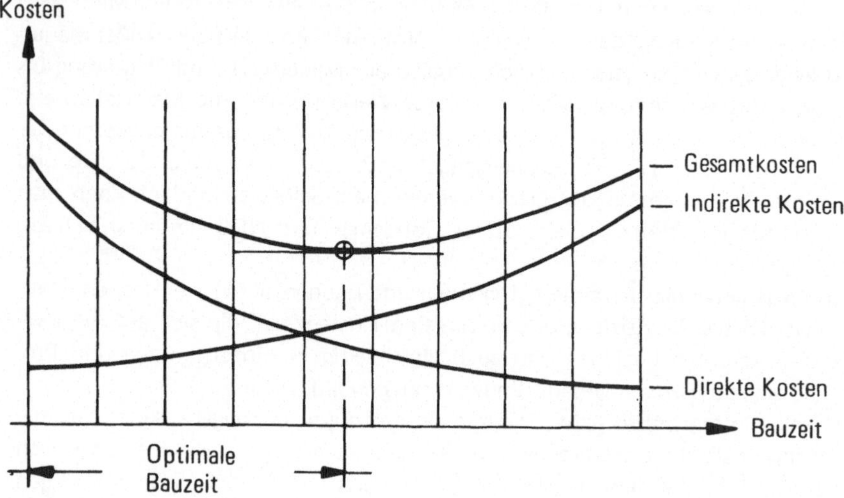

Zum anderen sind es die sogenannten indirekten Kosten (Kapitalkosten, Miet- und Nutzungsausfall), die bei kurzer Bauzeit gering sind, bei längeren Zeiten aber anwachsen. Beide Kostenarten lassen sich abhängig von der Zeit errechnen und in Form von Kurven auftragen — siehe Abbildung 16. Die Addition beider Kurven ergibt die Kurve für die Gesamtkosten. Daraus resultiert der günstigste Wert oder die optimale Bauzeit. Während in diesem konkreten Fall nur zwei Einflußgrößen zu optimieren waren, handelt es sich in vielen anderen Fällen um drei oder mehr Faktoren. (Dementsprechend umfangreich sind die Rechnungen.)
Die günstigsten Werte werden auf diese Weise in kürzester Zeit als Entscheidungsvorbereitung erarbeitet.

Nutzen-Kosten-Untersuchungen

Wenn unser Ziel der optimale Einsatz der finanziellen Mittel ist, müssen wir die Zahl der Zufallsentscheidungen drastisch vermindern und versuchen, mit mehr Systematik dem Ziel näher zu kommen. Mit einem der Hauptinstrumente zur Kostensteuerung sind wir in der Lage, die Zahl der Fehlentscheidungen zu verringern, auch wenn die Messung des Nutzens manchmal schwierig ist. Denn der Nutzen einer Investition läßt sich nicht immer mit Geld messen — zum Beispiel das Problem, ob sich die Mehrkosten für einen Teppichbelag gegenüber einem PVC-Belag lohnen. Hier spielen Optik und Behaglichkeit eine wesentliche Rolle. Wenn wir auch die Bewertung zum Teil als unsicher ansehen müssen, so sind die Hilfsmittel doch eine bessere Entscheidungsgrundlage als rein emotionelle Begründungen. Gemessen am Ideal einer objektiven Beurteilung, ist die nüchterne Analyse von Kosten und Nutzen mit unwägbaren Bestandteilen belastet. Gemessen am bisherigen Verfahren auf der Basis von Improvisationen und Naivität, bedeutet diese Untersuchung eine wesentliche Verbesserung. Dabei wird der rechenbare Bereich immer unterschiedlich groß sein. Als Teil des

Gesamtaspektes wird er stets die Entscheidungsfindung erleichtern und verbessern. Auf jeden Fall schränkt ja der rechnerische Teil den nichtberechenbaren Restumfang ein. Bei der Bewertung von mehreren Alternativen wird folglich der Spielraum von willkürlichen Planungsmethoden eingeengt.

Bauherren sollten nicht nur darüber informiert sein, sondern sich fachlich ausgebildeter Analytiker und der Bereitschaft seiner planenden Mitarbeiter zur Anwendung dieser Steuerungsmethoden versichern.

Die praktische Anwendung sieht dann manchmal so aus:

1. Problem

Bei steigenden Baukosten und zunehmendem Bedarf an Wohnfläche ist zu überlegen, ob das Programm nicht gleich um die Fläche erweitert werden sollte, die man eigentlich erst in einigen Jahren benötigen wird. Das bedeutet: Aufstockung des Kapitalbedarfs, höhere Belastung.

Die Alternative besteht in einem späteren Erweiterungsbau oder im Verkauf des jetzt zu bauenden Hauses und dem Kauf eines neuen Hauses in einigen Jahren, wenn das Haus zu eng geworden ist. In dem Problemlösungsverfahren werden alle auftretenden Kosten auf den Zeitpunkt diskontiert und anhand einer Rechnungsaufstellung die Kapitalwerte verglichen. Je teurer die Kredite sind, desto mehr empfiehlt sich, die Zusatzinvestition in die Zukunft zu verschieben. [58]

2. Problem

Eine Frage stellt sich immer wieder: Soll jetzt eine teurere Ausführung gewählt werden, wenn damit während der späteren Nutzung Betriebskosten eingespart werden können? Denken wir dabei an mehr Wärmedämmung, an Zweischeibenverglasung oder an eine Klinkerverblendung statt eines Außenputzes.

Die Antwort läßt sich nicht dadurch errechnen, daß man Beträge aus verschiedenen Zeiten einfach addiert. Erst aus der genauen Zahlenanalyse von Investitions- und Betriebsaufwendungen läßt sich die richtige Lösung ersehen.

Die Antworten auf derartige Alltagsprobleme einiger Bauherren lassen sich nicht „aus der Hand schütteln" oder aus der Routine eines erfahrenen Planers geben. Erst die Rechnung der Nutzen-Kosten-Analyse gibt eine zuverlässige Antwort.

Wertanalyse (nur für Anlageobjekte) [59]

Frage eines Bauherrn: Lohnen sich Mehrinvestitionen für eine bessere Wohnausstattung in Form von Mehreinnahmen?

Mit Hilfe der Systematik der sogenannten „Wertanalyse" werden alle Ausgaben und Einnahmen ermittelt und auf einen bestimmten Zeitpunkt bezogen, einschließlich der Kapitelverzinsung. Auch mit dieser Methode werden die Auswirkungen auf die Folgekosten untersucht, die Kosten von Bauelementen minimiert und Wertermittlungen von Wohnbauten vorgenommen. Insgesamt dient dieses Verfahren ebenfalls der Kostensenkung auf den verschiedenen Sektoren des baulichen Ablaufes.

In der Analyse wird das komplexe Bauprodukt in Konstruktionselemente zerlegt.

Jedes Element erfüllt ja bestimmte Funktionen. Die Prüfung stellt fest, ob durch den Wegfall unnötiger Funktionserfüllung die Kosten gesenkt werden können. Denn nicht alle Qualitäten der angebotenen Produkte werden immer benötigt. Jede überflüssige Funktion kostet Geld und kann somit entfallen. So muß — als ein Beispiel von vielen — eine Innenwand sich selber tragen, eine bestimmte Festigkeit haben, rundum gut angeschlossen sein und einige weitere Forderungen erfüllen. Im Einfamilienhausbau muß sie aber nicht feuersicher und absolut schalldämmend ausgeführt sein. An diesem Punkt setzt die Analyse ein, um feststellen zu können, ob die Kosten überhöht sind, weil die Wand eventuell zu hohe Anforderungen erfüllt.

6.2 Entwurfsplanung

6.2.1 Kostenvergleiche in der Bebauung

Die Frage nach der Wirtschaftlichkeit einer Bauinvestition beginnt auch im Wohnungsbau mit Untersuchungen über die Ausnutzung eines Bauplatzes. Bei den in die engere Wahl gezogenen Bauplätzen, sollte sich der Bauherr von einem Architekten folgende Fragen beantworten lassen.

▶ Welche Art der baulichen Nutzung ist im Flächennutzungsplan vorgesehen? Es ist zu unterscheiden nach Wohnbauflächen, gemischten und gewerblichen Bauflächen sowie Sonderbauflächen. Wohnbauflächen sind weiter differenziert in Kleinsiedlungsgebiete, reine Wohngebiete und allgemeine Wohngebiete.

▶ Wie ist das Maß der baulichen Nutzung festgesetzt? Dieses Maß wird bestimmt durch die Zahl der Vollgeschosse, die Grundflächenzahl (GRZ), die Geschoßflächenzahl (GFZ) oder Baumassenzahl (BMZ). „Die Grundflächenzahl gibt an, wieviel Quadratmeter Grundfläche je Quadratmeter Grundstücksfläche im Sinne des Absatzes 3 zulässig sind". (§ 19) [60]
„Die Geschoßflächenzahl gibt an, wieviel Quadratmeter Geschoßfläche je Quadratmeter Grundstücksfläche im Sinne des § 19 Abs. 3 zulässig sind." (§ 20) [60]

▶ Welche Bauweise ist im Bebauungsplan vorgesehen? In der *offenen* Bauweise werden die Gebäude mit seitlichem Grenzabstand (Bauwich) errichtet. In der *geschlossenen* Bauweise werden die Häuser ohne seitlichen Grenzabstand errichtet. (§ 22) [60]

▶ Sind Stellplätze und Garagen vorgesehen? Wenn ja, wo? (§ 12) [60]

Aus der Beantwortung dieser Fragen läßt sich — abgesehen von planerischen Erwägungen über die Lage des Hauses auf einem Grundstück — die maximal mögliche Bebaubarkeit in der horizontalen Ausdehnung und der Höhenentwicklung ermitteln. Liegt auf diese Weise die Zahl der Vollgeschosse und ihrer äußeren Abmessungen fest, kann man durch einen pauschalen Abzug der Flächen für Wände, Treppenhaus, Schornsteine und so weiter die Netto-Wohnfläche ermitteln. Die äußeren Abmessungen erlauben die Berechnung des Brutto-Rauminhalts und der Bauwerkskosten. Die Summe aller Kosten (Grundstück, Bauwerk, Baunebenkosten, ...) ist nun zur Netto-Wohnfläche ins Verhältnis zu setzen, so daß sich daraus die Rentabilität ergibt.
Erst durch diese Rechnung läßt sich die Angemessenheit des Preises für ein Baugrundstück beurteilen. Relativ teure Plätze können sich im Endeffekt dadurch als außer-

ordentlich wirtschaftlich herausstellen, während sich billige Bauplätze wegen der damit verbundenen Einschränkungen auf lange Sicht (Erweiterungsbauten) als sehr teuer erweisen können.

Besonders interessant sind diese Fragen für Anlage- und Mietobjekte. Durch eine gute Grundstückswahl und durch ein optimales Verhältnis von Aufwand (Grundstücksverhältnisse) und Nutzen (Wohnfläche) können die Baukosten schon in einem so frühen Planungsstadium gesenkt werden. Diesbezügliche Überlegungen und die Einschaltung von Fachwissen lohnen sich in vielen Fällen.

6.2.2   Kostenfolgen von Raumprogrammen

Unter Ziffer 2.1 ist bereits eingehend auf die Bedeutung der Programmierung hinsichtlich der Kostenkonsequenzen eingegangen worden. So bedingt die Planung der Kosten auch die Befreiung von allerlei Zwängen, wie beispielsweise unsachliche Forderungen, Wünsche und illusionsreiche Vorstellungen. Dazu gehört auch das Vorurteil gegenüber einer rein sachbezogenen und pragmatischen Planungsweise, sowie alle Einflüsse, die einer neutralen und objektiven Bearbeitung im Wege stehen. Die diesbezüglichen Erfahrungen von Planern, die dem öffentlichen und privaten Bauen dienen, könnten dicke Bücher füllen.

Solange die Gelder für die Bezahlung teurer Wünsche vorhanden sind, mag der Architekt mit Hilfe der damit verbundenen Planungsfreiheit nur Vorteile haben. Im allgemeinen ist dies jedoch nicht der Fall. Kostenfragen stehen im Vordergrund und müssen daher auch die Einzelbedingungen der Planungsdetails bestimmen. In jedem Falle muß nach der Verhältnismäßigkeit der Mittel gefragt werden. So wäre es zum Beispiel nicht zu begründen, für ein simples Wohnhaus in einer Größenordnung von 100 m² eine große repräsentative Diele von ca. 30 m² zu bauen, wenn hierfür nur ein schmales Budget zur Verfügung steht. Desgleichen wären getäfelte Wände, Marmorfußböden oder eine üppige Badezimmerausstattung bei knappen finanziellen Mitteln nur möglich, wenn gleichzeitig auf das Minimum in anderer Hinsicht verzichtet werden müßte.

Die Frage sollte stets lauten: Was ist ein ausgeglichenes Verhältnis von Programmwünschen im Roh- und Ausbau? Alle Planungs-Bedingungen sollten vor ihrer Realisierung auf ihre Kostenfolgen untersucht werden.

6.2.3   Kostenvergleiche von Baukörpern

Um die Möglichkeiten der Kostenminimierung im ersten Entwurfsstadium für Bauherrn zu verdeutlichen, sei dies an einigen einfachen und einleuchtenden Beispielen demonstriert.

Aus der Schulgeometrie weiß jeder, wie sich das Verhältnis von Flächeninhalt zum Umfang einer Fläche auswirkt:

Kreisform: Maximum an Fläche bei einem Minimum an Umfang. Dieses Verhältnis wird zu Lasten der Fläche immer ungünstiger bei den folgenden Formen: Sechseck — Quadrat — Rechteck — Langgestrecktes Rechteck.

Bezogen auf einen Grundrißplan ist also die Kreisform die Form mit einem Maximum an Nutzfläche und einem Minimum an Fassadenfläche. Um die gleiche Nutzfläche zu bekommen, muß ein Bauherr immer mehr Fassadenfläche bezahlen, wenn er die schon oben erwähnten Formen wählt: Seckseck — Quadrat — Rechteck.

Quadratische Grundrisse sind also nach den kreisförmigen die günstigsten. Langgestreckte Baukörper, Winkelformen und U-förmige Grundrisse müssen zu Verteuerungen infolge der größeren Fassadenfläche führen.

Allerdings stellt sich in der Gebäudeplanung dieses Problem nicht so einfach dar wie hier erwähnt. Kompakte Gebäudeanlagen würden bei quadratischen Grundrissen zu einer Vielzahl von Räumen führen, die im Inneren des Gebäudes liegen müßten und daher ohne Klimatisierung, Beleuchtung und andere Auflagen nicht auskämen. Die durch die Einsparung von Fassadenfläche gewonnenen Gelder müßten also durch zusätzliche technische Maßnahmen auf dem Installationssektor wieder ausgegeben werden. Hinzu kämen die erhöhten Betriebskosten. Aus diesen Gründen können keine pauschalen Empfehlungen ausgesprochen werden. Von Fall zu Fall haben der Planer und seine Ingenieure zu entscheiden, welche Gebäudeform oder Gebäudegeometrie am vorteilhaftesten ist. Denn zur Beurteilung gehören auch funktionelle Gesichtspunkte.

Abbildung 17.1
— Gebäudegeometrie —
Kostenvergleich bei zwei Einfamilienhäusern
bei gleich großer Brutto-Geschoßfläche = 144 m^2
Vollunterkellerung

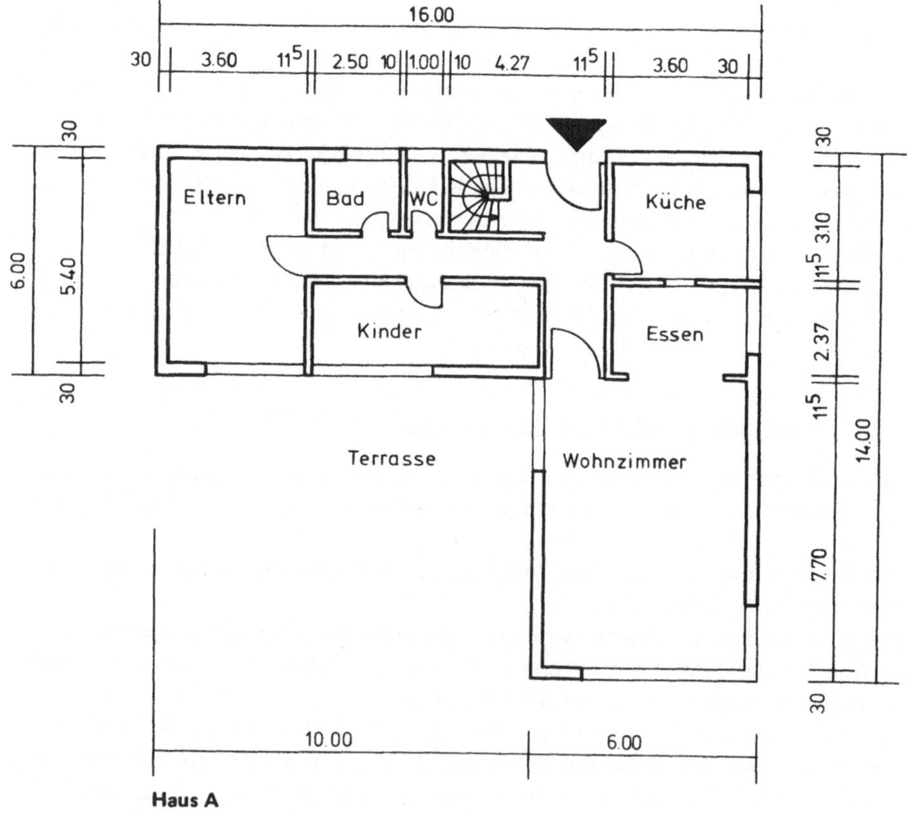

Haus A
390 m^2 Außenfläche

Die dritte Dimension — die Höhenabmessungen von Gebäuden — muß bei der Relation von Fläche zu Umfang berücksichtigt werden. Je höher ein Gebäude, desto mehr wird sich das Verhältnis von Fläche zu Umfang auswirken. Schon kleinere Unterschiede spielen dann eine Rolle.

Vergleichen wir, als Beispiel, zwei Entwürfe für ein Einfamilienhaus, dann ergeben sich folgende Vergleichszahlen: Siehe Abbildung 17

	Brutto-Geschoßfläche	Umfang	Höhe incl. Keller	Außenflächen	Einheit	Gesamt
Haus A	144 m²	60 m	6,5 m	390 m²	200 DM	78.000,– DM
Haus B	144 m²	48 m	6,5 m	312 m²	200 DM	62.400,– DM
Differenzen		12 m		78 m²		15.600,– DM

Resultat: Die Kosten für die Außenflächen sind beim Haus A gegenüber denen des Hauses B um 15.600,– DM oder um 25 Prozent höher.

Kostenvergleiche dieser Art lohnen sich also auch bei kleineren Bauobjekten.

Bei Gebäuden mit relativ viel Außenfläche sind auch die Folgekosten zu beachten. Es macht sich für jeden Bauherrn bemerkbar, wenn bei gleichem Volumen die Fassade (oder Außenfläche) größer ausfällt. Dementsprechend größer sind die Wärmeverluste

Abb. 17.2

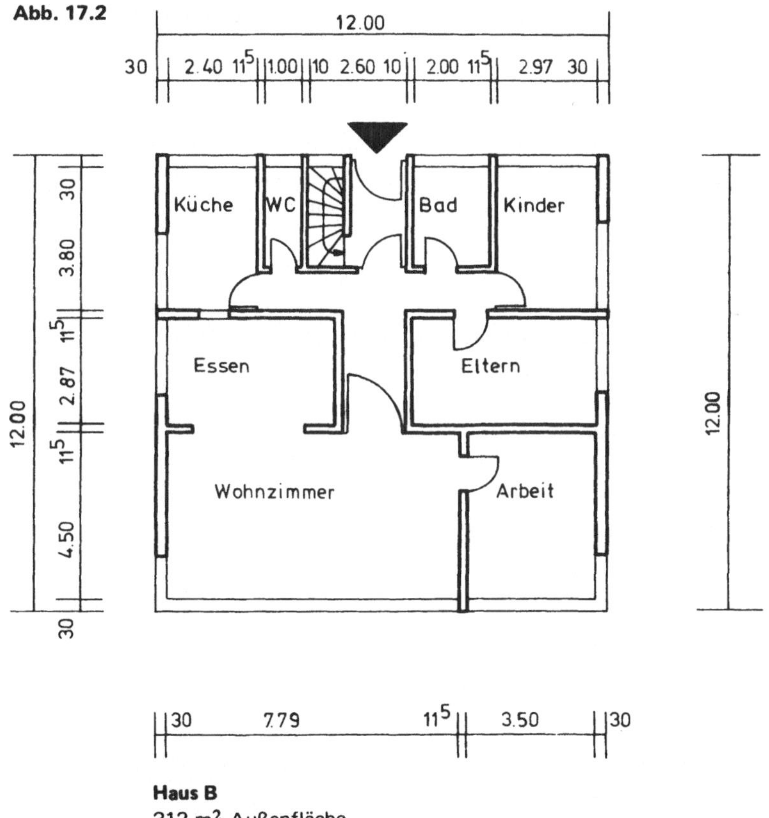

Haus B
312 m² Außenfläche

und damit die Heizungskosten. Aber auch die Pflege- und Unterhaltungsaufwendungen wachsen an.

Kennwerte zur Steuerung der Kosten bei der Bestimmung der Gebäudegeometrie gestatten

▶ eine frühzeitige, einfache und ziemlich genaue Kostenvorhersage,

▶ die Untersuchung der ersten Entwürfe und deren Alternativen auf ihre Kosten und damit die Ermittlung der kostenoptimalen Lösung,

▶ nach dem Prinzip des Kostenlimits zu arbeiten. Die Kosten jeder Entwurfsalternative werden ermittelt und mit dem Limit oder dem Kostenziel verglichen. Stimmt das Ergebnis mit dem Limit überein, dann kann der betreffende Entwurf als weitere Planungsgrundlage weiterbearbeitet werden. Sind jedoch die Kosten gegenüber dem Kostenziel zu hoch, so müssen weitere Entwürfe angefertigt werden, und zwar so lange, bis das gewünschte Kostenergebnis erreicht worden ist.

Ein wichtiger Kennwert ist bereits durch den oben angeführten Vergleich vorgestellt worden. Es ist das Verhältnis von Brutto-Geschoßfläche zur Außenwandfläche.

Weitere Kennwerte sind unter anderem:

▶ das Verhältnis von Brutto-Rauminhalt zur Netto-Grundrißfläche oder

▶ das Verhältnis von Treppenfläche zur Netto-Grundrißfläche.

Bauherren tun gut daran, sich bereits im Vorplanungsstadium für die Formalternativen des Baukörpers zu interessieren und planungsökonomische Akzente zu setzen.

6.2.4   Kostenvergleiche von Entwürfen

Als Bauherr Ihres Wohngebäudes sollten Sie sich nicht von der Auffassung leiten lassen, die Entwurfsplanung sei allein Sache der von Ihnen beauftragten Planer oder die für Sie arbeitenden Planer würden selbstverständlich die verschiedenen Entwurfsvarianten auf ihre Kostenauswirkungen prüfen.

Bevor Sie dem Architekten Ihre Planvorstellungen und Ihre Skizzen in Form bestimmter Raumanordnungen erläutern, sollten Sie ihn völlig unvoreingenommen planen lassen. Nachdem er Ihr Raumprogramm erhalten hat, wird der Architekt sich mehr motiviert fühlen, wenn er seine Ideen, Erfahrungen und Kostengesichtspunkte in die ersten Vorentwurfsskizzen einfließen lassen kann. Mit der Aushändigung des Raumprogramms und einer Beschreibung der funktionellen Zusammenhänge müssen Sie Ihrem Architekten klare Kostenziele nennen. Beziffern Sie das für die Festlegung des Bauvolumens entscheidende Kostenlimit, indem Sie von den Gesamtherstellungskosten, die Ihnen zur Verfügung stehen, die entsprechenden Abzüge machen:

Beispiel

Gesamtherstellungskosten	DM 250.000,–
abzüglich	
Summe der Baugrundstückskosten	DM – 60.000,–
Summe der Baunebenkosten	DM – 18.000,–
Summe der Kosten für Besondere Betriebseinrichtungen	DM – 6.000,–
Summe der Kosten des Geräts und seiner Wirtschaftlichkeit	DM – 6.000,–
Es verbleiben die Bauwerkskosten mit	DM 160.000,–

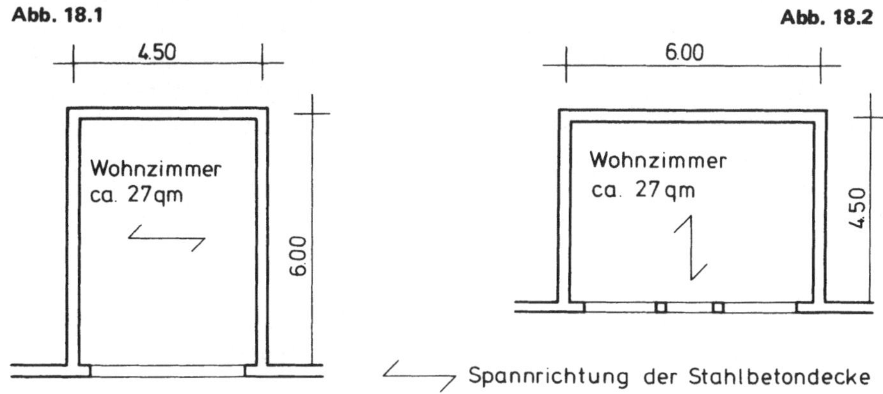

Sagen Sie dem Architekten, daß er mit dieser Summe auskommen und daß aus diesem Grunde eine besonders wirtschaftliche Konzeption für den Entwurf Ihres Hauses gewählt werden muß. In den meisten Fällen werden Sie einen ökonomischen Entwurf unter den Ihnen vom Architekten vorgestellten Varianten finden. Die Kostengünstigkeit läßt sich am besten anhand eines Beispiels aus dem Einfamilienhausbau veranschaulichen, und zwar beim Vergleich zweier Systeme. Bitte vergleichen Sie die Abbildungen 18.1 und 18.2 und bezeichnen Sie die kostengünstigere Lösung!

In den meisten Wohnhausgrundrissen ist die Lösung *18.2* zu finden. Wenn hier von Kostenplanung gesprochen wird, muß gerade sie als die teurere Lösung bezeichnet werden. Sie ist deshalb wesentlich kostenverteuernd, weil

- die Decken immer über die kürzere Entfernung gespannt werden. Im Falle *18.2* würden die Decken auf der langen Fensterseite liegen und, bei den großen Fensteröffnungen, aufwendige Unterzüge und Stützen erforderlich machen;

- die größeren Fenster Mehrkosten in der Erstellung und der Beheizung verursachen würden.

- die Unterzüge und Stützen schwierige und teure Wärmedämm-Maßnahmen erfordern würden.

Demgegenüber liegt die Decke in Lösung *18.1* auf den Längswänden auf, die keine Öffnungen haben. Keine Mehrkosten!

Man mag einwenden, daß Lösung *18.1* nur eine Fensterbreite von etwa 3,50 m aufweist, während Lösung *18.2* eine lichte Fensterbreite von etwa 4,50 m erlaubt. Bezogen auf die Raumgröße reicht jedoch die Breite von 3,50 m aus. Da hier keine Unterzüge erforderlich sind, ergibt sich eine Fensterfläche von

3,50 m (Breite) X 2,50 m (Höhe) = 8,75 qm, das ist fast 1/3 der Grundfläche.

Lösung 19.2 hat eine Fensterfläche von

4,50 m X 2,20 m = 9,90 qm, das ist 1/2,7 der Grundfläche.

Lösung 19.2 weist eine um 1,15 qm größere Fensterfläche auf. Diese Differenz ist kaum nennenswert; eine Fensterfläche von einem Drittel der Wohnzimmergröße ist mehr als ausreichend.

171

Das Beispiel zeigt, wie wirksam Kostenüberlegungen im Entwurfsverfahren sind und
wie sich durch die simpelsten, jedem Bauherrn verständlichen Vergleiche ohne Nachteile für den Entwurf die Kosten senken lassen. Der Bauherr wird mit diesen Informationen versehen — seine Planung mit wirtschaftlichen Erwägungen kombinieren — sei
es, daß er seine eigenen Skizzen in dieser Zielrichtung überprüft oder daß er die Vorschläge des Architekten mit planungsökonomischen Anregungen bedenkt. Die ersten
Rationalisierungsgedanken lassen sich in den folgenden Beispielen erweitern. Aus dem
Grundgedanken für die Lage eines Raumes läßt sich der Grundriß eines ganzen Hauses
und einer Häuser- oder Wohnungsgruppe entwickeln. Dabei handelt es sich um bereits
gebaute Objekte.

Beispiel:
Kostenvergleiche im Wohnhausbau

Problem Nummer eins für jede Bauaufgabe: Es ist ein bestimmtes Quantum an Wohn-
oder Nutzfläche bei einem Minimum an Baustoffaufwand zu planen. Das ist nicht
gleichzusetzen mit der Absicht, möglichst billige Baustoffe einzusetzen und möglichst
überall auf Kosten der Qualität zu sparen.
Die Aufgabenstellung muß ergänzt werden: Mit der im Raumprogramm festgelegten
Menge an Wohnfläche ist auch die im Bauprogramm gewünschte Materialqualität zu
schaffen.

Lösung: Abbildung 19 zeigt das schematisierte Lösungsergebnis als letzte Entwurfsplanung in Form eines Grundrisses. Diesem Entwurf waren mehrere Vergleichsuntersuchungen unter Kostenaspekten vorausgegangen. Die Abbildung stellt den vielfach
gebauten Entwurf eines Reihenhaustyps dar.
Die Aufgabe des planenden Architekten besteht in der Kombination vieler technischer
Einzelinformationen mit dem Ziel, diese so zu verwerten, daß die entwurflichen An-
forderungen mit den Kostenzielen in optimaler Weise erfüllt werden.
Wie schon demonstriert, kann durch die Lage eines Raumes im Grundriß und bezogen
auf die große Fensterseite der Preis für die verschiedenen tragenden Teile — Decke,
Stützen, Unterzüge — wesentlich reduziert werden. Führt man diesen Gedanken zu
Ende, so müssen auch die übrigen Räume so bemessen und orientiert werden, daß die
Fensterseite möglichst nicht die Belastung aus der Decke tragen muß. Das ist auf dem
Grundriß in Abbildung 19 zu sehen. Alle Räume sind so angeordnet, daß die Decke
grundsätzlich die Seitenwände und nicht die Fensterwände belastet. Das ist aber
nur der eine Teil der planungsökonomischen Gesichtspunkte. Wenn die Decke nur
über geringe Spannweiten von jeweils 3,00 und 4,50 m zu spannen ist, wird sie in
der Dicke und in ihrer Stahlbewehrung ganz gering bemessen werden können (Decken-
stärke: 14 cm). Die Einsparungsüberlegungen beziehen sich schließlich auch auf die
Wände. Jeder Bauherr kann sich an vielen Hausgrundrissen davon überzeugen, daß
die Wandstärken der Innenwände unterschiedlich dick sind (11,5 cm, 17,5 cm, 24 cm).
Bei der Entwurfsarbeit wurde der Grundriß so ausgefeilt, daß alle Innenwände bis
auf eine Wand nur mit einer Dicke von 11,5 cm bemessen werden konnten. Tausende
von Mark wurden durch die Ausnutzung der DIN 1053 — Mauerwerk, Berechnung
und Ausführung — eingespart.

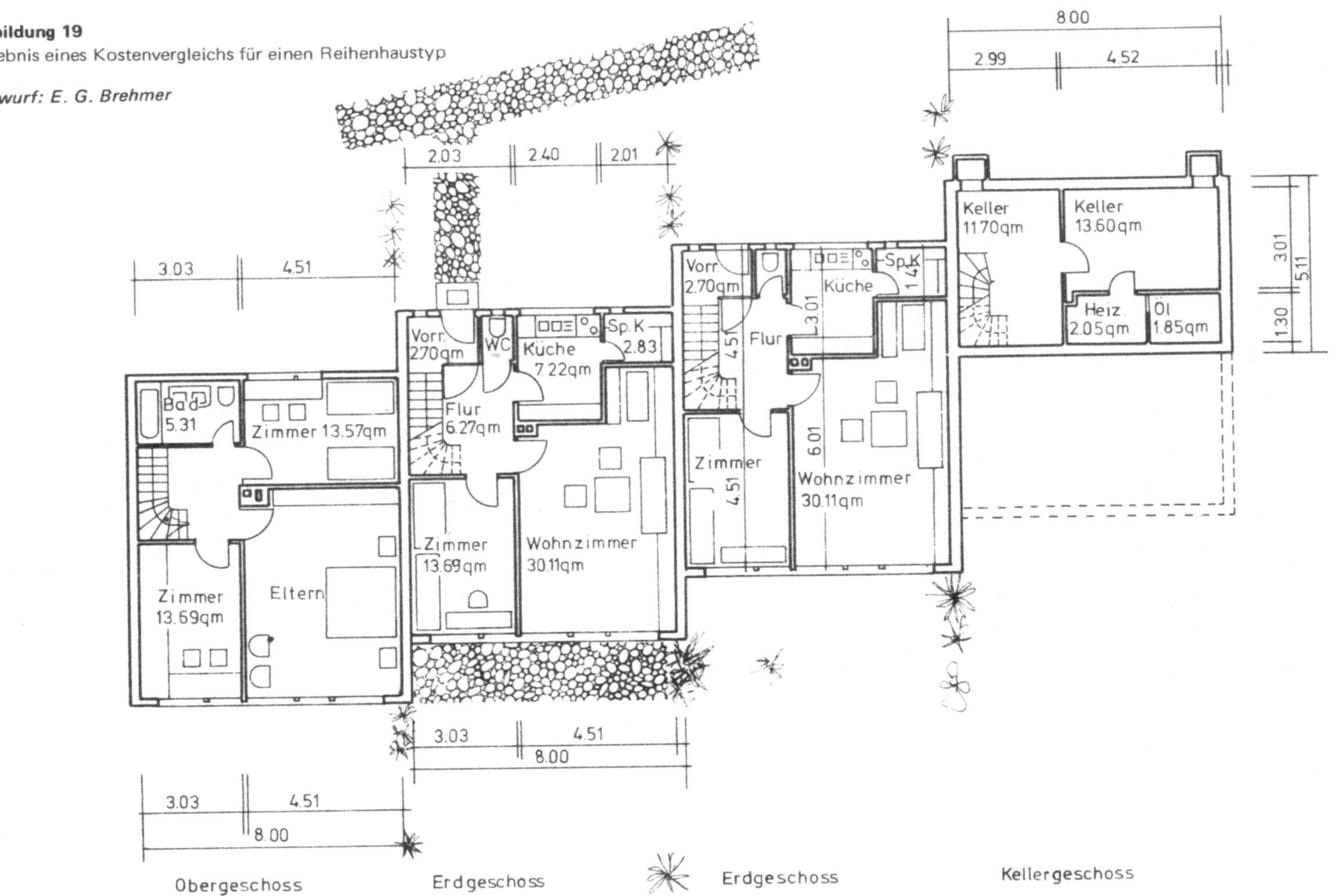

Abbildung 19
Ergebnis eines Kostenvergleichs für einen Reihenhaustyp

Entwurf: E. G. Brehmer

Es wurde bis an die äußerste Grenze der Zulässigkeit gegangen — natürlich ohne jedes Risiko. Bis zu 4,50 m Länge sind nämlich Wandstärken von 11,5 cm Dicke zulässig. Bis zu 6,00 m Länge sind Wandstärken von 17,5 cm Dicke erlaubt. Allerdings sind die Wände an den Endpunkten durch Querwände in 50 cm Länge auszusteifen, was sich auf die Lage der Türen auswirkt.

Diese Anordnung der Räume ist nur unter Beachtung der Statik möglich.

Die hier zur Kosteneinsparung angewandte DIN 1053 ist nur ein exemplarischer Fall. Entwurfsplanungen *ohne* gleichzeitige Prüfung durch Statiker und Kostenplaner sollten grundsätzlich vermieden werden. Das ist die wichtigste Erkenntnis für alle Auftraggeber, die es ernst mit der Reduzierung von Baukosten meinen.

Abbildung 19 zeigt die Weiterentwicklung der ökonomischen Planung eines Einzelhauses als Reihenhaus in einer Gruppe, Erdgeschoß: Wohnraum, Zimmer, Küche, Speisekammer, WC, Vorraum, Obergeschoß: drei Schlafräume, Badezimmer. Insgesamt ein Fünfzimmerhaus, das nicht nur einen großen Wohnraum enthält, sondern auch einen gleich großen Raum im Obergeschoß. Die Zuordnung der Räume erfolgte mit einem Minimum an Verkehrsfläche, so daß kein Quadratmeter zuviel in der Flur- oder Treppenfläche zu finden ist. Auch die Größe der Fensterflächen ist als reichlich bemessen zu bezeichnen. Die Einsparung an Außenwänden entspricht der Kostenreduzierung bei den Innenwänden. Da die Außenwände doppelschalig mit einer hohen Wärmedämmung ausgeführt wurden, kann auch in dieser Beziehung nicht von Qualitätseinbußen gesprochen werden. Die Doppelschaligkeit gewährleistet auch einen einwandfreien Schallschutz zum Reihenhaus-Nachbarn.

Innerhalb eines Einfamilienhauses hat die Schalldämmung keine oder nur eine geringe Bedeutung. Daher wirken sich die 11,5 cm Wände nicht nachteilig aus.

Beispiel:
Kostenvergleiche im mehrgeschossigen Wohnungsbau

Die geschilderten Kostenvorteile lassen sich auch bei Mehrfamilienhäusern oder beim Bau von Wohnanlagen mit Eigentumswohnungen erzielen. Der Bundesminister für Raumordnung, Bauwesen und Städtebau hat dieses Thema in einem Forschungsprogramm untersuchen lassen. Professor Dr. Zerna hat als Beauftragter darüber berichtet [61].

Untersucht wurden 48 von verschiedenen Bauherrn und Architekten erstellte Bauvorhaben mit 26 Wohnungsgrundrissen und mehr als 1.100 Wohneinheiten. Wohnungsgrößen: 46, 80, 99 und 133 qm. Hausformen: Punkt-, Eck-, Mittel-, Innen- und Laubenganghäuser. Diese Hausformen wurden vier Kriterien unterworfen, die sich gegenseitig beeinflußten, und zwar Gestaltung, Ausnutzung der bebauten Grundfläche, Flexibilität bei der Nutzung und bautechnische Gesichtspunkte. Ferner wurden sie nach ihrer Eignung, Belichtung und ihrer Wirtschaftlichkeit überprüft.

In Abbildung 20 (S. 175) ist einer dieser Grundrißentwürfe wiedergegeben. Erkennbar ist das schon besprochene Prinzip der Schottenbauart: Die Schmalseite wird zur Fensterfront orientiert und läßt sich auf voller Breite ohne konstruktiven Aufwand weitgehend öffnen. Die langen Seitenwände übernehmen die Deckenlasten und sind

Abbildung 20

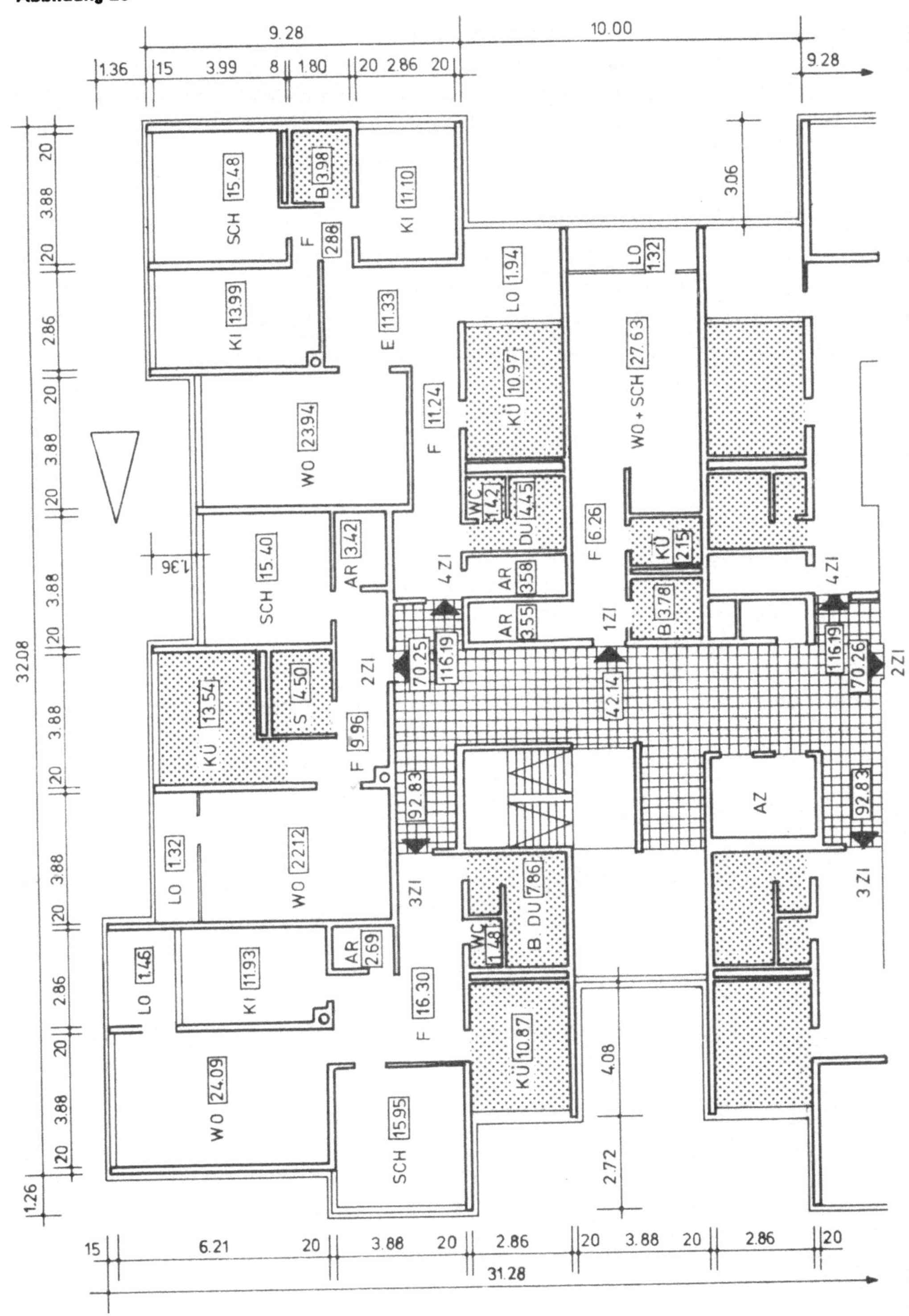

9.28
10.00
9.28
1.36
15
3.99
8
1.80
20 2.86 20
3.06
20
3.88
20
2.86
20
3.88
20
3.88
20
3.88
20
3.88
20
3.88
20
2.86
20
3.88
20
1.26
32.08
1.36
SCH 15.48
B 3.98
KI 11.10
F 2.88
KI 13.99
E 11.33
LO 1.94
LO 1.32
WO 23.94
F 11.24
KÜ 10.97
WO + SCH 27.63
SCH 15.40
AR 3.42
WC 1.42
DU 4.45
F 6.26
KÜ 2.15
B 3.78
AR 3.58
AR 3.55
4 ZI
1 ZI
4 ZI
KÜ 13.54
S 4.50
F 9.96
2 ZI
70.25
116.19
116.19
70.26
2 ZI
42.14
92.83
AZ
92.83
LO 1.32
WO 22.12
3 ZI
WC 1.48
B DU 7.86
3 ZI
LO 1.46
KI 11.93
AR 2.69
F 16.30
KÜ 10.87
4.08
WO 24.09
SCH 15.95
2.72
15
6.21
20
3.88
20
2.86
20
3.88
20
2.86
20
31.28

als Schotten nicht oder nur mit kleinen Türöffnungen durchbrochen. Der Bericht-
erstatter erwähnt, daß diese Bauweise in Ortbeton oder Fertigteilen machbar ist. In
der Ausführung wurde eine Mischung beider Bauarten gewählt.
Abgesehen von den schon erwähnten Vorteilen, enthält die Veröffentlichung Zahlen,
die dem Bauherrn Verhältniswerte an die Hand geben. Mit Hilfe dieser Relationen
läßt sich die Wirtschaftlichkeit von Entwürfen überprüfen. Deshalb sollen sie hier
wiedergegeben werden.

Verhältniszahlen im Wohnungsbau

Verhältnis	optimal	unwirtschaftlich
Allgemeine Verkehrsfläche: Bebaute Grundfläche	4,8 %	17,5 %
Wohnfläche: Bebaute Grundfläche	73 %	unter 70 %
Brutto-Rauminhalt: Wohnfläche (Richtwert für die Wirtschaftlichkeit)	100 %	129 %
Umfang: Wohnfläche (bestimmt die Fassaden- und Heizungskosten	106 %	184 %

Diese Prozentsätze bilden lediglich Orientierungsdaten für Bauherrn derartiger Projekte. Sie tragen wesentlich zur Kostentransparenz und Kostensteuerung bei. Was
den entwerfenden Architekten und Ingenieur betrifft, so kann dieser
▶ die Ausnutzung des gewählten Grundrisses,
▶ die Ausnutzung des Schottenrasters und des Schalungssystems,
▶ die Ausführung der Fassade,
▶ den Vergleich des Aufwandes für tragende und nichttragende Innen- und Außenwände
  und
▶ den Vergleich des umbauten Raumes zur erforderlichen Stahlmenge bewerten.

Das System der Schottenbauart weist weitere Vorteile auf, die hier genannt werden
sollen:
▶ Die tragenden Wände werden an den Begrenzungen zu Nachbarn angeordnet. Damit
  gewinnt jeder Wohnungsinhaber den Vorteil einer besseren Schalldämmung, insbesondere bei einer Ausführung in Schwerbeton. Die Masse des Betons ist der beste
  Schutz gegen Lärmbelästigung, so daß weitere Maßnahmen zur Schalldämmung nach
  DIN 4109 — Schallschutz im Hochbau — überflüssig werden.
▶ Infolge der tiefen Räume lassen sich, wie die Abbildung 20 auch zeigt, Baukörper mit
  großen Gebäudetiefen erzielen. Rau weist in einer Publikation auf die Vorteile großer
  Bautiefen hin [62]. Er zeigt aufgrund seiner Erfahrungen, wie sich bei diesen Haus-
  typen und allen möglichen Gebäudehöhen günstige Kosten je Quadratmeter Wohn-
  fläche erzielen lassen. „Bei gleicher Zahl der Geschosse können im Rahmen eines
  Bauleitplanes im Vergleich zu einem herkömmlichen Punkthaus oder Zweispänner
  30 % mehr Wohnungen eingeplant oder die Höhe des Gebäudes um 30 % gesenkt
  werden.''
▶ Tiefe Baukörper haben notwendigerweise auch geringere Energiekosten und geringere
  Aufwendungen für Bau und Unterhaltung der Fassade zur Folge.

Was können Bauherren bei der Entwurfsplanung tun?

Die beschriebenen Praxisbeispiele haben den Nachweis erbracht, daß schon im Entwurfsprozeß Einsparungen zwischen 25 und 30 % möglich sind.

An vielen bestehenden und geplanten Bauvorhaben ließe sich ohne umfangreiche Vorarbeiten die Effektivität der Kostenplanung nachweisen. Besonders lohnend wäre der Nachweis dieser Einsparungschancen bei den Bauten und Planungen der professionellen Bauherren: Baugesellschaften aller Arten, Bauabteilungen der Industrie und Wirtschaft, Bauämter kirchlicher und staatlicher Institutionen. Dabei wäre es sicher hochinteressant, wenn man einmal die Summe der Bauvorhaben aus den letzten Zehn Jahren aus dem Arbeitsbereich eines der genannten Profi-Bauherren untersuchen und die möglich gewesenen Einsparungen addieren würde.

Generell festzustellen bleibt, daß, im Gegensatz zu vielen Überzeugungen — auch von fachlicher Seite —, Kostensenkungen in erheblichem Umfange möglich und machbar sind.

Wenn Bauherren einwenden, daß es nicht in ihrer Macht läge, die Kosten beim Entwurf eines Gebäudes zu beeinflussen, so haben sie sicher recht, wenn sie das Entwerfen selbst meinen.

Dennoch können sie von ihrer „Macht" mehr Gebrauch machen, wenn sie

- die notwendige Zeitspanne für Kostenvergleiche zur Verfügung stellen;
- Planungen nicht finanzieren, deren Wirtschaftlichkeit nicht ausreichend bewiesen ist, und zwar anhand der ihnen vorzulegenden Entwürfe und der dazugehörigen Kostenvergleiche;
- bei größeren oder schwierigeren Projekten das Honorar für einen unabhängigen Berater aufwenden, der ihnen bei der Bewertung und Beurteilung der Architektenentwürfe zur Seite steht;
- unter Umständen einen eigenen Kostenplaner engagieren, der die Vergleichswerte zur richtigen Beurteilung von Entwürfen sammelt und die kostenplanerischen Vorarbeiten bei den freien, angestellten und beamteten Planern steuert;
- die richtigen Kostenplaner einsetzen und diese auch die Instrumente zur Kostenplanung benutzen.

6.2.5 Kostenvergleiche von Einzelräumen

Aus welchen Gründen auch immer die Innenraumplanung nicht rechtzeitig und parallel zum Entwurfsvorgang vorgenommen werden konnte, dieses Manko wirkt sich preistreibend aus.

Diese These läßt sich am anschaulichsten im Wohnungsbau, beim Entwurf von Einzelhäusern, beweisen.

Innenraumplanung allgemein

Bei einer guten Planung der Innenräume eines Gebäudes läßt sich eine bessere Nutzung bei weniger Flächenbedarf erzielen. Das ist das Ziel der Raumgestaltung — nicht die Flächenminimierung allein. Gleichgültig welcher Art der Raum ist, die Aufgabenstellung kann auch nicht in der Maximierung der Raumgröße bestehen. Es gibt genug Beispiele für große und schlecht zu möblierende und zu nutzende Räume. Deshalb kann es nicht zu geringeren Baukosten führen, wenn Bauherren meinen, sie könnten die Einzelheiten der Einrichtung, Gestaltung und Aufteilung des Hausinneren auf die Zeit nach der Planung vertagen. Mit großer Wahrscheinlichkeit werden sich später nachteilige Folgen in der Nutzung einstellen, die dann nur noch mit „Zu spät!" kommentiert werden können. Preistreibend wirkt es sich auch aus, die Räume vorerst aus Zeitnot so groß wie möglich zu machen — in der Annahme, je größer die Räume seien, desto weniger brauche sich der Bauherr vorher festzulegen.

Beispiel Küchenplanung [63] *und* [64]

Die Bezeichnung „Küche" allein im Raumprogramm ist ungenügend. Auch eine Größenangabe ohne Nennung der Einzelheiten kann sich als zu groß oder zu klein erweisen. Zu den wichtigsten Informationen gehören die Zahl der Arbeitsplätze, eine Aufstellung aller einzuplanenden Möbel und Geräte mit Angabe ihrer Abmessungen, die Größe der Bewegungsfläche, die Eßplatzanordnung und die Zahl der Plätze am Eßtisch, Wünsche hinsichtlich der natürlichen und künstlichen Belichtung und Belüftung, Erweiterungsvorstellungen oder Reduzierungswünsche für die Zukunft, Erschließung von Nachbarräumen, Trennung von anderen Zimmern, Lage und Größe einer Durchreiche, bevorzugte Grundform (L-Form, U-Form, Zweizeiligkeiten usw.), Mehrfachnutzung für hauswirtschaftliche Arbeiten (Bügeln, Waschen, Nähen), Nebenräume (Vorratsräume, Putzmittelraum, Hausarbeitsraum) und die Anordnung eines Balkons oder Ausganges. Diese Planungshinweise müssen durch die baulichen Gesichtspunkte und Gegebenheiten der Installationen sowie arbeitswirtschaftlichen Erkenntnisse ergänzt werden. Erst die Summe aller Faktoren ergibt die Voraussetzung für eine optimale Planung. Aus der Kombination der vielfältigen Anforderungen und Voraussetzungen resultiert dann die optimale oder günstigste Größenbemessung der Küche. Der spätere Nutzer ist daran ebenso beteiligt wie der Architekt und eventuell jemand, der über das know-how einer speziellen Küchenplanung verfügt.

Abbildung 21 zeigt nur 13 Typen und Größenordnungen von Küchen von 5,4 bis 13,6 qm Größe [65]. Natürlich ist die Zahl der möglichen Lösungen und Größenordnungen damit nicht erschöpft. Für die Kostenplanung bedeuten derartige Unterschiede in der Innenraumplanung entscheidende Kostendifferenzen im Endergebnis. Acht Quadratmeter mehr oder weniger in einem Raum unter vielen Räumen kosten bei DM 2.000,— je Quadratmeter Wohnfläche DM 16.000,—.

Die Küchenplanung diente hier nur als Beispiel. Architekten aus der Praxis wissen, daß bei vielen Bauplanungen die Überlegungen zur Einrichtung zu spät kommen. Die Räume erweisen sich dann als schlecht nutzbar, als zu klein oder als falsch geschnitten. Die auf lange Sicht unabänderlichen Folgen bestehen in der Improvisation oder in zusätzlichen Kosten, um negative Folgen zu mindern.

Abbildung 21
Küchenplanung [65]

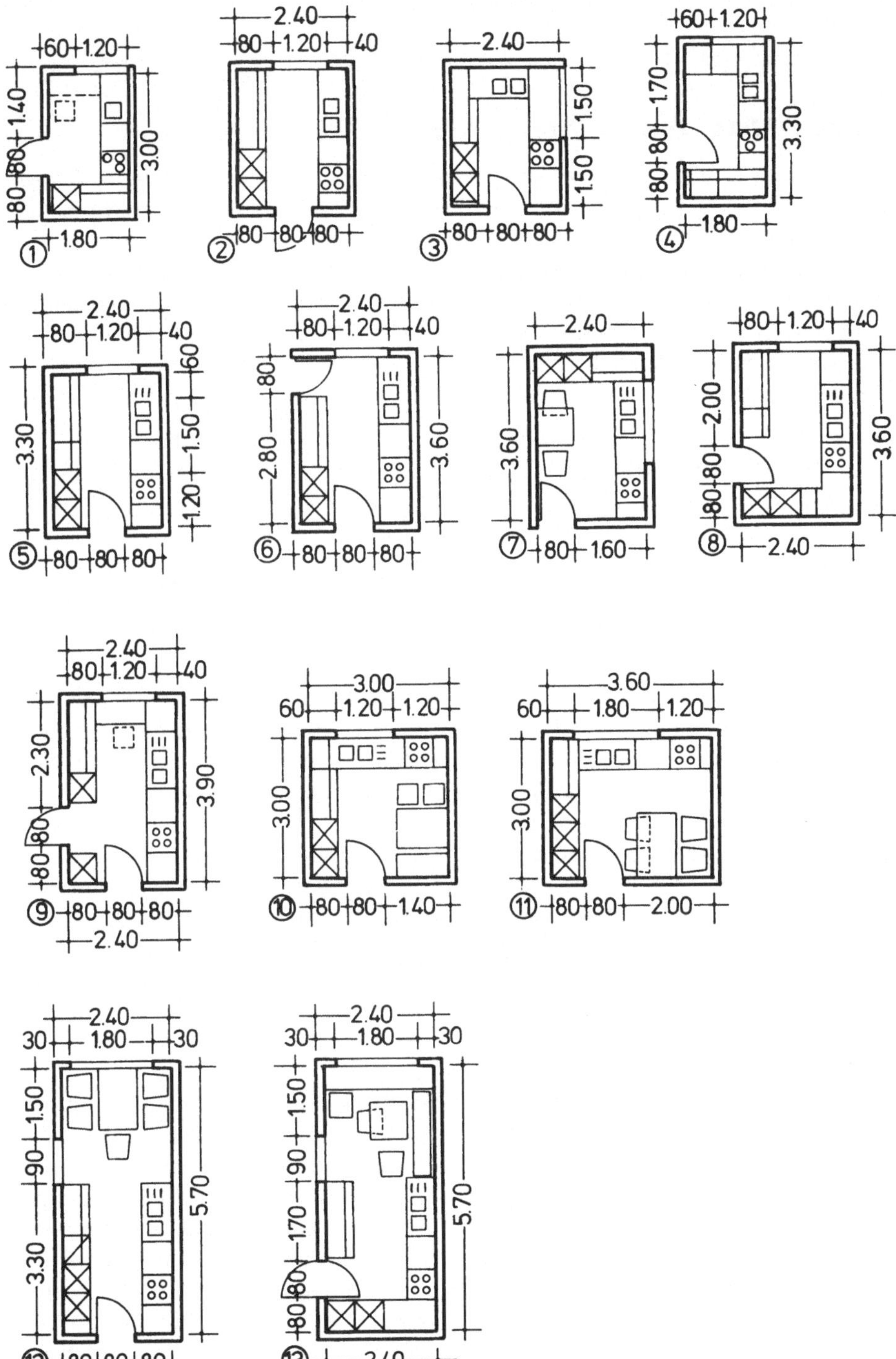

Bäderplanung

S. weiter unten: Wirtschaftliche Sanitärplanung, S. 191–192

Keller und Nebenräume

Im Wohnhausbau sind die Häuser in der Mehrzahl, deren Keller-, Abstell- und Boden-räume mehr Flächen beanspruchen als die eigentliche Wohnfläche. Im Normalfall hat ein Einfamilienhaus einen Keller, dessen Größe der Wohnfläche des Erdgeschosses entspricht. Auch der Dachraum bietet Platz für Abstell-, Neben- und Speicherräume. Schließlich sind weitere Nebenräume (Vorratsraum, Putzmittelraum, Abstellkammer) in den Hauptgeschossen zu finden. Insgesamt macht das einen prozentualen Anteil zu der gesamten Wohn- und Nebenraumfläche von ca. 35 bis 60 Prozent aus. Die Höhe dieses Anteils steht in einem deutlichen Mißverhältnis zur Benutzbarkeit dieser Räume.

Was tatsächlich an Flächen — außer den zugehörigen Verkehrsflächen — benötigt wird, sind folgende Angaben:

Heizkesselraum	1,5–3,5 m² , im Durchschnitt 2,5 m²
Brennstoffraum	5,0–9,0 m² , im Durchschnitt 7,0 m²
Lebensmittelvorratsraum	1,5–3,5 m² , im Durchschnitt 2,5 m²
Abstellraum (Geräte)	6,0–9,0 m² , im Durchschnitt 7,5 m²
Summen	14,0–25,0 m² , im Durchschnitt 19,5 m²

Der Bauherr hat es selbst in der Hand, Kostensenkungen durch Streichungen des überdimensionierten Raumbedarfs zu bewirken. Will oder kann er sich jedoch nicht auf die überlegte Bedarfsbemessung aller Abstellräume festlegen, so muß er die über-höhte Mehrbelastung für die Finanzierung seines Hauses über Jahrzehnte tragen.
Der Bauherr kann bereits bei der Bedarfsbemessung eine überhöhte Größenbemessung der Nebenräume dadurch vermeiden, daß er alle darin unterzubringenden Gegenstände erfaßt. Hinzu käme eine Erweiterungs- oder Reservefläche für Altmöbel, die durch Neuanschaffungen ersetzt werden und nicht dem Sperrmüll übergeben werden sollen. Dazu zu zählen sind auch Kinderwagen, Fahrräder, Gartengeräte und dergleichen mehr. Dem Architekten oder dem Heizungsingenieur obliegt es, den Raum für die Öltanks und den Heizkessel zu bemessen. Auch diese Räume können kleiner sein, als sie im allgemeinen gebaut werden. Denn es ist eine alte Erfahrung: Wenn viel Kellerraum vorhanden ist, wird auch viel verschwendet.
Von den aufgezählten Nebenräumen ist keiner zwingend unter Terrain vorzusehen. Auch der Heizkessel steht funktionell besser im mittleren Bereich des Erdgeschosses als im Keller. Ein Erdtank ist erheblich teurer als Batterietanks in einem Abstellraum über der Erde. Das ist auf die Kontroll- und Sicherheitsmaßnahmen zurückzuführen. Lebensmittelvorräte lagern besser in Küchennähe im Erdgeschoß als in einem nicht ganz so sauber zu haltenden Raum im Keller. Wenn sich der Heizkessel im Keller be-findet, ist es mit einer kühlen Lagerung der Lebensmittel sowieso vorbei. Ein richtig belüfteter Vorratsraum an der Nord- oder Ostseite eines Hauses ist für die Hausfrau nur von Vorteil. Was schließlich den allgemeinen Abstellraum betrifft, so ist dieser

für Gartengerät, Fahrräder und Kinderwagen besser im Erdgeschoß zu erschließen als im Keller.

Diese Überlegungen führen zum *nicht-unterkellerten* Haus. Der Keller ist keineswegs mit geringem baulichen Aufwand zu erstellen, wie manch ein Bauherr meint. Er ist sogar in den meisten Fällen relativ teuer. Im Bereich unter dem Terrain kommt man nicht mehr mit der normalen Außenwand aus, sondern man muß die Dicke gegen den Erddruck statisch berechnen beziehungsweise dimensionieren. Hinzu kommen die Abdichtungsprobleme gegen das drückende oder nichtdrückende Wasser. Allein die Kosten für einen wasserdichten Keller können den Keller teurer als das Erdgeschoß machen. Es beginnt schon mit Mehrkosten, wenn eine Wasserhaltung während der Bauarbeiten im Kellerbereich mit ständig laufenden Pumpen vorgehalten werden muß. Der Nutzeffekt eines Kellers ist gering und sollte vor der Planung genauestens bedacht werden. Die Räume sind nicht selten muffig, feucht und dunkel.

Abbildung 22
Beispiel für ein nichtunterkellertes Haus — Kettenhaustyp
Entwurf: E. G. Brehmer

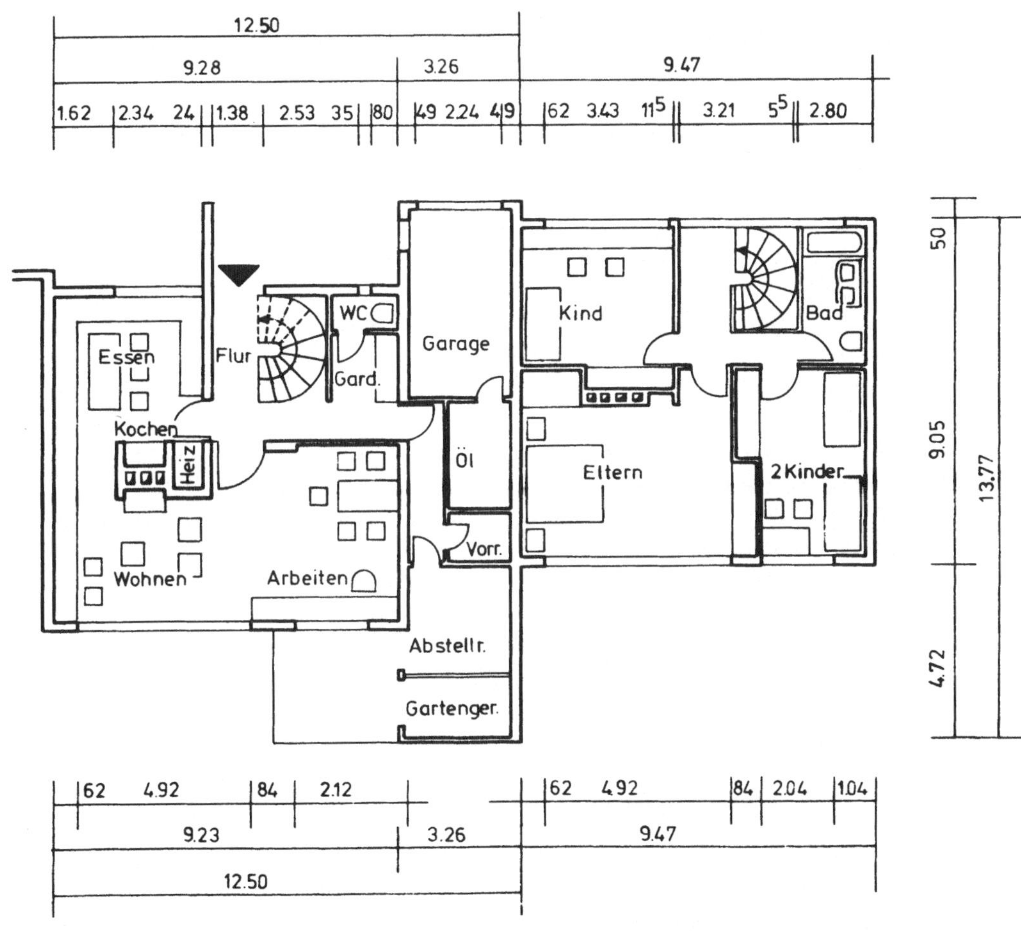

Die Alternative zum Keller wird in Abbildung 22 gezeigt. Dieses sogenannte „Kettenhaus" gehört zu der schon erwähnten Siedlung (Ziffer 1.1.3). Der eingeschossige Trakt bildet das Bindeglied zwischen den zweigeschossigen Wohnhäusern, die dadurch voneinander getrennt werden. Der Keller ist ersetzt durch wohlüberlegte Nebenräume im Erdgeschoß. Im Zentrum des Hauses ist der Schornstein, der den Anschluß des Kamins und des Kessels erlaubt. Im Zwischentrakt sind Garage, Vorratsraum, Öltankraum und Abstellraum untergebracht — im Ganzen eine gute, kostensparende Lösung.

Die Kosten einer Unterkellerung sind schon unter Ziffer 6.1.1 angesprochen worden. Als Bauherr würden Sie bei nicht-unterkellerten Gebäuden geringere Baukosten bezahlen, und zwar

bei 4-geschossigen Zweispännern	um 7,5 %
bei 3-geschossigen Zweispännern	um 8,5 %
bei 2-geschossigen Zweispännern	um 11,0 %
bei 1 1/2- und 2-geschossigen Ein- und Zweifamilienhäusern	um 17,0–18,0 %
bei 1-geschossigen Einfamilienhäusern	um 24,0 %

In konkreten Zahlen ausgedrückt: Ein Bauherr würde für den Bau eines Kellers in einem Einfamilienhaus etwa zwischen DM 24.000,— bis 60.000,— ausgeben müssen. Demgegenüber kosten 20 m² Abstellraum über der Erde in der in Abbildung 22 gezeigten Form DM 9.000,— bis 11.000,—. Mit anderen Worten: Der Familie eines Bauherrn werden jeden Monat 200,— bis 500,— DM mehr an finanzieller Belastung für den fragwürdigen „Vorteil" aufgebürdet, 35 bis 85 m² überflüssige Abstellfläche im ungenügend belichteten und belüfteten Kellerbereich zu gewinnen. Der Bauherr sollte sich überlegen, wie oft und wofür er diese Zusatzfläche nutzen würde. Dann sollten naheliegendere Alternativen geprüft werden. Zum Beispiel: Kann für die Summe, die der unnötige Keller kosten, hochwertiger Wohn- und Schlafraum geschaffen werden?

Sicher werden Familien Kellerräume mit Zweckbestimmungen füllen können. Dabei ist an Hobbyräume, Werkräume, Party-Keller und dergleichen zu denken. Aber diese Räume kosten schließlich Geld. In vielen Fällen belasten die Kosten für dieses unnötige Mehr an Keller- oder Abstellräumen das Bau- und das Haushaltsbudget beträchtlich.

Ob ein Keller gebaut werden soll, ist bei Bauherren oft eine Status-Frage. Ein Haus ohne Keller — so ist es immer wieder zu hören — sei doch kein Haus.

Wo die Grundstücksfläche oder die Nachbarbebauung dies gestattet, sollte also sorgfältig überlegt werden, ob nicht unter Umständen auf den Keller verzichtet wird und die für ihn vorgesehenen Räume im Erdgeschoß untergebracht werden können.

Schließlich sei nicht vergessen, daß Wärmedämmung und Isolation von Kellerwänden und -fußböden zwar zufriedenstellend zu bewerkstelligen sind, aber auch Geld kosten — wie die Lichtschächte, die inneren und äußeren Zugänge und so weiter.

6.2.6   Kosten von „Standards"

Am Ende des vorangegangenen Abschnitts ist bereits einiges über bestimmte Bauteile und Räume gesagt worden, die man gemeinhin als allzu selbstverständlich zur „normalen" Ausstattung — gewissermaßen zum „Standard" — zählt. Der Wille zu ernsthaften Kostensenkungen sollte vor diesen Standards nicht haltmachen, sondern sie in die Einsparungsüberlegungen einbeziehen.

Wie unter Ziffer 6.2.5 dargelegt wurde, ist der *Keller* ein Hauptkostenfaktor, wenn man die Feuchtigkeitsisolierung, Wärmedämmung, Wanddicken, Entwässerungsprobleme, Kellerlichtschächte und die Innen- und Außentreppen berücksichtigt. Eine Teilunterkellerung — zum Beispiel die Hälfte des Erdgeschosses — kostet nicht etwa nur die Hälfte, sondern zwei Drittel der Ganzunterkellerung. Wenn man sich für den Keller entscheidet, dann sollte man also alles unterkellern. Keller kosten fünfstellige Summen und sind doch nur beschränkt nutzbar. Voll nutzbar sind sie nur mit einem erhöhten finanziellen Aufwand für die Wärmedämmung an Wänden und Fußboden, für die Heizung, Befensterung, Lichtschächte, Elektroanlage und die Kellertreppe. Auch wenn diese Leistungen zum Zeil in Selbsthilfe ausgeführt werden können, so sollten die Kosten nicht zu gering veranschlagt werden. Räume für den dauernden Aufenthalt von Menschen sind außerdem aufgrund der Landesbauordnungen nur dann gestattet, wenn der Fußboden dieser Räume über dem Terrain liegt. Das ist der Fall wenn das Gelände entsprechend abfällt oder wenn mit Hilfe von Stützmauern und Böschungen der Erdboden um den Kellerraum abgesenkt wird und eine Grube vor dem Kellerbereich entsteht. Dieser tieferliegende Teil des Geländes muß entwässert werden. All dies muß in den Kosten erfaßt werden. Zum Thema „Keller" soll schließlich nicht unerwähnt bleiben, daß es genug Beispiele aus der Praxis von Häusern gibt, die ohne Keller gebaut worden sind und deren vielfältige Nebenräume sich sinnvoll über dem Terrain in die Hauptgeschosse einordnen. Wenn dieses Nebengelaß wohlüberlegt und groß genug geplant und gebaut worden ist, hat das für den Bauherrn — insbesondere für den älteren oder gehbehinderten — nur Vorteile. Der Wegfall einer Treppe und eines ganzen Geschosses wirkt sich dann nur positiv aus.

Zum Keller gehört die Keller-Außentreppe. Die Kosten für einen derartigen Außenzugang bewegen sich zwischen 4.000,— und 6.000,— DM. Die Entwässerung, die Fundamente, die Feuchtigkeitsisolierung, das Geländer usw. machen den hohen Preis aus. Eine kostensparende Lösung ist die Anordnung der inneren Kellertreppe, und zwar so, daß man vom Hauseingang auf kürzestem Wege die Treppe im Inneren des Hauses erreicht und sich so den äußeren Zugang erspart.

Eine weitere Standardausführung ist das *geneigte Dach*. Auch in der Frage der Dachform und Dachneigung sollten die Kostenauswirkungen gewissenhaft geprüft werden. Die Grundrißform, die Bauvorschriften, die Baunutzungsverordnung und andere Faktoren wirken sich in vielen Fällen entscheidend auf die Dachform aus. Im Rahmen seines Entscheidungsspielraumes ist dem Bauherrn zu empfehlen, vor der Entscheidung über die Dachkonstruktion die Konsequenzen aus den verschiedenen Alternativen im Hinblick auf die Planung und die Kosten überprüfen zu lassen. Wenn das oberste Geschoß lediglich einen Deckenabschluß erhalten soll, der gleichzeitig Dachabschluß sein soll, dann muß die Wahl auf eine Konstruktion fallen, die zugleich beide Funktionen in sicherster und einfachster Weise erfüllt. Von der Kostenseite her ist das Flachdach in diesem Fall die geeignete Dachform. Demgegenüber sind Lösungen mit zwei übereinanderliegenden Konstruktionen — als Raumdecke und Dachdecke — sehr teuer, zumal dann, wenn der dabei entstehende Bodenraum nicht benötigt wird oder nicht benutzt werden kann.

Kostenvergleichsrechnungen allgemeiner Art sollten sehr genau auf ihre Herkunft geprüft werden. Die Hersteller publizieren derartige Gegenüberstellungen mit den jeweils für sie sprechenden Tendenzen. Für den Laien ist das nicht immer klar erkennbar.

Die Baustoffe früherer Zeiten — Stroh, Ziegel und Schiefer — ließen in ihrer Verwendungsmöglichkeit nur geneigte Dachflächen zu. Heute bietet der Markt eine Fülle von zufriedenstellenden Fabrikaten für eine völlig ebene Dacheindeckung oder mit einer ganz geringen Neigung. Gegen das Flachdach kann auch nicht mehr mit möglichen Bau- und Konstruktionsfehlern argumentiert werden. Baumängel gibt es bei allen Arten von Dächern.

Immer wieder werden geneigte Dächer mit zukünftigen Nutzungen verteidigt. Dem ist entgegenzuhalten: „Ein Haus, das man für eine Menge problematischen Raumes oder für ungenutzten Raum plant, der später vielleicht einmal genutzt werden soll, wird ziemlich sicher kein gut geplantes Haus sein. Ja, wenn man absichtlich verschwendeten Platz einplant, ist die Arbeit des Architekten verschwendet, und man treibt außerdem mit den Menschen im Haus Verschwendung. Vermutlich würde alles falsch gehen." (Wright, F. L.: Das natürliche Haus, S. 164) Problematischer Raum (schräge Wände, unzugängliche Winkel und Ecken, bautechnische Details), ungenutzter Raum und verschwendeter Platz kosten Geld. Der Nebenraum läßt sich billiger auf den Ebenen des Hauptgeschosses einplanen, auch für etwaige spätere Erweiterungen. „Toter" Dachraum mit Höhen von 0,30 m bis 1,0 m im untersten Bereich der Schrägen, zuviel Bodenraum als Rumpelkammern und zukünftige Raumbereiche im Rohbauzustand belasten den Finanzhaushalt einer Durchschnittsfamilie erheblich. Wo bleibt der Nutzen aus diesen finanziellen Opfern? Später ist alles anders. Dann müssen aufgrund des vorhandenen Dachraumes im rohen Zustand neue Kompromisse und Improvisationen getroffen werden.

Weitere Hinweise sollten Bauherrn prüfen, die wenig nutzbringende Bauteile, Konstruktionen oder Details einzusparen bereit sind. So zum Beispiel,

▶ ob die Fenster in den Hauptgeschossen bis zum Fußboden reichen müssen. Die Glasflächen im Brüstungsbereich kosten mehr Geld, und zwar nicht nur in den Herstellungskosten. Besser wäre es, bis in Fensterbankhöhe gut gedämmtes Mauerwerk oder eine gut dämmende Sandwichplatte vorzusehen, dies um so mehr, als im Regelfall vor den Glasflächen die Heizkörper stehen und die Transparenz ohnehin beeinträchtigen;

▶ ob die Größe der Fensterflächen reduziert werden kann. Im allgemeinen reichen Größen von 1/5 bis 1/9 der Fläche des zugehörigen Raumes aus. Auch dies würde eine Verringerung der Bau- und Betriebskosten bedeuten;

▶ ob der eigene PKW vielleicht unbedingt eine Garage benötigt oder vielleicht in einer anderen Form überdacht werden kann. Die Kellergarage ist die teuerste Lösung, da die Zufahrt befestigt und entwässert werden muß. Die billigste Form der Garage ist eine solide Fertiggarage, die in Form eines Containers komplett für etwa DM 3.500,— geliefert und aufgestellt wird. Jeder Bauherr sollte sich fragen, wie sich das für eine Garage aufzuwendende Kapital verzinst. Die Kapitalaufwendungen werden sicher nicht durch einen höheren Verkaufswert des PKW wettgemacht. Ein Alternativvorschlag gegenüber einer geschlossenen Garage ist eine Überdachung, die nur an einer Seite — eventuell auch an zwei Seiten — offen ist. Wenn dieses Dach gleichzeitig Eingangsüberdachung ist, erfüllt es einen doppelten Zweck und stellt eine kostengünstige Lösung dar.

Diese Beispiele sollen dem Bauherrn als Anregung dienen, sich nach weniger kostenaufwendigen Lösungen umzusehen, die immer in einem angemessenen Verhältnis zum eigentlichen Nutzen stehen.

6.3 Ingenieur-Planung

Die Planung der Sonderingenieure für die Konstruktion, die Heizung, die Sanitäranlage, die Elektroanlage usw. ist Bestandteil der Gesamtplanung.
Aus der Perspektive der Bauherren ist das Entwerfen von Grundriß und Ansichten
noch mitzuerleben und mitzugestalten. Viele Bauherren entwickeln hierbei beacht-
liche Talente und können zu kompetenten Partnern des Architekten werden.
Sobald der Entwurf von Spezialisten bearbeitet wird, ziehen sich Bauherren jedoch oft
zurück, weil sie sich inkompetent gegenüber dem Expertenwissen fühlen. Den Bauherren muß daher auch ein gewisses Maß an Einblick und Verständnis für die einzelnen
und wichtigsten Fachdisziplinen vermittelt werden. Ohne Kenntnisse über Möglichkeiten und Versäumnisse in der Kostenplanung, würde der Bauherr die Kostensteuerung in den teuersten Bereichen seines Baues vernachlässigen. Der Umfang der gesamten Installation ist in jeder Gebäudeart unterschiedlich hoch und schwankt zwischen
18 und 38 Prozent der Bauwerkskosten. Nicht inbegriffen sind die statischen Teile
der Rohbaukonstruktion, die mit 30 bis 45 Prozent zusätzlich anzusetzen sind. Alle
Sonderingenieure bearbeiten also zusammen genommen mindestens 50—80 % der
Bauwerkskosten. Deshalb sind diese Fachbereiche für jeden Bauherrn von großem
Interesse.

6.3.1 Wirtschaftliche Statik

Statiker erbringen den Standfestigkeitsnachweis eines Gebäudes. Bereits der ent-
werfende Architekt, der notwendigerweise prinzipielle Kenntnisse über das Tragver-
halten von Stützen, Wänden, Unterzügen, Decken usw. besitzt und unter Berücksichtigung bestimmter Möglichkeiten ein Gebäude — auch ein Einfamilienhaus — plant,
wird, wenn er kostengünstig plant und vom Bauherrn entsprechende Hinweise erhalten
hat, wirtschaftliche Lösungen vorschlagen. So wird beispielsweise eine aufwendige
Sichtbetonkonstruktion mit nur teilunterstützten Decken teurer als eine „normale"
Bauweise — verputztes Ziegelmauerwerk mit aufliegenden Betondecken.
Selten werden Entwurf und Statik aus einer Hand geliefert. Schon aus Sicherheits-
gründen vergibt das Architektenbüro die Statik an ein Ingenieurbüro, mit dem es
regelmäßig zusammenarbeitet. Die enge Kooperation zwischen entwerfendem Architekten und dem die Statik rechnenden Ingenieur garantiert, daß die Entwurfskon-
zeption erhalten bleibt und zu gleicher Zeit Baumaterialien, Bauweise und Konstruktion so gewählt werden, daß eine wirtschaftliche Lösung das Ergebnis ist.
Bauherren sollten daran denken, daß auch der Statiker in erster Linie nicht für die
Rechenarbeit bezahlt wird, sondern für die *Denkarbeit*. Das bedeutet, daß der Schwerpunkt des Leistungsumfanges eines Ingenieurs für Baustatik in der *Beratung* liegen
sollte. Deshalb tragen einige Büros zu Recht die Bezeichnung „Beratende Ingenieure".
Bezahlen Sie als Laie Ihren Berater entsprechend der Honorarordnung (HOAI) voll und
gegebenenfalls auch noch mit dem Zusatzhonorar für die an der HOAI ausgewiesene
Besondere Leistung für rationalisierungswirksame Leistungen (Ziffer 5.7.1). Auch
im Bereich der Statik gibt es Bauaufgaben, deren wirtschaftlichstes Ergebnis sich erst
nach mehreren Alternativberechnungen ergibt.

Die Wahl des *Baustoffes* für die Decken und das Dach wird nicht nur von technisch-konstruktiven Gesichtspunkten entschieden, sondern auch von den Faktoren Statik, Kosten und Raumatmosphäre. Dazu hat auch der Bauherr ein Mitspracherecht, soweit es die Innengestaltung betrifft. Die folgenden Informationen sollen dem Bauherrn eine Entscheidungshilfe sein, soweit es den Holzbau betrifft.

▶ Im allgemeinen ist *Holz* für den Wohnungsbau, insbesondere für ein- bis zweigeschossige Häuser, ein idealer Baustoff: leicht, wärmedämmend, wenig Platz einnehmend (gegen-über Mauerwerk), optisch Wärme ausstrahlend, schnell verarbeitbar, preisgünstig und trocken.

▶ Für Decken, Wände und Dächer läßt sich Holz in vielen Fällen ohne weitere Verkleidungen einbauen.

▶ Der Holzbau bietet vielfältige Möglichkeiten für den Einsatz von Selbsthilfeleistungen des Bauherrn, auch im Laufe des weiteren Ausbaues.

▶ Der konstruktive Holzbau bietet auch bei der entsprechenden Konzeption bessere Erweiterungsmöglichkeiten bezüglich des baulichen Aufwandes und der hierfür erforderlichen Kosten.

▶ Das Bauen mit Holz ist ohne großen Maschinenaufwand auf der Baustelle möglich.

▶ Statisch gesehen sind Holzbauwerke relativ problemlos.

▶ Die Vorteile sollten mehr Bauherren bewegen, sich mit diesem Baustoff vertraut zu machen. Länder wie Dänemark, Schweden und Finnland bauen in viel größerem Umfange mit Holz.

▶ Nachteilig im Holzbau ist die geringe Schalldämmung. Da diese aber im Einfamilienhausbau selten gefragt ist, kommt diesem Aspekt wenig Bedeutung zu. Zusätzliche schalldämmende Maßnahmen verteuern den Holzbau.

▶ Die Lebensdauer ist zwar wesentlich geringer als beim Massivbau; sie ist jedoch mit mehr als 100 Jahren bei einer entsprechend soliden Ausführungsqualität länger als gemeinhin angenommen wird.

Hinweise für die Beurteilung der Arbeit des Statikers und des Prüfstatikers

▶ Wirtschaftliche Abmessungen für die statisch tragenden Bauteile liegen oft hart an der Grenze der Zulässigkeit. Das aber bedeutet keineswegs eine Gefahr für die Bewohner, da immer noch innerhalb der durch die DIN-Normen gezogenen Grenzen ein großer Sicherheitsspielraum besteht.
Wenn daher die geprüfte Statik viele Korrekturen und Eintragungen enthält, ist das nicht etwa der Beweis für die mangelhafte Berechnung des Statikers. In vielen Fällen ist das Gegenteil der Fall. Um dem Eindruck des Bauherrn — eine geprüfte Statik mit vielen Änderungen beweise eine gewisse Fehlerhaftigkeit — entgegen zu wirken, neigen einige Statiker dazu, die konstruktiven Teile — Decken, Unterzüge, Stützen, Mauern — dicker als erforderlich zu machen. Diese Überdimensionierungen bemängelt kein Prüfstatiker. Sie stellen jedoch eine unnötige Kostenverteuerung dar. Da es auch im Aufbau einer Statik innerhalb der Normen einen gewissen Spielraum gibt, sollten die Differenzen zwischen Statiker und Prüfstatiker ausgehandelt werden.

Natürlich — dies sei hinzugefügt — ist eine mit vielen Berichtigungen versehene statische Berechnung kein Beweis für die gute Wirtschaftlichkeit einer Statik.

▶ Die Auswahlkriterien für Architekten gelten auch für die Wahl des Statikers. Auch bei der Aufstellung einer statischen Berechnung kommt es wesentlich auf die Fähigkeiten und das Interesse des Ingenieurs an. Beides wird bestimmt durch die Wahl, die der Bauherr trifft und durch die Honorierung. Bei einem Minimalhonorar muß der Statiker in einer minimalen Zeitspanne mit seiner Arbeit fertig werden. Das heißt, es steht keine Zeit für wirtschaftliche Vergleichsuntersuchungen zur Verfügung. Gerade diese aber erbringen dem Bauherrn die erwünschten Einsparungen. Demgegenüber wird ein Bauherr eine Honorareinsparung in vielen Fällen mit weit höheren Ausgaben in der Rohbaukonstruktion des Hauses bezahlen müssen, die er jedoch nicht kontrollieren und feststellen kann.

6.3.2 Wirtschaftliche Heizungsplanung

Kostensparende Hinweise für Bauherren

▶ Vertrauen Sie die Planung Ihrer Heizungsanlage eher einem neutralen Heizungsingenieur als einer Heizungsfirma an.

▶ Wenn Sie sich Angebote von Heizungsfirmen ausarbeiten lassen, sollten Sie diese vor der Auftragserteilung einem neutralen Heizungsingenieur vorlegen. In vielen Fällen werden diesen Angeboten die geringst-möglichen Abmessungen und Qualitäten für Rohre, Kessel, Heizkörper usw. zugrunde gelegt, so daß Sie nicht lange Freude an ihrer Anlage haben werden.

▶ Beachten Sie stets das Verhältnis von Leistung zum Preis. Erst der Vergleich beider Faktoren gibt Ihnen einen Beurteilungsmaßstab.

▶ Eine Unterdimensionierung der Heizanlage kann, langfristig berechnet, ebenso teuer werden wie eine Überdimensionierung. Auch das kann leicht geschehen, wenn der Heizungsplaner nicht über alle Details als Voraussetzung für seine Berechnungen verfügt. Bevor Sie nicht alle bautechnischen Angaben festgelegt haben, sollte auch die Planung der Heizung nicht begonnen werden. Dicke und Dämmung aller das Gebäude einschließenden Außenflächen, Fenstergrößen, Fenstermaterialien, Fenstertypen und Verglasungen, Erweiterungen und dergleichen müssen bekannt sein und präzise beschrieben vorliegen, bevor der Heizungsplaner seine Wärmebedarfsberechnung aufstellt. Ist das nicht in vollem Umfange der Fall, wird jeder Planer unnötige Sicherheitszuschläge zu Ihren Lasten berechnen.

▶ Bitte beachten Sie, daß der Auftrag für die Planung der Heizanlage auch die Leistungsbereiche Abnahme (Rohbau und Ausbau), Bauleitung und Abrechnung enthält. Außerdem sollte die Alleinverantwortung für die Richtigkeit der Wärmebedarfsberechnung bei dem Heizungsplaner liegen und nicht auf die ausführende Firma abgewälzt werden können. Der Heizungsplaner sollte für seine Konzeption auch die Ausführungsüberwachung alleinverantwortlich übernehmen, während der Firma die Montageleitung obliegt. Zur Qualitätsüberwachung gehört zum Beispiel auch die Kontrolle der Rohrdicken, der Rohrwandungen, der Isolierdicken, der schalldämmenden Einlagen in den Schellen und aller Durchbrüche und Aussparungen.

Abbildung 23
Optimierungsschema bei der Bemessung der Heizanlage und des Wärmeschutzes.

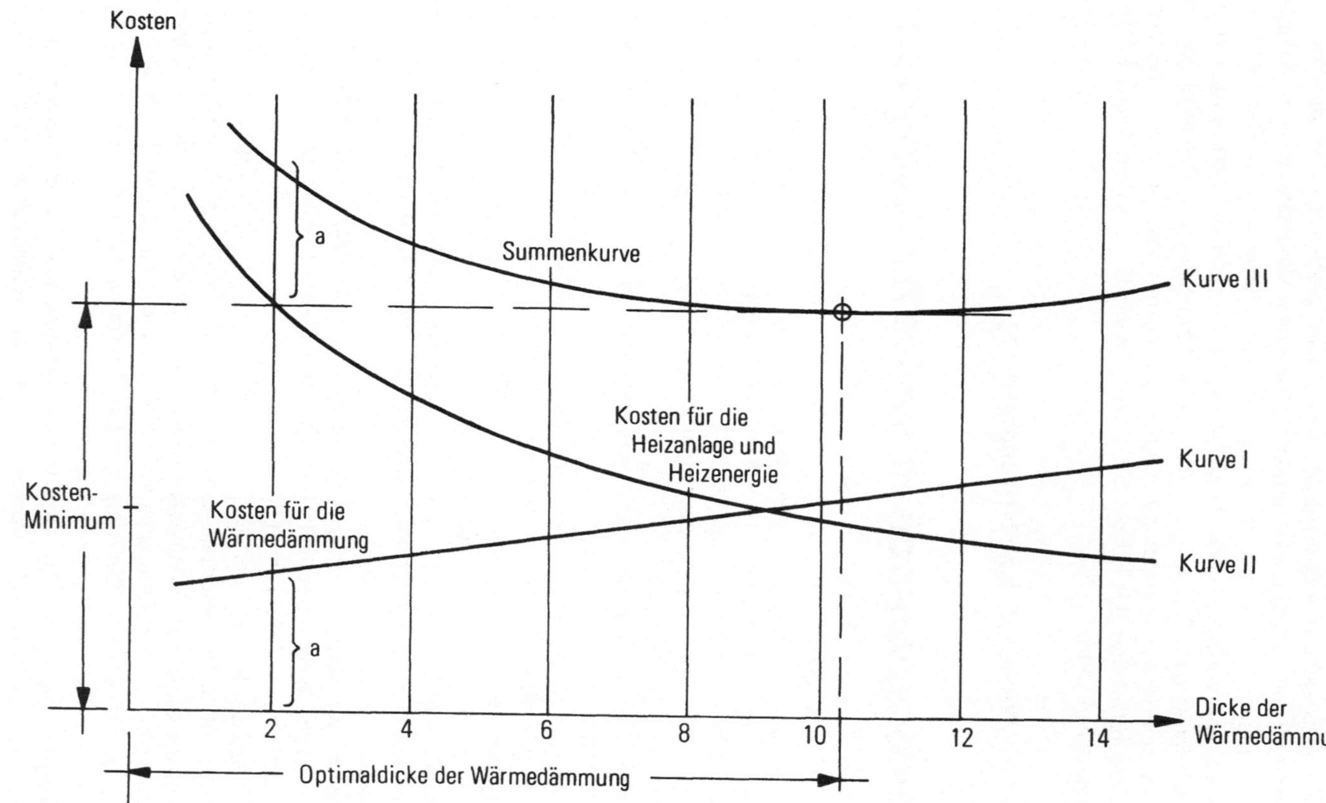

Ihre wichtigste Überlegung sollte sich auf die Frage konzentrieren, wie die Baukosten der Heizungsanlage und der Dämmung des Bauwerkes im Zusammenhang mit den laufenden Betriebskosten für die Energie (Öl, Gas, Strom, Kohle) minimiert werden können. Zwischen beiden Kostenfaktoren besteht eine starke gegenseitige Abhängigkeit. Das wirtschaftliche Optimum liegt zwischen den beiden Extremen
— geringstmögliche Kosten für die Dämmung der Außenflächen aufgrund eines minimalen Wärmeschutzes und damit relativ hohe Kosten für die Heizungsanlage und die laufenden Brennstoffkosten oder (hier liegen die Chancen zur Kostenminimierung)
— geringstmögliche Kosten für den Betrieb (Energie) und den Bau der Heizungsanlage aufgrund eines starken Wärmeschutzes der Außenflächen.

Die Optimierung wird im Prinzip so vorgenommen, wie es die Abbildung 23 zeigt. Zur Erläuterung [66] [67]:

Kurve I: mit zunehmender Wärmedämmung erhöhen sich die Kosten. Die Kurve zeigt einen ansteigenden Verlauf.

Kurve II: mit zunehmender Wärmedämmung sinken die Kosten für die Heizungsanlage. Die Kurve fällt ab.

Kurve III: Diese Kurve ergibt sich aus der Summierung der Einzelwerte aus den Kurven I und II. Das Kostenminimum dieser Summenkurve zeigt die Dicke der Wärmedämmung an, die als Optimum zu bezeichnen ist.

Ein wirtschaftlich optimaler Wärmeschutz garantiert dem Bauherrn eine laufende Brennstoffeinsparung in Höhe von 20 bis 30 Prozent. Können Sie als Bauherr keine Optimierung der Bau- und Betriebskosten vornehmen lassen, sollen Ihnen wenigstens Anhaltswerte gegeben werden. Die zusätzliche Dämmung einer massiven Außenwand mit 2 bis 4 cm Dämmplatten ist ungenügend und unwirtschaftlich. Die als wirtschaftlich zu bezeichnenden Werte liegen bei Wärmedämmungen von etwa 8 bis 15 cm. Das ist von Fall zu Fall verschieden und wird bestimmt von der Dauer der täglichen Nutzung, der Nutzungsart, der Art des Brennstoffes, dem Heizungssystem, dem Verhältnis von Glasflächen zu geschlossenen Flächen und anderen Faktoren.

Wie Sie aus dieser Aufstellung ersehen, sollten Sie als Nutzer Einfluß auf folgende Außenbauteile nehmen: Fensterflächenanteile liegen laut Feststellung des Battelle-Instituts zwischen 18 und 28 Prozent. Vermindern Sie die Fenstergrößen, indem Sie die Lage des Fensters im Raum verbessern und ersetzen Sie Glasflächen in den Bereichen zwischen Fußboden und Fensterbänken möglichst durch geschlossene und gut dämmende Baustoffe. Die wirtschaftlich bemessene Dämmung sollte sich in den Außenflächen nicht nur auf die Wände, sondern auf alle Teile erstrecken, wie zum Beispiel Unterzüge, Stützen, Fensterbänke und alle Übergänge zur Sohle und Decke. Die Dämmung der Sohle und der obersten Decke — beziehungsweise des Daches — sollte in der Dämmstärke nicht geringer als bei der Außenwand ausfallen. Alle Verglasungen sollten mindestens zweifach ausfallen. Holzfenster sind natürlich besser als Fenster mit Metallrahmen.

Der Gesamtwärmeverlust eines Einfamilienhauses teilt sich bei einem Fensteranteil von 25 Prozent folgendermaßen auf (siehe Abbildung 24):

Fenster: 33 %
Wände: 25 %
Dach: 22 %
Keller: 20 % [68]

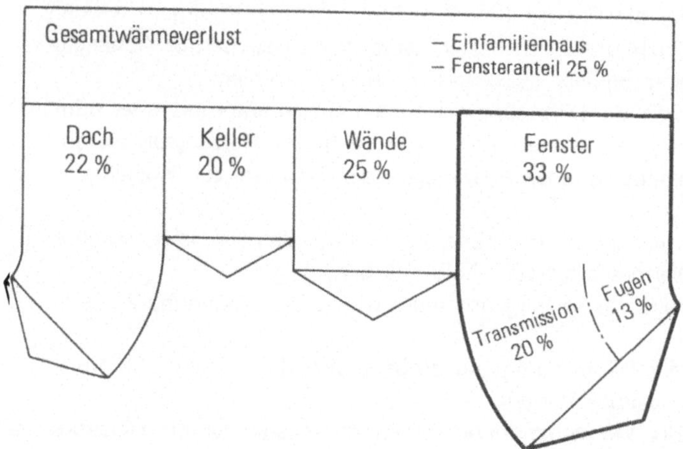

▶ Die Behaglichkeitszone liegt bei Raumtemperaturen von 19,5 bis 23 Grad Celsius und ist auch von den Wandtemperaturen abhängig. Die Wandtemperaturen werden vom Wandaufbau und der Dämmstärke bestimmt. Dies sollten Bauherren wissen, wenn der Heizungsplaner sie nach den gewünschten Temperaturen für die Einzelräume befragt.

▶ Die Höhe der Energieeinsparung bei höherer Wärmedämmung hat der Bundesminister für Wohnungsbau für eine durchschnittliche Wohnung von 70 m² ermittelt. [69]
Die Wärmedämmung kostet etwa 2 bis 4 % mehr. Bei einer 70 m² großen Wohnung

währen das Mehrkosten von	DM 4.400,–
Monatliche Mehrbelastung	DM 394,–
Monatliche Einsparung an Energie	DM 274,–
Tatsächliche Mehrbelastung im Monat	DM 120,–

Abbildung 25
Behaglichkeit und Wandtemperatur

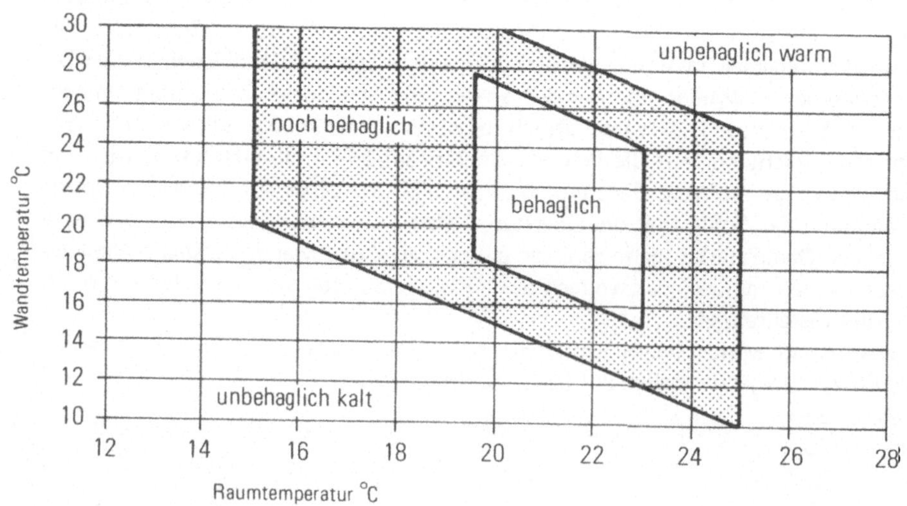

- Während der Heizperiode können Sie die Brennstoffkosten senken. Jedes Grad Celsius, um das die Raumtemperatur gesenkt wird, bedeutet eine Kostenersparnis von etwa 6 Prozent.
- Ideal wäre es, wenn die Heizungsplanung in den Händen des Architekten liegt und dieser einen eigenen Heizungsingenieur in seinem Büro beschäftigt. Dann können gleich bei den ersten Vorentwürfen kostensparende Akzente gesetzt werden, und zwar in der Gebäudegeometrie, in der Größe und Anordnung der Fenster, im Wandaufbau und dergleichen mehr.
- Der Wärmeschutz ist in der DIN 4108 wesentlich verbessert worden. Diese Norm — „Wärmeschutz im Hochbau" — schreibt beim Bauantrag auch den Nachweis für jedes Haus vor.

6.3.3   Wirtschaftliche Sanitärplanung

Kostensparende Hinweise für Bauherren

- Vertrauen Sie die Planung Ihrer Sanitäranlage besser einem neutralen Sanitäringenieur als einer Sanitärfirma an. Noch besser wäre es, wenn dieser unabhängige Fachmann zum Büro des Architekten gehören würde. In diesem Falle könnten die kostensparenden Ideen bereits in den Vorentwurf des Architekten einfließen.
- Lassen Sie die Angebote mehrerer Sanitärfirmen von einem neutralen Sanitäringenieur prüfen, wenn Sie diese bereits vorliegen haben oder keinen Gebrauch von einem Ingenieurbüro für Sanitärinstallation machen möchten. Um den Auftrag zu bekommen, sind die Materialien in den Firmenangeboten oft zu gering bemessen oder auch unvollständig. Das kann sich langfristig als sehr nachteilig für Sie erweisen.
- Eine Überbemessung der Materialien kann im Sanitärbereich kaum vorkommen. Lassen Sie aber auf jeden Fall einen Preis-Leistungs-Vergleich vornehmen, bevor Sie sich für ein Angebot entscheiden.
- Empfehlenswert ist auch die Beauftragung der Leistungsbereiche Abnahme, Bauleitung und Abrechnung, wenn Sie einen Sanitäringenieur mit diesen Leistungen betrauen. In diesem Falle sollte der Ingenieur die Alleinverantwortung für das Konzept der Sanitärinstallation übernehmen und ebenso verantwortlich für die Kontrollen auf der Baustelle sein. Diese Zusammenfassung der Teilleistungen hat zudem den Vorteil, daß die Lage des Rohrsystems genau geplant wird und damit auch Größe und Anordnung aller Aussparungen angegeben werden können. Damit entfallen weitgehend die nachträglichen Stemmarbeiten — ein erheblicher Kostenfaktor.
- Die Haupteinsparungsmöglichkeiten im Bereich der Sanitärinstallation liegen auch hier in der vorbereitenden Planungsphase. Installationen sind teuer und müssen überlegt ausgewählt und angeordnet werden. Das heißt, mit wenig Aufwand muß viel erreicht werden. Wenn ein Einfamilienhaus im einfachsten Falle drei Naßzellen hat (Küche, Bad, WC), dann wäre es ein unnötig hoher Kostenaufwand, würde man dafür auch drei Versorgungssysteme mit Wasser, Abwasser, Warmwasser und so weiter schaffen. Höchstens zwei Installationsstränge müßten zur Versorgung ausreichen.
- Um zu wirtschaftlichen Ergebnissen zu kommen, sind Alternativplanungen für die Feuchträume erforderlich. Das kann etwa nach folgendem Beispiel geschehen (Ab-

bildung 26). Die Größe eines Bades hängt ab von der Anordnung der Installationsobjekte (Waschbecken, Wanne, WC usw.). Dabei ist auch die DIN 18022 — Küche, Bad, WC, Hausarbeitsraum; Planungsgrundlagen für den Wohnungsbau — zu beachten. Ausgehend vom Normalfall müssen die vier Objekte auf kürzestem Wege an die Ver- und Entsorgung angeschlossen werden. Beim Vergleich der zwei Lösungen für ein Badezimmer mit Wanne, Waschbecken, WC und Waschmaschine ergeben sich folgende Zahlen:

	Gesamtgröße	Bewegungsfläche
Abb. 26.1	5,25 m²	2,70 m²
Abb. 26.2	7,00 m²	4,00 m²

Lösung B erfordert 1,75 m² mehr Fläche oder DM 3.000,— mehr an Baukosten, wenn man von einem Quadratmeterpreis von DM 1.700,— für die Wohnfläche ausgeht.

▶ Bei übereinander liegenden Feuchträumen ist auf jeden Fall so zu planen, daß die Objekte an einem Strang liegen. Auch dies ist eine Planungsprämisse. Jedes kompakte Leistungspaket kostet viel Geld, wenn man an die Grundleitungen, die Steige- und Fallrohre, die Belüftung und Schalldämmung, die Isolierungen und Verkleidungen denkt. Abbildung 20 zeigt eine kostengünstige Anordnung von Naßzellen um einen Installationsblock. In der Dreizimmerwohnung dieses Grundrisses ist die besonders vorteilhafte Zusammenschließung von Küche, Dusche, Bad und WC an einen Installationskern gelungen.

▶ Tun Sie als Bauherr das Ihre dazu, um nachträgliche oder zusätzliche Öffnungen in den Massivwänden zu vermeiden. Der „Normalablauf" bei ungeplanten Aussparungen sieht so aus: Nachdem der Rohbau fertig ist, werden Löcher in diese Teile geschlagen; die dabei anfallenden Schuttmengen müssen hinausgetragen und abtransportiert werden. Für derartig lohnintensive Arbeiten fallen meistens unerwartet hohe Kosten an, zumal niemand in der Lage ist, die Zahl dieser Lohnstunden zu kontrollieren. Vermeiden Sie daher durch nachträgliche Wünsche Änderungen und sorgen Sie dafür, daß jede Öffnung bei Ausführungsbeginn nach Größe und Lage festliegt und somit ohne Mehrkosten angelegt werden kann. Dieser Grundsatz gilt für alle Leistungen, die den Bau an einer Stelle durchbrechen: Alle Installationsarbeiten, Ankerlöcher für die Zimmererarbeiten, Treppenbauarbeiten oder Tischlerarbeiten. Auch das Schließen dieser Aussparungen gehört zu den Leistungsbeschreibungen. Schließlich noch ein Hinweis: Die DIN 1053 — Mauerwerk; Berechnung und Ausführung — verbietet bei einer Mindestbemessung der Wandstärken alle Stemmarbeiten in den Wänden.

► Lassen Sie — soweit dies vertretbar ist — schon vorher gedämmtes Rohrmaterial verlegen. Sie ersparen sich dadurch Ärger und Kosten. Dämmungen müssen sein, weil warmes Wasser warm und kaltes Wasser kalt bleiben soll.

► Bei einer sauberen Leitungsverlegung ist nichts gegen eine offene Verlegung auf Putz für gewisse Bereiche einzuwenden, wenn sie vorher geplant wird.

► Welche Warmwasserversorgung — zentral oder dezentral — für Sie geeignet ist, sollte Ihnen Ihr Fachingenieur sagen.

► Wasserleitungen sollten mindestens 1 1/2 zöllig im Durchmesser sein. Zuleitungen für Druckspüler sollten 1 3/4 zöllig sein. Diese Leitungen müssen strangweise abzusperren sein, übersichtlich geordnet werden und dürfen auf keinen Fall in den Außenwänden liegen.

► Auch die Entwässerungsleitungen sollten geplant werden, um Mehrkosten infolge von Improvisationen zu vermeiden. Sie sollten in der Lage fixiert, in allen Einzelheiten dimensioniert sein und alle Angaben über das Gefälle und die Revisionsöffnungen enthalten. Vorteile bei nicht-unterkellerten Bauten: keine Gefälle-, Gully- und Pumpenprobleme.

► Bei der Auswahl der sanitären Objekte sollten Sie Ihren Planer hinzuziehen. So schön farbige Objekte für einige Bauherren sein mögen, sie sind unverhältnismäßig teuer. In der Wahl der Fliesen haben Sie eine größere Farb- und Musterpalette. Was die Armaturen betrifft, so sollten Sie Markenfabrikate vorziehen.

6.3.4   Wirtschaftliche Elektro-Planung

In vielen Fällen wird unökonomisch installiert, sei es aufgrund von Unkenntnis oder falscher Beratung. Wird zu aufwendig installiert, entstehen unnötig hohe Kosten. Eine Installation, die jedoch zu sparsam ausfällt, muß später mit relativ hohen Kosten nachgerüstet werden.

Mit einem Kostenanteil von 1,5 bis 2,5 Prozent sind die Elektroanlagen bezogen auf die gesamten Bauwerkskosten im Wohnungsbau ziemlich bescheiden. Dementsprechend sind in diesem Bereich auch keine großen Einsparungssummen zu erwarten. Um ein wirtschaftliches Maß in der Planung zu erzielen, sollten die folgenden Empfehlungen beachtet werden:

► Bei der Ausschreibung von derartigen Leistungen sollten vorher Art der Vergabe und Abrechnung geklärt werden. Wenn nach Aufmaß von Leitungslängen und — querschnitten abgerechnet wird, dann sollte das Leistungsverzeichnis für die Elektroarbeiten auch 5 % Reserve und einige Alternativen (Einheitspreis-Positionen) enthalten. Wenn jedoch die Absicht besteht, die Leistungen zu einem Pauschalpreis zu vergeben, sollte die Art der Leistung, ihrer Quantität und Qualität ohne Reserven genau festgelegt bzw. berechnet werden. Im letzten Falle sollte überlegt werden, ob nach der Zahl der Brennstellen einschließlich der jeweiligen Leitungsanteile ausgeschrieben und abgerechnet werden wird. Dabei ist in jedem Fall die Leitungsart genau zu beschreiben. Lassen Sie sich in den Anschlüssen und den Verteilern gewisse Erweiterungsmöglichkeiten für die Zukunft offen.

► Die „zukunftssichere Elektroinstallation" kostet 34,40 DM/m^2, die Normalinstallation 25,80 DM/m^2 (Untersuchungen von Dürbek und Nuhn 1970) [70]. Das ergibt eine Differenz von DM 860,— bei 120 m^2 Wohnfläche. Für den Einzelbauherrn ist das keine große Kostendifferenz. Der Vorteil für ihn liegt aber in der unfall- und zukunftssicheren Elektroanlage.

Die Hauptberatungsstelle für Elektrizitätsanwendung e.V. (HEA) hat Grundsätze für eine derartige Installation aufgestellt.

Aus ihnen sei hier das Wesentliche zitiert:

1. Vom Zähler bis zur Wohnung sollte eine Verbindungsleitung von mindestens 10 mm² Cu in Drehstromausführung verlegt werden.

2. Im Schwerpunkt der Energie sollte eine vierreihige Verteilung vorgesehen werden. Bis 48 Teilungseinheiten je 17,5 mm.

3. Äußeres Erkennungsmaterial für Stromkreise — mindestens 12 betriebsbereite HLS-Schalter (Automaten).

4. Jede Wohnung muß ausreichend mit Schutzkontaktsteckdosen nach folgender Formel versehen werden:

$$\text{Anzahl der Steckdosen je Wohnung} = 10 + \frac{\text{m}^2 \text{ Wohnfläche}}{2}$$

▶ Es empfiehlt sich insbesondere in der Küche und in den Räumen, in denen später nachinstalliert werden soll eine Ringleitung vorzusehen. Im Zweifelsfalle sollte besser eine Steckdose bzw. ein Schalter zuviel als einer zu wenig vorgesehen werden. Nachrüstungen hinter Fliesen sind nicht ohne Bauarbeiten möglich.

▶ Jedes Elektrizitäts- oder Stadtwerk gibt spezielle Informationsschriften für die Haus- und Wohnungseigentümer heraus. Machen Sie Gebrauch davon und sorgen Sie für die langfristig richtige Dimensionierung der Hauptanschlußkabel.

▶ Die Projektierung und Bemessung der Elektroanlage ist Sache eines qualifizierten Elektroingenieurs. Hier können Sie als Bauherr keine Einsparungen erzielen. Das gilt auch für die Abnahme der Arbeiten.

▶ Blitzschutz oder nicht — das ist die Frage vieler Bauherren. Das ist natürlich auch eine Kostenfrage. Von der Sache her ist darauf jedoch keine eindeutige Antwort zu geben, weil die Expertenmeinungen sich in diesem Punkt widersprechen. Die eine Gruppe von Fachleuten hält eine Blitzschutzanlage für erforderlich, während die andere sie für völlig überflüssig erklärt. Zweifellos ist die Blitzschutzanlage bei Holzhäusern, Häusern mit Reetdächern und anderen leicht brennbaren Häusern notwendig.

6.4 Bauteil – Planung

Der Entwurf bestimmt viele Details. Umgekehrt wird der Entwurf von den konstruktiven Möglichkeiten seiner Realisierung beeinflußt. Diese gegenseitige Abhängigkeit muß man erst verstanden haben, wenn man Kostenplanung mit Erfolg betreiben will. Einen „schicken" Entwurf zu Papier bringen, ohne den damit verbundenen Aufwand an Konstruktion und Material zu berücksichtigen, wird nur sehr wenige Bauherren zufriedenstellen. Die Mehrzahl der Bauherren kann und muß einen im Rahmen der wirtschaftlichen Grenzen liegenden Entwurf erwarten. Der Architekt muß außer den (unter Ziffer 5 und 6) schon genannten Kriterien auch in der Lage sein, die Kosten beim Variantenvergleich von Bauteilen und Konstruktionselementen zu ermitteln, um die Erwartungen des Bauherrn zu erfüllen. Der Bauherr sollte seinerseits konkrete Alternativvorschläge verlangen, und zwar für die wichtigsten Bauteile, wie

Außenwände,
Innenwände,
Fassaden- oder Fenstersysteme,
Decken- und Dachkonstruktionen,
Treppenbaukonstruktionen,
Innentürelemente und dergleichen mehr.

Im allgemeinen genügen zwei oder drei Konstruktionsvorschläge mit der dazugehörenden Kostenermittlung, um dem Bauherrn die Entscheidung zu erleichtern und um ihn nicht vor vollendete Tatsachen zu stellen.

Kostenplanung während der Ausführungsvorbereitung bedeutet aber auch, entwurfliche Ideen auf ihre Kostenkonsequenzen zu beziffern. Bauherren wollen wissen, was zum Beispiel ein völlig in Glas gestalteter Giebel kostet und was sich an Alternativen oder als preiswertere Normalausführung anbietet.

Die schon unter Ziffer 6.1.3 genannte „Wertanalyse" dient auch der Kostenminimierung von Bauteilen. Sie muß in diesem Zusammenhang noch einmal erwähnt werden, weil sie die genauesten Ergebnisse bringt.

6.4.1   Kostenvergleich Wände

Außenwände

Haben Sie sich als Bauherr grundsätzlich für die massive Außenwand entschieden, sollten Sie den nächsten Schritt tun und sich die Gesamtkosten (in der kompletten Ausführung von außen nach innen) für verschiedene Möglichkeiten des Wandaufbaus vorlegen lassen. Natürlich werden diese Alternativen unterschiedliche bauphysikalische, statische und konstruktive Eigenschaften aufweisen. Insofern kann man nicht von einem Vergleich, sondern nur von einer Gegenüberstellung von verschiedenen Wandarten sprechen.

Trotzdem gewinnen Sie ein Bild von den Kostendifferenzen, um danach entscheiden zu können, ob sich die zusätzlichen Kosten für die Wärmedämmung und die damit verbundenen niedrigeren Brennstoffkosten lohnen.

Lassen Sie sich eine Ausarbeitung von Ihrem Architekten machen, die möglichst gleiche Voraussetzungen in statischer und konstruktiver Hinsicht bei allen Wandarten ansetzt und lediglich die unterschiedliche Stärke der Dämmung auf ihre Kostenkonsequenzen vergleicht. Im allgemeinen kommt nur die aus zwei massiven Schalen bestehende Wandart mit der dazwischenliegenden Dämmung und Lüftung und die einschalige Wand mit der Außendämmung in Frage. Sie werden erstaunt sein, wie unterschiedlich sich die preislichen Differenzen auf die gesamte Außenwandfläche auswirken.

Innenwände

lassen sich einteilen in festinstallierte Wände, langfristig im Hinblick auf zukünftige Nutzungen zu verändernde Wände und kurzfristig zu verändernde Wände für die Trennung oder den Zusammenschluß von Wohn-, Eß- oder Arbeitsräumen (Faltwände). Die letztgenannten Wände sind die teuersten. Mit den schalltechnischen Anforderungen steigen die Kosten der Wand. Geht man von der gleichen Schalldämmung aus, so schwanken die Preise für Trennwände um etwa 200 Prozent [71].
Die billigste Wand ist nach wie vor die 1/2 steinige Wand aus Mauerwerk, 11,5 cm dick, zweiseitig geputzt. Noch billiger sind Holzkonstruktionen, bestehend aus einem Holzständerwerk mit eingelegter Dämmatte und verkleidet mit Holz, Holzwolle-Leichtbauplatten oder anderen Materialien, wie kunststoffbeschichtete Spanplatten. Die Baukosten der Konstruktionen aus Holzständerwerk können, ganz allgemein beurteilt, bis zu 30 Prozent billiger sein als die im regulären Wohnungsbau verwendeten Konstruktionen. Dafür sprechen auch die erzielten Preise für den Kubikmeter Brutto-Rauminhalt (DM 140,– bis DM 185,–, 1974 [72]).
Schon bei Holz als dem tragenden Werkstoff für diese Art von Wänden beginnt die Flexibilität oder Versetzbarkeit.

Beim Wunsch nach Änderung muß man unterscheiden zwischen

▶ Wänden, die als Leichtkonstruktionen erbaut werden, dann aber im Falle eines Umbaues zerstört und neu gebaut werden müssen. Dazu gehören beispielsweise alle Gipswände. Sie sind in den meisten Fällen die wirtschaftlichste Lösung, weil ihr Preis beim Neubau mit 50,– bis 100,– DM/m² gering ist;

▶ und versetzbaren Elementwänden, die bei der Veränderung erhalten bleiben. Ihr Preis liegt bei etwa DM 120,– bis 300,– DM/m². Auch der Umbau kostet relativ viel. Zu den letztgenannten Typen gehören die Metallwände. Sie sind als ganze Elemente versetzbar. Preisgünstiger sind die aus Einzelteilen demontierbaren Wände.

6.4.2   Kostenvergleich Fassaden

Der Bauherr größerer Bauobjekte wird von Planern bei Vorlage der ersten Entwürfe und Fassadenvorschläge nicht immer über Kostenunterschiede informiert. Ihm wird von vorneherein *eine* Fassadenart präsentiert — sei es aus Aluminium, Asbestzement, Beton oder Mauerwerk. Auch in diesem Falle fehlen die Alternativen in den Konstruktionsarten, den jeweiligen technischen Eigenschaften und den wirtschaftlichen Ergebnissen. Subjektiv ästhetische Gründe oder mangelnde Information geben dann den Ausschlag für eine Ausführungsart. Auftraggeber größerer Bauaufgaben sollen daher eine Grobinformation darüber erhalten, wie hoch die Kostendifferenzen sind und welche Untersuchungen angestellt werden sollten.
Für die Konstruktion von Fassaden von umfangreicheren Projekten bieten sich Experten für Beratung, Entwurf, Detaillierung, Ausschreibung und Bewertung der Ausschreibungsergebnisse sowie für die örtliche Bauleitung an. Es empfiehlt sich durchaus, derartige Konstrukteure einzuschalten und von ihrem Spezialwissen Gebrauch zu machen, wenn sie in der Lage sind, Architekten und Bauherren über die Kostenkonsequenzen mehrerer Alternativentwürfe genau zu informieren und den Auftrag zu einem vorher vereinbarten Pauschalhonorar abzuwickeln.

Großflächige Fassaden bringen eine Fülle von Problemen mit sich; bei mangelhafter Planung treten Bauschäden auf, die nach Fertigstellung schließlich doch die Einschaltung und Honorierung dieses Spezialisten erforderlich machen. Diese Empfehlung kann jedoch nur von Fall zu Fall gegeben werden.

Einen groben Überblick über die Kostenrelationen gibt Meyer-Bohe in der folgenden Aufstellung [73]:

Wandaufbau	k-Wert	Wärmeschutz	Circa-Preis (%)
1 m² Wandfläche: Mauerwerk + Wärmedämmung + Putz	k = 1	100 %	100 %
1 m² Fensterfläche Holzrahmen, Isolierglas	k = 3	33 %	200 %
1 m² Vorhangfassade	k = 3	33–100 %	500 %

Diese Gegenüberstellung läßt die Heizungs- und Betriebskosten ebenso unberücksichtigt wie die Einzelheiten des Wandaufbaues (Dicken des Mauerwerks und der Dämmung). Für den Wohnungsbau in ein- bis zweigeschossiger Bauweise sind auch nur die ersten beiden Zeilen interessant. Der Bauherr erkennt jedoch, daß jeder Quadratmeter Fensterfläche doppelt so teuer ist wie der Quadratmeter gedämmtes Mauerwerk. Das ist die Relation in den Baukosten. Gleichzeitig erkennt er, daß zusätzlich die laufenden Betriebskosten bei der Fensterfläche höher ausfallen werden, weil trotz Isolierverglasung der k-Wert erheblich schlechter ausfällt.

6.4.3 Kostenvergleich Decken

Die Konstruktion und die Auswahl von Decken in den tragenden und verkleidenden Bauteilen wird bestimmt durch entwurfliche, statische, akustische und installationstechnische Anforderungen, sowie durch die finanziellen Möglichkeiten — um nur die wichtigsten Faktoren zu nennen.

Projektleiter und Bauherr müssen aus den vielen Einflüssen nach einer optimalen Lösung des gesamten Deckenaufbaues suchen. Prinzipiell bestehen alle Decken aus vier Schalen:

▶ der Fußbodenaufbau umfaßt den Belag, den Estrich und eventuell die darunterliegende Dämmung für den Trittschall. Bei einer dämmenden Auflagerung des Estrichs spricht man von schwimmendem Estrich, bei einer direkten Verbindung von Estrich und Decke von Verbundestrich.

▶ Die tragende Decke kann aus den verschiedensten Baustoffen sein. Sie ist an ihrer Oberseite stets glatt, an ihrer Unterseite entweder glatt oder — je nach Deckensystem — mit Stegen und Hohlräumen versehen.

▶ Die Installationen beeinflussen oft das Deckensystem.

▶ Die Unterdecke als Verkleidung kann aus einer einfacher Putzschicht, aber auch aus einer abgehängten Verkleidung bestehen.

Alle vier Schalen beeinflussen sich gegenseitig. So verlangen viele Installationen in mehrere Richtungen eine Decke ohne Unterzüge. Das bedeutet aber bei großen Spannweiten eine relativ teure Decke. Deshalb werden die Unterzüge mit einem größeren Querschnitt geplant und in der mittleren Zone mit Öffnungen versehen, durch die die Installationen hindurchgeführt werden können.

Die Kostenfolgen der vom Bauherrn erhobenen Ansprüche hinsichtlich der Spannweiten, der Akustik und der Installationen sind oft beträchtlich. Bevor daher diese Forderungen festgeschrieben werden, sollten sich Bauherren diese Kosten berechnen lassen.

Bei der Entscheidung für ein Deckensystem sind Alternativen unter Einbeziehung des Gesamtaufbaus mit allen vier Schalen nicht zu vermeiden. Das bedeutet, daß der gewünschte bzw. erforderliche Deckenaufbau frühzeitig genau untersucht werden muß. Nur dann lassen sich die Folgen noch beeinflussen. Bauherren müssen daher darauf drängen, daß ihnen der Gesamtaufbau von Decken, Dächern und Sohlen mit der Kostenvorberechnung bereits in der Vorentwurfsphase vorgelegt wird, und zwar in einer entsprechenden Zahl von Alternativen.

6.4.4   Kostenvergleich Verschiedenes

Bei der vergleichenden Betrachtung von Kosten sollten gleichwertige Qualitäten im Material und in der Leistung vorausgesetzt werden. Es gibt eine ganze Anzahl von Baustoffen und Fabrikaten, die der Güteüberwachung unterliegen. Lassen Sie sich als Bauherr daher — soweit der Markt diese liefert — nur Baustoffe und Bauteile anbieten, die von der Güteüberwachung überprüft werden.

Innentüren

Konstruktiv gibt es mindestens vier Ausführungen von Innentüren, die Sie sich als Auftraggeber mit der Kostenberechnung vorlegen lassen sollten:

▶ Stahleckzarge mit Holztürblatt
▶ Stahlumfassungszarge mit Holztürblatt
▶ Holzzarge mit Verleistung und Holztürblatt
▶ Holzzarge mit Putzschienen und Holztürblatt

Unter den Zargen wie unter den Türblättern gibt es wiederum mindestens je drei Alternativen. So haben Sie die Möglichkeit, die Kosten mit den unterschiedlichen Qualitäten zu vergleichen und an der Kostenplanung teilzunehmen.

Fensterbänke

Gewisse Lieferungen und Leistungen am Bau sind relativ kostenintensiv, weil mit ihnen viel Lohnarbeit verbunden ist. So ist das beispielsweise auch mit den inneren Fensterbänken und den äußeren Solbänken. Wenn die Fenster eingesetzt worden sind, werden diese Bänke eingepaßt. Dabei müssen sie zugeschnitten und derart angepaßt werden, daß die Abstände zwischen Fenster und Wand ausgeglichen werden. Da die Fenster oft in der Mitte der Mauerleibung sitzen, müssen innere und äußere Bänke eingesetzt werden. Warum eigentlich, wenn man das Fenster ebensogut ganz nach innen oder außen setzen kann? Damit entfiele die innere bzw. die äußere Solbank. Auf der einen Seite wird in diesem Falle nur noch eine breitere Bank eingebaut, die unwesentlich mehr kostet, während die Lohnarbeit die gleiche ist. Auf der anderen Seite schließt eine dauerelastische Fuge den Übergang von Fenster zu Wand auf die einfachste und kostengünstigste Weise ab.

Heizkörpernischen

sind Überbleibsel aus alten Zeiten. Auch sie verlangen viel Lohnarbeit und sind nur aufwendig herzustellen und zu überdecken. Die Außenwände unter den Fenstern werden geschwächt und mit einer Dämmplatte wieder aufgefüttert. Für die Unterkonstruktion der inneren Fensterbänke werden Schalungen aufgestellt und bewehrte Betonbänke eingegossen. Erst dann wird die eigentliche Bank eingesetzt. Viel Kosten — wofür? Die Nischen wirken sich für den Wärmeschutz nur nachteilig aus, und die Unterkonstruktion erübrigt sich wegen der vielen freitragenden Fensterbänke, die der Markt anbietet.

Treppen

in Einfamilienhäusern sollten ebenfalls einem Kostenvergleich unterworfen werden. Diese Angebote zeigen die Kostenvorteile von Holztreppen gegenüber allen massiven Ausführungen. Holztreppen können in der Werkstatt fix und fertig einschließlich der Geländer hergestellt werden. Sie sparen Zeit und stellen keine Belastung für den Baufortschritt dar. Vor allem aber lassen sich die Wände und Decken des Hauses fertigstellen, und zwar ohne Anputzarbeiten und Verkleidungen. Wie ein Möbel wird die Treppe zum Schluß hineingestellt und verankert.

7 Bauprozeß

7.1 Bau-Vorbereitung

7.1.1 Terminplanung

Haben Sie als Auftraggeber diese Station der Ausführungs-Vorbereitung erreicht und die Entwurfs-, Kosten- und Ingenieurplanung abgeschlossen, können Sie getrost aufatmen. Denn Sie stehen kurz vor Ihrem Ziel! Sie haben die Weichen für die von Ihnen bestimmten Kostenziele gestellt und es bleibt nur noch wenig zu tun. Was jetzt noch vor Ihnen liegt, könnte man mit einem Wort als „Kontrolle" oder „Überwachung" bezeichnen. Die Kostenentwicklung kann nun nicht mehr aus dem Lot kommen. Sie haben alles zur Absicherung getan. Die jetzt in Aktion tretenden Kräfte für Vorbereitung, Ausführung und Abrechnung werden von den eingeleiteten Steuerungsmaßnahmen gelenkt. Dazu gehört auch die möglichst frühzeitige Einteilung der bis zur Baufertigstellung zur Verfügung stehenden Zeit.

Das Problem fast aller Bauherren sind kürzere, vor allem aber feste Termine als Folge ansteigender Kapitalkosten bei längeren Bauzeiten. Aus zu kurzen Planungs- und Bauzeiten ergeben sich allerdings Mängel in der Planung und der Ausführungsqualität. Bauherren müssen in dieser Konfliktsituation das Verständnis für das richtige Maß an Mindestzeiten für den Ablauf der Planung und der Realisierung mitbringen. Die Verringerung der Zeiten hat ihre Grenzen. Einige Bauherren lassen sich schnell täuschen. Aufgrund fehlender Aufträge oder infolge der Konkurrenzsituation gibt es immer wieder Planungsbüros und Baufirmen, die Terminzusagen machen, ohne diese verantworten zu können. Dem Bauherrn bleibt es überlassen, diesen Terminzusagen zu trauen oder nicht. Daher die deutliche Warnung, die Risiken dieser Terminangebote auf sich zu nehmen. Sicherlich liegt es nicht in Ihrem Interesse, ein Gebäude abzunehmen, das eine große Zahl von offenen oder versteckten Mängeln aufweist. Ebensowenig kann es in Ihrem Sinne sein, wenn die Termine nicht eingehalten werden, weil sie zu unrealistisch angesetzt waren.

Bauherren sollten darüber informiert sein, daß es nicht nur eine Abhängigkeit von Terminen und Qualitäten gibt, sondern auch eine Beziehung von Terminen zu Kosten. Kurze, allzu kurze Termine kosten mehr Geld. Das mögen für ein Wohnhaus nur einige Tausend Mark sein, für ein Mehrfamilienhaus sind es einige zig Tausend Deutsche Mark. Was kann ein Bauherr für die *kostenbewußte Zeitsteuerung* tun? Sein Ziel ist es, mit einem Minimum an Zeit die Planung und die Ausführung so abzuwickeln, daß gleichzeitig Risiken und Kosten minimiert werden. Planung unter Zeitnot erfordert konzentrierteres, auf Abruf bereitstehendes Wissen in der gesamten Planung. Je größer und schwieriger das Projekt, desto mehr muß dies der Fall sein. Ebenso müssen besonders hohe Anforderungen an die Bau-Ausführung gestellt werden, wenn auch die Ausführungszeiten vermindert werden müssen. Der Bauherr benötigt also für den gesamten Ablauf qualifizierte Spezialisten für die Programmierung und Kontrolle des Ablaufes. Diese Spezialisten für die Zeitsteuerung müssen die Kooperationsmethoden zwischen den Firmen, Ämtern, Fachingenieuren, Nutzern und dem Bauherrn beherrschen. Der Einsatz von Steuerungshilfsmitteln wie Netzplantechnik, EDV, Standardleistungsverzeichnissen und eingeübten Organisationsmethoden ist bei Größeren und eiligen Projekten unumgänglich. Große und leistungsfähige Planungsbüros oder — gesellschaften verfügen über diese Fachleute und Methoden, um die Zeiten zu verkürzen — nicht zum Nachteil der Qualität oder der Kostenziele.

Vielfach haben es Auftraggeber selber in der Hand, die Zeitkapazitäten besser auszunutzen. In den *Frühstadien* nach dem Bauentschluß wird erfahrungsgemäß zu großzügig mit der Zeit umgegangen. Die in dieser Phase verschwendete Zeit kann später kaum oder nur unter Mehrkosten aufgeholt werden.

Bauherren sollten auch einen gewissen Einblick in die Abhängigkeit von Planungs- zu Bauzeiten nehmen. Je besser die Ausführung während der Planungszeit vorbereitet wird, desto reibungsloser läuft der Ausführungsvorgang ab. Es kommt dann nicht zu Unsicherheiten und dadurch bedingten Verzögerungen auf der Baustelle. Schwierigere oder unkonventionellere Bauvorhaben bedürfen mehr Planungszeit. Aber auch eine schnelle Baustellenabwicklung ist mit einer gründlicheren Vorbereitung verbunden.

Außergewöhnlich kurze Ausführungszeiten kosten mehr Geld. Um diese Preisdifferenz als Entscheidungshilfe vor der Auftragserteilung präziser genannt zu bekommen, sollte die Endsumme im Angebot mit alternativen Terminen gestaffelt werden. Auf diese Weise kann der Bauherr entscheiden, ob sich die Mehrkosten bei einem kürzeren Termin für ihn lohnen.

Balkenplan

Die Aufstellung dieses Planes gehört zu den Leistungen des Architekten ohne besondere Vergütung. Er besteht aus einer simplen Addition von Einzelzeiten für die 25 bis 35 Gewerke, die auf dem Bau nacheinander beziehungsweise ineinander zu koordinieren sind. Der Plan bemißt also die Dauer der Einzelarbeiten und stellt sie grafisch untereinander dar. Diese Aufteilung der einzelnen Arbeitsvorgänge einschließlich deren Überlappungen am Beginn und am Ende einer jeden Arbeit sagt jedoch **nichts aus über die Auswirkungen von Verzögerungen** auf den Endtermin. Dennoch reicht diese Art der Terminplanung für den Normalfall aus.

7.1.2 Ausschreibungen, Firmenauswahl

Die Ausschreibung von Bauleistungen für eine beschränkte Zahl von interessierten Firmen umfaßt folgende Vorgänge:
1. Aufstellung der Allgemeinen und Besonderen Vertragsbedingungen durch den Architekten
2. Aufstellung der Qualitäts-Beschreibung bzw. der Leistungsverzeichnisse durch den Architekten
3. Zusammenstellung der Pläne durch den Architekten

4. Aufforderungsschreiben an die Firmen zur Angebotsabgabe. Anlagen: die unter 1.,
   2. und 3. genannten Unterlagen.
5. Angebotsschreiben der Bieter zum Submissionstermin. Anlagen: die mit Preisen
   versehenen Leistungsverzeichnisse
6. Auswertung der Angebote in Form von tabellarischen Übersichten mit einer Empfehlung für die Auftragsvergabe durch den Architekten
7. Auftragserteilung durch den Bauherrn. Abschluß eines Bauleistungsvertrages.

Die unter 1. und 2. genannten Auftragsbedingungen können sich zugunsten der Baukosten auswirken, wenn sie

▶ ein Höchstmaß an Vollständigkeit aufweisen,

▶ eindeutig und klar formuliert sind,

▶ keinerlei Auflagen enthalten, die zum Zeitpunkt der Ausschreibung noch ungeklärt
  sind, aber vom Auftragnehmer zu erfüllen sind (z. B. bauaufsichtliche Auflagen),

▶ nicht zuviele allgemeine Auflagen enthalten, die in die Preise einzurechnen sind (z. B.
  Versicherungsprämien, Abnahme-Gebühren, Gebühren für Statiker, Gutachten usw.),

▶ faire und korrekte Zahlungsmodalitäten enthalten.

Das Gegenteil kann eintreten, wenn Bauherren nicht auf die Einhaltung dieser
Empfehlungen bedacht sind. Die Kalkulationen der Unternehmer würden in diesem
Falle mit prozentualen Aufschlägen versehen werden.
Ob es sich um Unternehmer-Angebote für Fertighäuser oder Fertigteilsysteme oder
um konventionelle Ausschreibungen handelt, Bauherren sollten in die Lage versetzt
werden, die Angebote auf Vollständigkeit zu vergleichen. Dazu dienen die folgenden
Zusammenstellungen. Sie sind nicht spezifiziert auf bestimmte Gebäudearten. Ebenso
schließen sie die bei jedem Bauvorhaben zu findenden Besonderheiten aus. Es empfiehlt
sich also, diese Aufzählungen auf den jeweiligen Fall abzustimmen und zu kom-
plettieren.

Firmenauswahl

Der Firmenauswahl kommt insofern besondere Bedeutung zu, als sie über das Preisniveau mitentscheidet. Es gibt teure und billige Firmen. Das wissen die Planungsbüros
am besten. Beachten Sie außerdem folgende Hinweise bei Ihrer Wahl:

▶ Lassen Sie sich von Ihren Planern beraten und sagen Sie diesen, welche „Preisklasse"
  Sie bevorzugen.

▶ Schließen Sie auf jeden Fall die sogenannten „Billig-Bieter" ebenso aus wie die teuersten
  Spitzenfirmen. Die einen bedeuten für Sie ein zu großes Risiko, die anderen sind für
  Sie zu teuer. Eine unqualifizierte Firma kann nicht mit Hilfe eines guten Bauleiters
  zu einer guten Arbeitsweise geführt werden.

▶ Die Wahl sollte sich nicht auf einen zu engen lokalen Kreis beschränken. Kombinieren
  Sie Firmen, die selten bei den Submissionen zusammenkommen. Damit verringern
  Sie die Gefahr von Absprachen.

▶ Jede Firma hat eine bestimmte personelle und maschinelle Ausstattung, die nur von
  Ihren Planern beurteilt werden kann.

▶ Vergewissern Sie sich auch, wie die wirtschaftlich-finanzielle Basis der in die engeren
  Wahl gezogenen Firmen aussieht.

Mindestforderungen an die Allgemeinen Vorbemerkungen und Besonderen Vertragsbedingungen der Verdingungsordnung für Bauleistungen (VOB)

Allgemeines:
 Beschreibung der Lage des Bauvorhabens
 Erschließung und Zugänglichkeit
 Ver- und Entsorgung während der Bauarbeiten
 Kostenverteilung für alle am Bau beteiligten Firmen
 Schutz der Bepflanzung und des Mutterbodens
 Wiederherstellung des Geländes nach Abschluß der Bauarbeiten
 Einzäunung und Schutz der Passanten und des Straßenverkehrs
 Lagerung der Baustoffe
 Lagerung und Diebstahlsicherung der vom Bauherrn gelieferten Baustoffe und Bauteile
 Aufstellung von Schildern
 Klärung der Ansprüche Dritter in Schadensfällen (z. B. Nachbarn)
 Unfallverhütungsvorschriften
  Sicherungsverpflichtungen der Unternehmer
  Einhaltung der Vorschriften gegen Baulärm und Umweltverschmutzung
Beschreibung des Bauvorhabens:
  Beschaffenheit der Bodenverhältnisse
  Baukörper, Geschoßzahl, Dachneigung, Nebengebäude
  Besondere Bedingungen und Probleme
  Zahlen: Brutto-Rauminhalt, Nutz- und Verkehrsflächen
Angebotsunterlagen:
  Zusammenstellung der dem Angebot beigefügten zeichnerischen und schriftlichen Unterlagen (Datierung, Maßstabsangaben usw.)
  Maßgebende Unterlagen für die Ausführung und Abrechnung
  Ergänzende Unterlagen, die bei den Planern einzusehen sind (Gutachten über Bodenverhältnisse und anderes)
  Aufzählung der Leistungsverzeichnisse und Berechnungen aller Sonderingenieure (Statik, Heizungs-, Sanitär- und Elektroinstallation)
  Auflagen der Bauordnung, der Bauerlaubnis, der Feuerwehr, usw.
  Auflagen für die Anschlüsse an die Ver- und Entsorgung
  Beachtung der DIN-Normen und Werksvorschriften beim Einbau von bestimmten Fabrikaten
  Gültigkeit sonstiger Vorschriften und der Verdingungsordnung für Bauleistungen (VOB) (Teile A, B und C)
  Schiedsgutachter, Gerichtsstand
  Sicherheits- und Gewährleistungen
Benennung des Bauherrn und seiner Fachingenieure:
  (Namen, Funktion, Anschriften und Telefon-Nummern)
  Bauherr, Architekt, Bauleiter, Fachingenieure für Statik, Heizungs-, Sanitär- und Elektroinstallation

Angaben zur Preisermittlung:
   Aufzählung der Leistungen, die nicht zum Lieferumfang gehören
   Aufzählung aller Nebenleistungen und Gebühren, die in die Preise einzurechnen
      sind
   Beschreibung des Begriffes „Festpreis", Ausschreibungsart
   Aufstellung der dem Angebot beizufügenden Unterlagen, Nachweise und Kalkula-
      tionen
   Differenzierung für die Angebotsaufstellung: Hauptangebote, Nebenangebote,
      Alternativvorschläge
   Sofern Alternativen zugelassen werden, sind die dafür erforderlichen Nachweise,
      Zeichnungen und Berechnungen zu erwähnen
   Klärung des Begriffes „gleichwertig"
   Angaben über die Leistungsfähigkeit von Subunternehmern
   Aufgliederung der Preise
   Preisprüfung
   Vertragsform
   Behandlung von Nachträgen, Mehr- und Minderkosten
   Abrechnungsverfahren, Massenberechnungen, Änderungen
   Abwicklung von Lohnarbeiten, Nachweise
   Zahlungsweise, Zahlstelle, Zahlungsfristen, Zahlungsplan
   Bautagebuch
   Baureinigung
   Mehrwertsteuer
Angaben zur Terminierung:
   Zuschlagfrist, Baubeginn, Rohbaufertigstellung, Bezugstermin
   Kontrolle der Zwischen- und Endtermine, Vertragsstrafen
   Hilfsmittel zur Terminsteuerung
Angaben über die abzuliefernden Unterlagen:
   Vor der Ausführung: Proben, Muster, Werkstücke, Beschläge
   Nach der Ausführung: Prüfzeugnisse (Probewürfel für Betonarbeiten), Abnahme-
      Bescheinigungen, Verlegepläne.

Mindestanforderungen an eine Qualitäts-Beschreibung (Vergabe an einen Generalunternehmer)

Alle schon erwähnten Mindestanforderungen an die Allgemeinen Vorbemerkungen
und Besonderen Vertragsbedingungen gehören auch an erster Stelle in eine Ausschreibung für Generalunternehmer. Hinzu kommen die technischen Leistungsbeschreibungen. Im Gegensatz zu den Leistungsverzeichnissen enthalten diese Leistungsbeschreibungen keine Angaben über Massen und Mengen. Deshalb muß jeder anbietende
Generalunternehmer die Massenberechnungen selber erstellen.
Die Leistungsbeschreibungen sollten — nach der in der VOB gültigen Gliederung — alle
Bauleistungen enthalten und ausführlich beschreiben. Beginnend mit den allgemeinen
Bedingungen (Baustelleneinrichtung, Gerüststellung, Pauschal-Festpreis usw.) folgen
dann die Erdarbeiten, Entwässerungskanalarbeiten, Gas- und Wasserleitungsarbeiten

im Erdreich, Mauerarbeiten usw. Für alle genannten Ausführungen sind genau zu beschreiben: Materialien, Fabrikate, Gleichwertigkeiten, Güteansprüche, technische und physikalische Bezeichnungen, Güteklassen, Formate, Dicken, Aufbau der einzelnen Schalen, Kennzeichnungen, Vor- und Nachbehandlungen, DIN-Normen und dergleichen mehr.

Die Qualitäts-Beschreibung ist in diesem Sinne eine konzentrierte Zusammenstellung aller Leistungsverzeichnisse, jedoch ohne Massenangaben und ohne Einzelpreise. Am Ende erscheint nur ein Pauschalpreis.

Die *Leistungsverzeichnisse* für die einzelnen Bauleistungen werden im Falle einer konventionellen Ausschreibung und Vergabe an Einzelunternehmer zusammengestellt. Sie enthalten

▶ genaue Massen- und Mengenangaben für jede Teilleistung und -lieferung. Diese Massen sollten genau berechnet werden und keine „stillen" Reserven enthalten. Leider geschieht es in den meisten Fällen, daß für eventuell vergessene Leistungen die Massen um 5 bis 10 Prozent erhöht werden.

▶ Texte, die die Einzelleistung präzise und umfassend beschreiben, einschließlich aller technischen Angaben, Gütemerkmale, Fabrikate, Formate, Dicken usw.

▶ Einheits- und Gesamtpreise für jede Einzelleistung, und zwar in Worten und Zahlen.

Grundlagen für jedes Ausschreibungsverfahren ist die VOB oder die Verdingungsordnung für Bauleistungen, Teile A, B und C. Ausgabe 1973; plus Ergänzungsband 1976. Herausgeber: Deutscher Verdingungsausschuß für Bauleistungen.

Tips für Ausschreibungen

▶ Jede fehlende oder unklare Aussage kann zu Differenzen oder Mehrforderungen führen.

▶ Jede zu scharf formulierte Bedingung kann zu Preisaufschlägen führen, weil die Firmen unterscheiden zwischen der normalen Abwicklung und überdurchschnittlich harten Auftraggebern.

▶ Um einen bestimmten Qualitätsstandard zu bekommen, sollte die Bezeichnung „oder gleichwertig" definiert werden. Etwa so: „Als gleichwertig sind nur solche Materialien, Fabrikate oder Konstruktionen anzusehen, die in Form, Aufbau, Funktion, Qualität, Materialbeschaffenheit und deren Verbindungsmittel von gleichem Wert sind. Die Entscheidung darüber, was gleichwertig in diesem Sinne ist oder nicht ist, trifft ohne Einspruchsmöglichkeit der Bauherr."

▶ Welche Ausschreibungsart für welchen Zweck?
Projekte unter Zeitdruck: Generalunternehmer-Ausschreibung, sofern ein leistungsfähiges Planungsbüro in kurzer Zeit komplette Ausführungsplanungen vorlegt.
Projekte ohne Zeitdruck: Einzelunternehmer-Ausschreibung.
Projekte, die schneller als normal ablaufen sollen: Gruppen-Ausschreibung in Form von drei Paketen: Rohbau — Ausbau — Installation.

▶ Haftungsfrage: Verlängerung der Haftungsverpflichtungen von 2 auf 5 Jahre, um dem Bauherrn mehr Sicherheit zu verschaffen. Dabei besteht allerdings die Gefahr, daß die Preise höher ausfallen.

▶ Bei Generalunternehmern sollten die Haftungsverpflichtungen nicht auf die Subunternehmer abgewälzt werden können.

▶ Bei Ausschreibung mit Generalunternehmern sollte die endgültige und vollständige Liste aller Subunternehmer vorgelegt werden, und zwar als ein unverzichtbarer Teil des Angebotes.

▶ Jedes Firmenangebot sollte den Namen und die Qualifikation des verantwortlichen Bauleiters enthalten.

7.1.3 Auswertung, Bauleistungsvertrag

Jetzt liegen die mit Preisen ausgefüllten Ausschreibungsangebote vor Ihnen. Eine erste Preisübersicht besteht aus einer einfachen Tabelle, auf der neben den Firmen die End-summen aufgeführt sind. Der preisgünstigste Bieter ist rot unterstrichen worden. Sie staunen über die Preisunterschiede. 20 bis 30 prozentige Preisdifferenzen sind keine Seltenheit. Bevor Sie sich jedoch mit der eigentlichen Auswertung beschäftigen können, sollten Sie dem Architekten die Nachrechnung überlassen. Dabei ergeben sich infolge von Rechenfehlern oder auch infolge von fehlenden Preisen für einzelne Positionen Korrekturen in den Endergebnissen. Sie erhalten also eine neue Gesamtübersicht, aus der vielleicht eine andere Firma als preisgünstigster Bieter hervorgeht. Lassen Sie sich zur Information nicht nur das billigste, sondern alle Angebote vorlegen und sehen Sie sich diese an. Ergänzend zum Vergleich der Endpreise fertigen sich einige Architekten und Bauherren Preisübersichten von den drei preisgünstigsten Bietern an, in denen alle Positionen eingetragen sind und somit besser verglichen werden können. Natürlich ist dieses Verfahren nur bei einer kleineren Zahl von Positionen für ein Wohnhaus oder ähnliche Bauvorhaben möglich. Im Normalfall werden die drei günstigsten Bieter ge-trennt zu Auftragsverhandlungen eingeladen, um über das jeweilige Angebot, die Quali-tät der Firma, die Termine und eventuelle Preisnachlässe zu verhandeln.
Diese Preisverhandlungen werden im Einzelfall dazu mißbraucht, anhand der schon erwähnten Einzelübersichten aller Positionen den jeweils billigsten Preis in jeder Posi-tion zu unterstreichen und daraus ein neues Angebot zu machen, das dann den Unter-nehmern angeboten wird. Dieses *Feilschen und Handeln* hat allerdings einige Schön-heitsfehler, die Bauherren manchmal nicht erkennen:

▶ Es verdirbt von vorneherein das Arbeitsklima zwischen den Beteiligten, die zumeist über einige Jahre hinweg miteinander zu tun haben werden.

▶ Der Bauherr geht das Risiko ein, nicht gerade die beste Arbeit geliefert zu bekommen. Der in vielen Einzelpositionen „gedrückte" Unternehmer wird sich betrogen vor-kommen und den baulichen Ablauf nur noch als Verdienstquelle betrachten, um diese Baustelle nicht mit Verlust abschließen zu müssen.

▶ Dieses Verfahren ist nach der VOB nicht zulässig. Ein Verstoß gegen die gemeinsamen Grundsätze beschwört auch ein nachlässige Einstellung des Unternehmers gegenüber der VOB herauf.

Wie verhandelt wird, ist letzten Endes immer eine Frage der grundsätzlichen Ein-stellung. Wenn vorher in den verschiedenen Phasen der Vorbereitung, der Planung und der Kostenplanung alle kostensenkenden Möglichkeiten weitgehend ausgeschöpft worden sind, ist der Bauherr auf ein unfaires Feilschen und Drücken zur Preisminde-rung nicht mehr angewiesen. Denn der Faktor „Qualität" ist für den Bauherrn fast genauso wichtig wie der Faktor „Preis".

Wenn Sie den Empfehlungen in den vorangegangenen Kapiteln des Buches nachgekommen sind und ganz eindeutige Aussagen über die Positionen gemacht haben, bei denen *Alternativangebote* zugelassen sind, sollten Sie diese Nebenangebote auch nach den von Ihnen vorgegebenen Maßstäben prüfen lassen.

Nebenangebote müssen präzise beschrieben und durch eventuell geforderte Zeichnungen und Berechnungen vollständig sein.

Nebenangebote, die nicht komplett sind oder nicht den Ausschreibungsbedingungen entsprechen, sollten als unkorrekte Angebote unberücksichtigt bleiben. In den meisten Fällen ist anzunehmen, daß diese Angebote deshalb so vage ausgefallen sind, weil sie bei der Abrechnung die Möglichkeiten für Nachträge eröffnen. Denken Sie daran: Viele Unternehmer kalkulieren in auftragsschwachen Zeiten nur den Selbstkostenpreis und holen die eigentlichen Gewinne durch die übliche Zahl von Nachträgen herein. Für viele Unternehmen ist daher nichts überraschender als eine Ausschreibung, die so gründlich durchdacht und vorbereitet worden ist, daß keinerlei Nachträge möglich sind.

Nebenangebote, die nicht zugelassen worden sind, sollten ebenfalls ausgeschlossen werden. Das betrifft die Bauteile, die in der Ausführung und im Detail schon festgelegt und bereits in der Planungsphase wirtschaftlichen Überlegungen unterworfen worden sind.

Ist die Auswertung und die Verhandlungsphase beendet, sollten Sie sich als Bauherr innerhalb der gesetzten Frist für einen Auftragnehmer entscheiden. Vor dem eigentlichen Bauleistungsvertrag sollten Sie jedoch noch einmal die Kostenplanung überprüfen und gegebenenfalls den Auftragsumfang ändern. Mehr- oder Minderleistungen sollten so frühzeitig wie möglich klar fixiert werden. Versäumen Sie außerdem nicht vor dem Auftrag, Termin- und Zahlungsvereinbarungen schriftlich zu vereinbaren. Auch dies klärt die gegenseitigen Verpflichtungen und trägt so zu einer guten Abwicklung bei.

Bauleistungsvertrag

Grundsätzlich ist der Abschluß dieses Vertrages vor dem ersten Spatenstich und vor der ersten Handlung des Unternehmers im Namen des Bauherrn notwendig. Das setzt allerdings die Anerkennung aller Vertragsbedingungen durch den Auftragnehmer voraus, einschließlich der Termin- und Zahlungspläne.

Der Bauleistungsvertrag muß folgendes enthalten:
Vertragsparteien, Auftragsobjekt mit Angabe der Bezeichnung, der Größe und der Lage
- Auftragserteilung erfolgt auf Rechnung des Auftraggebers zu einem Pauschalfestpreis oder einem Einzelpreisvertrag
- Beschreibung des Leistungsumfanges in Kurzform
- Aufzählung der Auftragsunterlagen und sonstiger Abreden
- Regelung der Lohn- und Materialpreiserhöhungen
- Regelung von Mehr- oder Minderleistungen
- Zahlungsplan. Regelung der Abschlags- und Schlußrechnungen
- Terminplan. Regelung der Folgen von Terminüberschreitungen

- Bestätigung der Verpflichtungen des Auftragnehmers hinsichtlich seiner Versicherungspflichten und seiner Pflichten gegenüber dem Finanzamt, den Berufsgenossenschaften und der Krankenkasse
- Bestätigungen etwaiger Abmachungen über Selbsthilfearbeiten oder Lieferungen des Bauherrn
- Unterschriften der Vertragsparteien.

Mit dem Abschluß dieses Vertrages ist der Unternehmer handlungsfähig. Die Ausführungsphase beginnt mit dem Einrichten und den Anschlüssen zur Versorgung der Baustelle.

Dem Bauherrn bleibt nur noch wenig zu tun. Die Kontrollfunktionen obliegen weitgehend den in seinen Diensten stehenden Architekten und Ingenieuren. Der Ablauf ist bestimmt durch die Planung und die Organisation. Immer wieder vorkommende Differenzen sind kein Grund zur Sorge, weil sie nach den vertraglichen Übereinkünften geklärt werden können. Der Erfolg beim Bauen ist keine Glückssache, sondern eine Rechtssache. Die Gesetze der Planungsökonomie und des Planungsablaufes müssen nur konsequent angewendet werden. Insofern sind höhere Baukosten nicht auf höhere Gewalt zurückzuführen, sondern auf die Mißachtung der modernen Erkenntnisse der ökonomischen Abwicklung bei der Produktion von Bauwerken.

7.2 Bau-Ausführung

7.2.1 Bauherren-Eingriffe

Ganz allgemein kann man sagen, daß Eingriffe durch den Bauherrn während der Baudurchführung selten zu seinem Vorteil auslaufen. Jede Änderung bringt Unruhe, Zweifel, unabsehbare Konsequenzen für viele Einzelheiten und Kosten mit sich. Auf Baustellenbesprechungen kann man immer wieder erleben, wie Bauherren durch Fragen, Alternativvorschläge und Hinweise der Unternehmer verunsichert werden und sich auch manchmal, ohne es zu wissen, zu ihren Ungunsten entscheiden, insbesondere dann, wenn der Auftragnehmer den Bauherrn plötzlich mit einem Problem konfrontiert, dem er nicht gewachsen ist, das aber einer sofortigen Entscheidung bedarf. Die von derartigen Fehlentscheidungen herrührenden Mehrkosten bieten dann später immer Anlaß zu Differenzen. Dem Bauherrn ist daher nur anzuraten, sich aus diesen fachlichen Problemen herauszuhalten und nichts selbst zu entscheiden, bevor er nicht mit seinem Bauleiter, Architekten oder Fachingenieur unter vier Augen die Lage sondiert hat. Was das Verhältnis zwischen Architekt, Bauleiter und Fachingenieuren angeht, so gelten hier einige ungeschriebene Gesetze, deren Nichtbeachtung dem Bauherrn unnötige Schwierigkeiten einträgt. Daher seien sie hier erwähnt:

- Jede Baustellenbesichtigung sollte beim Bauleiter angemeldet werden. Dabei sollte auch das zu besprechende Thema genannt werden, damit der Bauleiter sich vorbereiten kann.
- Kein Baustellenbesuch sollte ohne die Gegenwart des Bauleiters durchgeführt werden. Bei den Gesprächen zwischen den Leuten auf der Baustelle gibt es stets Mißverständnisse, die zu Reibungen führen können. Der Bauleiter ist die Hauptperson während des gesamten Planungsablaufes. Das haben bis heute auch einige Architekten

und Planungschefs nicht verstanden. Die Folge davon sind inkompetente Anweisungen an den Polier, von denen der Bauleiter erst durch diesen erfährt. Solche Anordnungen können den Vorstellungen und Anweisungen des Bauleiters vollkommen widersprechen, so daß nicht selten diese oder jene Anweisung zurückgenommen werden muß.

▶ Keine Baustellenbesprechung sollte ohne gründliche Vorbereitung auf der Seite des Bauherrn erfolgen. Zwischen Bauherr, Architekt und Bauleiter sind die Absichten abzustimmen und festzulegen, bevor sie gegenüber der Auftragnehmerseite geäußert werden. Es ist einfach ein Beweis der Unfähigkeit für eine Führungskraft, wenn erst im Laufe der Verhandlungen die verschiedenen Fachmeinungen einer Seite abgefragt werden oder die Auftraggeberseite untereinander vor der Gegenseite diskutiert, vor allem dann, wenn schwierige und unüberschaubare Fragen zur Debatte stehen.

▶ Auch Fachingenieure sind nicht weisungsberechtigt. Sie haben sich ebenfalls an den Bauleiter zu wenden.

▶ Haben Sie sich einmal für ein Planungsbüro entschieden, sollten Sie für ein vertrauensvolles Arbeitsklima sorgen. Auch der Bauleiter ist einer Ihrer wichtigsten Vertrauensleute und Treuhänder. Glauben Sie daher nicht, daß Sie den Bauleiter kontrollieren müßten. Damit würden Sie sich selbst keinen Dienst erweisen.

Sind Eingriffe, Änderungen oder auch Abbrucharbeiten nicht zu vermeiden, so sollten Sie sich diese im Umfang und den Folgen genau überlegen. Wenn Änderungen ausgeführt werden müssen, sollten Sie sie vorerst mit der Planung und der Bauleitung besprechen und begründen. Jede Willkürmaßnahme mindert den Erfolg; die Initiative Ihrer Treuhänder wird blockiert. Das Bauen ist ein in sich verzahnter Produktionsprozeß, wie jede andere industrielle Produktion auch. Eingriffe in die Endphase müssen daher stets zur Rückkoppelung führen und beziehen sich auf unübersehbar viele Aktivitäten, die dieser zu ändernden Maßnahme vorausgegangen sind. Wenn das Bauen ökonomischer geworden ist, dann ist das auf einen gründlichen geplanten Arbeitsablauf zurückzuführen. Diesen kann man nicht stoppen, zurücklaufen lassen und wieder ankurbeln, es sei denn, die ausführende Firma hat so gute Preise, daß sie sich einen gewissen Leerlauf erlauben kann.
Nicht unerwähnt bleiben sollen die positiv sich auswirkenden Bauherren-Eingriffe. Bauherren können während der Bauausführung die Kontrollen der Fachleute auf der Baustelle im konstruktiven, nicht aber im mißtrauischen Sinne wirksam unterstützen, **wenn sie sich vorher mit ihren treuhänderischen Beratern abstimmen. Sie sollten** jedoch auch die Gefahren sehen, wenn sie diese Aktivitäten zur Kontrolle ihrer Berater und Planer übertreiben. In diesen Fällen würden sie das Gegenteil erreichen. Deshalb ist hier Vorsicht geboten. Folgende Punkte sollten auf jeden Fall vorher abgesprochen werden, um ein gemeinsames Vorgehen zu gewährleisten:

▶ Benutzen Sie die Kamera, um den Baufortschritt in den einzelnen Phasen festzuhalten, insbesondere bei den Bauteilen, die vom Erdboden und anderen Verkleidungen im Laufe der Bauzeit zugedeckt werden. Gemeint sind alle Erdleitungen, Fundamentierungen, Abdichtungen gegen Feuchtigkeit (waagerecht und senkrecht), Anschlüsse an Straßenleitungen, Leitungsverlegung in Decken, Schlitzen, Wänden und Dächern, aber auch Dämmungen und Isolierungen.

▶ Bei Lohnarbeiten sind Stichproben über die geleisteten Stunden angebracht. Wenn der Bauleiter nicht täglich auf die Baustelle kommen kann, sollten Bauherren sich mit ihm absprechen. So können sich Bauleiter und Bauherren sinnvoll ergänzen.

▶ Im allgemeinen führt jeder Bauleiter ein Bautagebuch. Ihre Beobachtungen sollten Sie nach jedem Baustellenbesuch notieren und diese Notizen dem Bauleiter übermitteln.

▶ Entlasten Sie die Bauleitung bei der Organisierung von Selbsthilfearbeiten. Diese Eigenleistungen müssen rechtzeitig in den Normalablauf der firmengebundenen Arbeiten eingespeist werden. Dementsprechend müssen die Materialien frühzeitig bestellt und dabei auch die Lieferzeiten beachtet werden. Denken Sie stets daran, daß eine Handwerkerstunde viel Geld kostet. Kein rationell arbeitender Unternehmer kann es sich leisten, seine Leute einige Stunden warten zu lassen, bis die vorangehenden Selbsthilfearbeiten erledigt sind. Werden die Leute abgezogen und wieder auf die Baustelle gefahren, so kostet das unnötiges Geld. Damit ist der Gewinn durch Selbsthilfeleistungen in Frage gestellt.

▶ Alle Rechnungen sollten Sie sich vorlegen lassen, einschließlich aller Anlagen und Begründungen. Machen Sie Stichproben bei der Rechnungsprüfung und sprechen Sie vor der Anweisung der Beträge die Korrekturen offen mit der Bauleitung durch.

7.2.2   Baumängel, Bauschäden

Fehlerhafte Ausführungen auf der Baustelle führen nicht selten zu Kostenverteuerungen, die im Falle von jahrelangen Auseinandersetzungen oft zu Lasten des Bauherrn gehen.

Dies hat zwei Ursachen:

▶ Planungsfehler aufgrund von mangelhaften Plänen oder Zeichnungen der beteiligten Architekten und Ingenieure. Hinzu kommen Bauleitungsfehler infolge einer mangelhaften Bauaufsicht oder falscher Angaben auf der Baustelle. Für diese Art von Fehlern haftet grundsätzlich der Architekt oder der Sonderingenieur. Hat es der Bauherr mit mehreren Planungsbüros zu tun und fällt der Bauschaden in einen Bereich zwischen Architekten- und Ingenieurbüro, so muß die Frage geklärt werden, welches Büro zu haften hat.

▶ Ausführungsfehler, die auf mangelhafte Durchführung der Planungen zurückzuführen sind, gehen zu Lasten der ausführenden Firma.

Tips für eine erfolgssichere Abwicklung

▶ Vor der Inanspruchnahme eines Planungsbüros oder einer Baufirma sollten vertragliche Vereinbarungen ausgehandelt, geprüft und unterschrieben worden sein. Darin sollten folgende Fragen eindeutig geklärt worden sein: Gewährleistung, Haftung, Haftungsabgrenzungen zwischen den Planern, Versicherungen, Verjährungen, Zahlungsweise, Kündigungen, Schadensbeseitigung, Minderung der Vergütung usw.

▶ Bauschäden sind sofort schriftlich zu beanstanden. Die Baufirma hat diese sofort auf eigene Kosten zu beheben. Kommt die Baufirma der Aufforderung zur Mängelbeseitigung innerhalb einer angemessenen Frist nicht nach, so kann ihr eine Nachfrist gesetzt werden und nach ergebnislosem Ablauf der Auftrag entzogen werden.

▶ Hat eine Baufirma Bedenken gegen die vorgesehene Art der Ausführung, gegen die Leistungen anderer Unternehmer oder gegen die vom Bauherrn gelieferten Baustoffe, so hat sie ihre Bedenken sofort schriftlich geltend zu machen.

► Im Falle eines Schadens sollte bei Auseinandersetzungen ein Beweissicherungsverfahren unter Hinzuziehung eines Bausachverständigen eingeleitet werden. Erst nach Ablauf dieses Vorganges sollte weitergebaut werden dürfen. Später kann dann die Klärung erfolgen, wer für den Schaden einzutreten hat.

► Änderungen und deren Konsequenzen in bezug auf die Kosten sind vor der Ausführung schriftlich festzuhalten.

► Kosten von Sachverständigen: Die Entschädigung beträgt ab 1.1.77 je Stunde zwischen 20,– und 50,– DM. Unter bestimmten Bedingungen kann dieser Satz auch bis zu 50 Prozent höher ausfallen (Gesetz über die Entschädigung von Zeugen und Sachverständigen, § 3, ZuSEG).

► Wichtig sind auch die Bedingungen für die Abnahme, wie unter anderem Fertigstellung der abzunehmenden Leistung, Beweislast für den Vorbehalt von Gewährleistungsansprüchen, Rechtsfolgen der Abnahme, förmliches Abnahmeverlangen, Abnahmeprotokoll.

► Während der Bauzeit bis zur Abnahme trägt die Baufirma das Risiko im Rahmen des Werkvertrages. Bei normalem Ablauf und Einzelvergabe an viele Firmen trägt der Bauherr das Risiko für bereits abgenommene Bauteile. Dagegen sollte er sich durch eine Versicherung schützen und die Abnahme jedes Gewerks durch seinen Planer protokolliert vornehmen lassen.

► Die Gewährleistungspflicht der Baufirma umfaßt zweierlei: Das Werk muß den anerkannten Regeln der Technik entsprechen, und es muß außerdem die vertraglich zugesicherten Eigenschaften besitzen.

► Während der Verjährungsfrist ist die Baufirma verpflichtet, alle während dieser Zeit auftretenden Mängel, die auf vertragswidrige Leistung zurückzuführen sind, auf ihre Kosten zu beseitigen. Der Bauherr hat diese Mängel schriftlich anzuzeigen. Allerdings kann es eine Art von Mängeln geben, deren Beseitigung einen unverhältnismäßig hohen Aufwand erfordern würde. In diesem Falle kann die Baufirma die Mängelbeseitigung ablehnen und eine entsprechende Wertminderung anbieten. Die Höhe dieser Minderung ist dann eine Verhandlungssache.

► Verjährungsbeginn ist der Zeitpunkt der Abnahme der Gesamtleistung. Verjährungsdauer für Bauwerke: Nach dem BGB 5 Jahre, nach der VOB 2 Jahre.

► Schiedsgutachterklauseln sollten in jeden Vertrag eingefügt werden, um etwaige Differenzen außergerichtlich zu klären.

7.2.3 Baukosten-Kontrolle

Je überlegter und vollständiger die Vorbereitung der Baudurchführung abgewickelt wird, desto weniger Reibungen wird es bei der Kontrolle der Durchführung und der Kosten geben. Mit der Realisierung aller Leistungen erhalten die Unternehmer die dafür vereinbarten Entgelte. Die Beachtung folgender Regeln sollte die Abwicklung des letzten Teiles der geschäftlichen Beziehungen erleichtern:

► Rechnungen sollten sich auf die vereinbarten Leistungen und die dafür eingesetzten Preise beziehen.

► Mehr- oder Minderleistungen sollten getrennt von den vertraglichen Leistungen abgerechnet werden.

► Alle Feststellungen zur Abrechnung — Lohnabrechnungen, zusätzliche Leistungen usw. – sollten zwischen dem Bauleiter und den Firmen gemeinsam vorgenommen werden.

▶ Die in jeder Abrechnung vorkommenden strittigen Positionen sollten vor der endgültigen Streichung oder Kürzung an Ort und Stelle auf der Baustelle gemeinsam besprochen werden.

Neben den Aufgaben der Quantitäts-Kontrolle, der Qualitäts- und Termin-Kontrolle obliegt dem Bauleiter die Kosten-Kontrolle. Damit die Kontrolle die Kosten auch wirklich erfaßt, ist folgendes zu beachten:

▶ Entsprechend den Teilleistungen müssen auch die Kosten erfaßt werden.

▶ Wichtig ist die Kostenerfassung bei der Beauftragung, nicht erst bei Durchführung einer Lieferung oder Leistung.

▶ Ebenso müssen Mehr- und Minderkosten laufend und frühzeitig gleich bei der Änderung des Auftragsumfanges erfaßt werden.

▶ Kontrolliert werden müssen alle laufenden Lohnkosten und Preiserhöhungen. Sie sind Teil der Kostenzusammenstellung zum Zeitpunkt des Abschlusses jeder Teilabrechnung.

▶ Der Kostenstand muß vorher nach Teilleistungen gegliedert sein, um dem Planer und seinem Bauherrn regelmäßige Kostenübersichten zu verschaffen.

Nur auf diese Weise kann die Kostenplanung im Sinne von Kostenkorrektur wirksam eingreifen.

Die Kosten-Kontrolle wird so vorgenommen, daß ein Teilleistungsbereich nach dessen Ausführung in den tatsächlichen Kosten nach den Einzelkosten erfaßt und den Kostenanschlagssummen gegenübergestellt wird.

Nach jedem weiteren Ausführungsteilbereich werden die neuen Summen ermittelt und addiert. So entsteht zum Schluß die Gesamtabrechnung.

Das hier dargestellte Verfahren bedarf keinerlei wissenschaftlicher Vorbildung. Es ist ein ziemlich simples System, das für alle Arten und alle Größenordnungen anwendbar ist. Denn es ist flexibel, weil der Computer nicht unbedingt eingesetzt werden muß.

Bei Wohnungsbauten kann die einfachste Form der Abrechnung und Kontrolle in der geschilderten Weise erfolgen. Allerdings sind für die ausführenden Unternehmer und die Bauleiter Mehrleistungen damit verbunden, die voll anzuerkennen und zu honorieren sind. Den Unternehmern kann man diese Abrechnungen in einer verständlichen Weise in die Ausschreibungsunterlagen schreiben – ohne Mehrkosten befürchten zu müssen. Für sie besteht der Unterschied nur darin, daß sie gleich nach Abschluß eines Arbeitsteilbereiches die Aufmaße und Abrechnungen durchführen. Differenzen sind zudem in dieser Zeit gleich zu klären, weil – im Beispiel der Fundamente – alles noch offen und kontrollierbar ist.

Wird der Ablauf der Planung und der Bauvorbereitung in allen Phasen in der geschilderten Weise vorgenommen, kann infolge der damit verbundenen Kostensteuerung eine echte Kostenkorrektur in Form einer Kostensenkung vorgenommen werden. Das Korrektiv gegen die hohen und zu stark steigenden Baukosten liegt im Sinne des Impulses in der Hand des Bauherrn – in Ihrer Hand!

Benutzen Sie es!

8 Bauherren-Programm (Fahrplan)

Stationen (Kapitel)	Einzelschritte für die Realisierung	Alternativen
1	Informationsbeschaffung und -auswertung Bauüberlegungen und Bauentschluß Überschlägliche Erfassung der wichtigsten Daten und Zahlen:	
2.1	Raumprogramm Gesamtsumme ca. ... m²	
3.2	Finanzierung Gesamtsumme ca. ... DM Eigengelder .... DM Fremdgelder .... DM Selbsthilfe .... DM	
1.4.3	Termine Planungsvorbereitung Planung und Ausführungsvorbereitung Ausführung Bezugsfertigstellung	von ... bis ... von ... bis ... von ... bis ... .
2	Genaue Programmerfassung, Optimierung Raumgrößen, Einrichtung und Ausstattung Bauprogramm, Qualitäten, Wünsche	
2.2	Zielformulierung in allgemeiner Form Kosten Termine Abwicklung	
2.3	Bauplatzsuche und -bewertung Entscheidungsvorbereitung für die Wahl, ob ein Neubau erstellt werden soll (konventionell oder	
2.5.2	Fertighaus) oder	
2.5.3	ob ein Althaus gekauft werden soll oder	
2.5.1	ob eine Eigentumswohnung erworben werden soll Bewertung der Alternativen-Entscheidung	
3	Genaue Kostenerfassung	
3.2	Bau- beziehungsweise Erwerbskosten	
3.1	Betriebs- und Unterhaltungskosten	
3.2.3	Finanzielle Belastung Finanzierung im einzelnen nach den jeweiligen Quellen und persönlichen Verhältnissen	
3.1.2	Abwägen der Wirtschaftlichkeit Grenze der Finanzierbarkeit Grenze der Belastbarkeit	

Beispiel

1. *Alternative: Was kosten meine Programmwünsche?*

Summierung der Flächenarten:

Nutzflächen (Einzelräume)	NF	100 m²
Funktionsflächen (Betriebstech. Anlagen)	FF	10 m²
Verkehrsflächen (Flure ...)	VF	15 m²
Netto-Grundrißfläche	NGF	125 m²
+ Zuschlag für Konstruktionsfläche (Wände, Stützen, ...) = 20 % von NGF	KF	25 m²
Summe 1		150 m²
Neben- und Kellerräume		45 m²
Garage		15 m²
Zwischensumme		60 m²
+ 20 % Zuschlag für die Konstruktionsfläche	KF	12 m²
Summe 2		72 m²

Ermittlung des überschläglichen Brutto-Rauminhalts (BRI) — Annahme: Flachdach:

Summe 1: 150 m² · 3,00 m Höhe = 450 m³ BRI

Summe 2: 72 m² · 2,50 m Höhe = 180 m³ BRI

Summe BRI 630 m³

Ermittlung der Bauwerkskosten nach DIN 276, Ziffer 3.0.0.0:

Summe BRI 630 m³ · Preis 200 DM/m³ = 126.000,— DM

Aufstellung der ersten Kostenschätzung nach DIN 276, Blatt 3 Anhang 1:

1.0.0.0	Baugrundstück	18.000,— DM
2.0.0.0	Erschließung	7.000,— DM
3.0.0.0	Bauwerkskosten	126.000,— DM
4.0.0.0 5.0.0.0 6.0.0.0 7.0.0.0	zusammengefaßt geschätzt auf 30 % von 126.000,— =	37.800,— DM
+ Möbel, Gardinen, Schränke, ...		14.200,— DM
zu finanzierende Summe		203.000,— DM

3.2.3   Aufstellung des Finanzierungsplanes

Die Summe aller Beträge muß mit der zu finanzierenden Summe übereinstimmen.

Dieser Plan ergibt dann auch die Summe aller Belastungen aus Zinsen und Tilgungen. Hinzuzurechnen sind die laufenden Unterhaltungskosten pro Jahr für Strom, Wasser, Abwasser, Kanal, Steuern, Müll, Instandhaltung

3.1.1   und dergleichen.

Die damit ermittelten Bau- und Betriebskosten lassen sich jetzt in Form einer Rückkoppelung durch Änderung des Programms erhöhen oder verringern

2. Alternative: Wieviel Haus (m² Fläche) erhalte ich für ... DM?

3.1.1   Festlegung der tragbaren jährlichen Belastung abzüglich der laufenden Unterhaltungskosten

3.2.3   Aufstellung eines Finanzierungsplanes entsprechend der tragbaren Belastbarkeit und der Finanzierungsquellen beziehungsweise Eigenmittel

Damit steht der Kostenrahmen oder das Kostenlimit für das Raum- und Bauprogramm fest 203.000,– DM (Annahme)

abzüglich Kosten für neue Möbel,

Gardinen, Schränke, Reserven	– 14.200,– DM
Summe 1	188.800,– DM

abzüglich Baugrundstückskosten einschließlich Erschließung

schließlich Erschließung	– 25.000,– DM
Summe 2	163.800,– DM

Setzt man

Summe 2: 163.800,– DM = 130 %

dann sind	100 % =	126.000,– DM
und	30 % =	37.800,– DM

Das heißt, es ergibt sich folgende Zusammenstellung:

1.0.0.0	Baugrundstück ⎱	25.000,– DM
2.0.0.0	Erschließung ⎰	
3.0.0.0	Bauwerkskosten	126.000,– DM
4.0.0.0		
5.0.0.0	Außenanlagen und Bauneben-	
6.0.0.0	kosten, zus. 30 % von 126.000	37.800,– DM
7.0.0.0	126.000,– DM =	
+ Reserve		14.200,– DM
		203.000,– DM

Ermittlung des Brutto-Rauminhaltes:

$$\frac{\text{Bauwerkskosten}}{\text{Preis DM/m}^3 \text{ BRI}} = \frac{126.000,- \text{ DM}}{200 \text{ DM/m}^3} = 630 \text{ m}^3 \text{ BRI}$$

Ende des Beispiels

Aus dem Kostenlimit ist damit der Brutto-Rauminhalt ermittelt worden. Aufgrund dieser Zahl können nunmehr Entwurfsvorschläge erarbeitet werden, die die Größenordnung des Hauses alternativ aufzeigen.

Rückwirkend kann man den Ansatz korrigieren, indem man die Kostengrenzen erhöht oder verringert, um mehr beziehungsweise weniger m³ Brutto-Rauminhalt zu bekommen. Beide alternativen Lösungsmöglichkeiten führen zu dem Ziel, die tragbaren Kostengrenzen mit dem Bauvolumen und seiner Qualität abzustimmen, und zwar relativ frühzeitig. Dieser erste Ansteuerungspunkt ist die Basis für alle weiteren Schritte und Stationen auf dem Wege zur Zielverwirklichung.

Entscheidungsvorbereitung und Entscheidung für die Abwicklungsprinzipien zur Wahrnehmung der bauherrlichen Interessen während des gesamten Planungs- und Ausführungsablaufes.

Treuhänderischer Planungsablauf

Treuhänderisch kontrollierter Ausführungsprozeß

Kostenkontrolle durch die treuhänderischen Berater

<table>
<tr><td>Stationen
(Kapitel)</td><td>Einzelschritte für die Realisierung</td><td>Alternativen</td></tr>
</table>

Stationen (Kapitel)	Einzelschritte für die Realisierung	Alternativen
5	Auswahl der Art und Größe des Treuhänders	
5.5	— Integration oder Addition, Zahl der Leistungsbereiche	
5.6	— Kleinbüro, mittleres oder größeres Büro	
5.1.1	Aufstellung eines Kriterienkatalogs zur Auswahl der Architekten, Ingenieure und Berater	
5.3	Auswahl der Manager für die Projekt- und Kostensteuerung	
5.6	Festlegung des Planungsumfanges und der Planungsqualität	
5.7	Überlegungen und Berechnungen des Honorars für die Erzielung rationalisierungswirksamer Planungsleistungen	
5.7	Vorbereitung auf die Vertragsverhandlungen	
	Ausleseverfahren unter 4 bis 6 treuhänderisch arbeitende Planungsbüros nach den zusammengestellten Bedingungen mit anschließender Entscheidung aufgrund von Verhandlungen, Prüfungen und Nachweisen	
	Vertrag mit dem Treuhänder auf der Basis der ermittelten Zahlen und Daten	
6	**_Beginn der Kostenplanung mit den Fachleuten_**	
6.1	Festlegung der Kompetenzen und Instrumente für eine effektive Kostensteuerung	
	Endgültige Festlegung des Raum- und Bauprogramms	
2.3	Entscheidung über den Bauplatz, vorherige Prüfung durch den Architekten	
	Zusammenstellung der Zielwerte für die Fachplanung: Raumprogramm, möglichst mit Raumbuch	

Qualitätsziele
Kostenziele   } Preis-Leistungs-Verhältnis
Terminziele

Stationen (Kapitel)	Einzelschritte für die Realisierung	Alternativen
	Festlegung der Verfahrensabwicklung	
	für die Kostentransparenz in allen Planungsphasen	
	für die Alternativ-Untersuchungen während der Planung	
	für vollständige Erfassung und Überwachung aller Kosten	
	für die kostenminimierenden Methoden (Optimierung, Nutzen-Kosten-Analysen usw.)	
1.4.2	für die richtige Einspeisung der Bauherrn-Wünsche	
	für die regelmäßigen Planungsbesprechungen (Kooperation)	
	für die Art der Terminkontrollen	
6.2.1	Kostenuntersuchungen für die Alternativen in der Bebauung des Baugeländes	
6.2.4	Kostenvergleiche in der alternativen Entwurfsplanung	
6.2.2	Rückwirkungen auf das Raumprogramm	
6.2.3	Konsequenzen für den Baukörper	
6.2.4	Anwendung wirtschaftlicher Konstruktionen im Entwurf	
6.3.1	Einbeziehung der Beratung durch den Statiker	
	Festlegung des konstruktiven Systems	
6.2.5	Durcharbeitung der Einzelräume mit der Einrichtung	
6.3	Integration der gesamten Installationsplanung	
6.3.2	Optimierung der Kosten für die Heizung und den Wärmeschutz	
	Kostenbilanz und -korrektur für die Entwurfsplanung	

6.4	Kostenvergleiche in der alternativen Bauteil-Planung: Wände, Fassaden, Decken, Dächer Kostenbilanz und -korrektur für die Ausführungsplanung Abstimmung mit den ursprünglichen Kostenzielen	
6.1.3	Kostengliederung nach Bauteilen oder Gebäudeelementen Abstimmung der Gesamtkosten mit dem Finanzbedarf Endgültige Festlegung des Preis-Leistungs-Verhältnisses: Für den Gesamtpreis von ... DM wird eine bauliche Gegenleistung erbracht, die im Raumprogramm und einer detaillierten Bau- und Qualitätsbeschreibung spezifiziert ist. Hierzu gehört die Materialbestimmung im einzelnen und die Beschreibung der Installationssysteme. Als Anlage gehören dazu die Entwurfs- und Ausführungszeichnungen mit den Detailangaben. Der Gesamtpreis ist zu ergänzen durch die Nachweise über die Gesamtwirtschaftlichkeit und die Betriebskosten (Energiebedarf).	
7.1.1	Terminkontrolle des bisherigen Planungsverlaufes Terminsteuerung für die abschließende Planung und den Ausführungsablauf Wahl der Hilfsmittel für die Terminlenkung	
7.1.2	Aufstellung sämtlicher Ausschreibungsunterlagen Abstimmung der Ausschreibungsunterlagen mit allen Beteiligten, Festlegung der Ausschreibungsart Zusammenstellung der Angebotsunterlagen Auswahl der Firmen, die sich an dem Ausschreibungsverfahren beteiligen sollen Herausgabe der Ausschreibung Laufzeit, Kalkulation der Firmen Submission, genaue Kostenzusammenstellung Angebotsauswertung, Entscheidungsvorbereitung, Zahlungsplan Auftragserteilung zu einem fest umrissenen Leistungsumfang zu festen Preisen und Terminen, Bauleistungsvertrag *Baubeginn* Kontrolle des Ausführungsablaufes in den Quantitäten, **in den Qualitäten,** in den Kosten und in den Terminen Regelmäßige Ermittlung des Kostenstandes, Abschlagszahlungen Abrechnung der Einzelleistungen nach Baufortschritt Endgültige Kostenfeststellung und Abrechnung Mängelbeseitigung, Auszahlung der Sicherheitsleistung Abschluß der Bauakten, Übergabe, Honorarabrechnung	

Quellennachweise

[1]   Winkler, W.: Hochbaukosten, Flächen, Rauminhalte, 5. Aufl. Friedr. Vieweg & Sohn, Braunschweig 1978, S. 178 ff.

[2]   Wüstenrot, Presse-Information: Bauen oder mieten? MWSF 9/76, Ludwigsburg, Bausparkasse GdF Wüstenrot gemeinnützige GmbH

[3]   Bauwirtschaft im Zahlenbild 1974, Hrsg. Hauptverband der deutschen Bauindustrie, Wiesbaden.

[4]   Zeitschrift „consulting", Jg. 1973, H. 9.

[5]   Nawrocki, J.: Komplott der ehrbaren Konzerne, Hoffmann und Campe, Hamburg 1973: S. 215 ff.

[6]   Lenz, H. J.: Bauen kann um 30–50 Prozent billiger werden, in: Allgemeine Bauzeitung vom 26.11.1971. S. 3

[7]   Battelle-Institut e.V.: Neue Organisations- und Kooperationsformen im Bauwesen, Frankfurt 1974. S. 18

[8]   Zeitschrift „consulting", Beilage Management-Wissen, Jg. 1975, H. 12: Preisbildung und Kalkulation. S. 10

[9]   Verdingungsordnung für Bauleistungen, Teil A, B und C, Ausgabe 1973, Hrsg. Deutscher Verdingungsausschuß für Bauleistungen.

[10]   Bürgerliches Gesetzbuch und zugehörige Gesetze, C. H. Beck, München und Berlin.

[11]   Zaunitzer-Haase, I.: Der Dreh mit den Nullpreisen, in: DIE ZEIT, Jg. 1971, Nr. 40 vom 1.10.1971. S. 32

[12]   siehe [5] S. 224 ff.

[13]   siehe [5] S. 228 ff.

[14]   Menge, W.: Der verkaufte Käufer, Fischer-Taschenbuch-Verlag, Bd. 1374, Frankfurt 1974. S. 15 ff.

[15]   Hahn, V.: Vergabe und Baudurchführung aus der Sicht der Bauindustrie, in: Deutsche Bauzeitschrift, Jg. 1972, H. 10. S. 1917.

[16]   Linder, S. B.: Warum wir keine Zeit mehr haben? Fischer-Taschenbuch-Verlag, Bd. 1411, Frankfurt 1973. S. 71

[17]   Planungsgesellschaft Lenz Planen und Beraten GmbH, Mainz

[18]   Solholm, H.: Bauen in Dänemark, in: deutsche bauzeitung, Jg. 1973, H. 8. S. 000

[19]   Zeitschrift „Bauen + Fertighaus", Jg. 1976, H. 11–12. S. 101 ff. Zeitschrift „zuhause", Jg. 1976, H. 11. S. 71

[20]   wie 19, S. 100, 186

[21]   Gottschalk, O.: Kooperative Verfahren in der Bau- und Stadtplanung, in: Deutsche Bauzeitschrift, Jg. 1974, H. 7. S. 1307

[22]   Ringel, G. K.: Der große Hausbau — Ratgeber, 10. Auflage, München 1974. S. 670 ff.

[23]   Zeitschrift „Der Architekt" Jg. 1974, H. 9.

[24]   Schild, Prof. E.: Untersuchung im Auftrag des Innenministers von Nordrhein-Westfalen, 1973.

[25]   Haftung von Architekt und Bauunternehmer, in: deutsche bauzeitung, Jg. 1974, H. 9. S. 774.

[26]   Capital Spezial Bauen, Jg. 1974, S. 32: Kaufen ohne Risiko.

[27]   Winkler, W.: VOB-Gesamtkommentar und Ergänzungsband 1976, Friedr. Vieweg & Sohn, Braunschweig, 1977.

[28] Wüstenrot, Presse-Information: Das Eigenheim auf der Etage, MWSF Jg. 1976, H. 10, Bausparkasse GdF Wüstenrot, Ludwigsburg.

[29] Studiengemeinschaft für Fertigbau: Begriffsbestimmungen aus dem Bereich des industrialisierten Bauens, in: Deutsche Bauzeitschrift, Jg. 1974, H. 1. S. 86

[30] 1976 betrug der Anteil von Fertighäusern am gesamten Umfang 13 %, Weser Kurier, Bremen, vom 2.11.1976.

[31] Halàsz, Prof. R. V.: Getagt; deutsche bauzeitung, Jg. 1973, H. 11, S. 1170

[32] Kafka, K.: Industrialisierung im Bauwesen — was ist das?, in: deutsche bauzeitung, Jg. 1974, H. 2.

[33] Entsprechende Informationen sind anzufordern bei Zeitschrift „zuhause", Postfach 5742, 2000 Hamburg 76 und Zeitschrift „Bauen + Fertighaus", Postfach 1329, 7012 Fellbach.

[34] Muser, B., Drings, H.-R.: Baunutzungskosten DIN 18 960, Friedr. Vieweg & Sohn, Braunschweig 1977.

[35] Schulbauinstitut der Länder (SBL), Berlin: Kurzinformation 6 — 1974, Baunutzungskosten, S. 23

[36] Zeitschrift „consulting", Beilage Management-Wissen: Finanzierungshilfen, Jg. 1976, H. 2, S. 11—16

[37] Vgl. für alle Begriffe der Finanzierung, aber auch der Planung, Baustoffe, Bauelemente, des Roh- und Ausbaus und der Erneuerung von Altbauten H.-J. Grabbe, Bauherren-Lexikon, Friedr. Vieweg & Sohn, Braunschweig 1976.

[38] Baentsch W., Preuß A.: Das Geld für Ihr Haus, Capital-Ratgeber, Mosaik Verlag, München 1976, S. 84—87.

[39] Langer, W.: Zeitschrift „Das Haus", Jg. 1974, H. 10, Ausgabe M.

[40] Capital Spezial Bauen, Jg. 1974, S. 77

[41] wie [38]

[42] Capital Spezial Bauen, Jg. 1974, S. 76.

[43] Capital Spezial Bauen, Jg. 1974, S. 85: Steuerhilfe Kölner Modell. Der sogenannte Bauherr.

[44] DIE ZEIT vom 14.4.1972: Neue Modelle für die Wohnungsbaufinanzierung (IV), Der Preisbrecher aus Schwaben, S. 62.

[45] Musso, A.: Über die Bewertung von Angeboten im Bauwesen. Hrsg. Fa. imbau, Industrielles Bauen GmbH, Leverkusen, Mai 1974

[46] Allgemeine Bauzeitung vom 23.8.1974: Die funktionale Leistungsbeschreibung.

[47] Zeitschrift „consulting", Jg. 1974, H. 10: Ingenieurleistungen nicht öffentlich ausschreiben, S. 42.

[48] Architektur-Wettbewerbe (Themenhefte), Karl Krämer Verlag, Stuttgart.

[49] nach Wiegand, J.: Neue Entscheidungsprobleme und Entscheidungshilfen, in: Deutsche Bauzeitschrift, Jg. 1976, H. 1, S. 97.

[50] Brandt, Lenz Planen und Beraten GmbH (Baumeister 1968/69)

[51] Thust, P.: Ingenieur — technischer Fortschritt und Gesellschaft, in: Industrieführer, Klaus Resch Verlag, Planegg bei München 1974, S. 8

[52] Honorarordnung für Architekten und Ingenieure (HOAI), Leitfaden zum praktischen Gebrauch der HOAI von der Architektenkammer Niedersachsen, 1976.

[53] Herzog, K.: Die Honorierung rationalisierungswirksamer Planungsleistungen, RKW — skript Bauforschung, Kohlhammer Verlag, Stuttgart 1971.

[54] Lenz, H. J.: Planungs- und Ingenieurökonomie — Rationalisierung des Planungsprozesses, RKW — Skript Bauforschung, Kohlhammer Verlag, Stuttgart 1971, S. 55.

[55] Schulbauinstitut der Länder (SBL), Berlin 1975, Studien 29: Gebäudeelementgliederung — Eine Arbeitsanleitung.

[56] Deutsches Architektenblatt, Jg. 1974, H. 9: Aus der Arbeit der Architektenkammer Bremen.

[57]   Keller, S.: Rationalisierung der Gebäudeplanung mittels Datenverarbeitung; Hochschulforschung 3; Hrsg. Hochschul-Informationssystem; Verlag J. Beltz, Weinheim — Berlin — Basel 1970, S. 17

[58]   Küsgen, H.: Planungsökonomie — Was kosten Planungsentscheidungen?

[59]   Burchard, E.: Wertanalyse im Bauwesen; Bauverlag Wiesbaden, Berlin 1975.

[60]   Verordnung über die bauliche Nutzung der Grundstücke vom 26.6.62. Behörden- und Industrieverlag GmbH, Frankfurt a.M.

[61]   Schriftenreihe des Bundesministers für Raumordnung, Bauwesen und Städtebau, Bonn; Bau- und Wohnforschung: Querwandgefüge, S. 18

[62]   deutsche bauzeitung, Jg. 1974, H. 2: Rau, Rationalisierung und Typisierung im Wohnungsbau.

[63]   DIN 18 022: Küche, Bad, WC, Hausarbeitsraum; Planungsgrundlagen für den Wohnungsbau.

[64]   DIN 18 011: Stellflächen, Abstände und Bewegungsflächen im Wohnungsbau

[65]   deutsche bauzeitung, Jg. 1975, H. 6: Innenarchitektur — Küche, S. 55—57

[66]   Pinter, T.: Wirtschaftlichkeitsuntersuchung — Luxus oder Notwendigkeit? in: Bauwelt, Jg. 1973, H. 23 S. 1049

[67]   Brehmer, E. G.: 110 Reihen-, Ketten- und Einzelhäuser mit Styropor-Wärmeschutz,/Styropor-Report, Jg. 1968, H. 1.

[68]   Firma Krupp, Essen; Lotz — Sachverständiger für Heizungen.

[69]   Fernsehsendung der ARD: plusminus am 11.11.1976.

[70]   Deutsches Architektenblatt: Dürbek/Nahn, Elektroinstallation — Stiefkind der Wohnungsplanung, Jg. 1974, H. 11, S. 829 ff.

[71]   Siebel, L.: Zweischalige Trennwände aus schalltechnischer und wirtschaftlicher Sicht, in: Deutsche Bauzeitschrift, Jg. 1974. H. 1.

[72]   Bode, H. G.: Bauen mit vorgefertigten Holzkonstruktionen, in: Deutsche Bauzeitschrift, Jg. 1974, H. 1, S. 87

[73]   Meyer-Bohe, W.: Fassadensysteme, in: Deutsche Bauzeitschrift, Jg. 1973, H. 12, S. 2433.